JN234967

システム制御工学シリーズ　7

システム制御のための
数　学　(1)
── 線形代数編 ──

工学博士　太田　快人　著

コロナ社

システム制御工学シリーズ編集委員会

編集委員長　池田　雅夫（大阪大学・工学博士）
編 集 委 員　足立　修一（宇都宮大学・工学博士）
（五十音順）　梶原　宏之（九州大学・工学博士）
　　　　　　　杉江　俊治（京都大学・工学博士）
　　　　　　　藤田　政之（金沢大学・工学博士）

（所属は編集当時のものによる）

刊行のことば

　わが国において，制御工学が学問として形を現してから，50年近くが経過した．その間，産業界でその有用性が証明されるとともに，学界においてはつねに新たな理論の開発がなされてきた．その意味で，すでに成熟期に入っているとともに，まだ発展期でもある．

　これまで，制御工学は，すべての製造業において，製品の精度の改善や高性能化，製造プロセスにおける生産性の向上などのために大きな貢献をしてきた．また，航空機，自動車，列車，船舶などの高速化と安全性の向上および省エネルギーのためにも不可欠であった．最近は，高層ビルや巨大橋梁（きょうりょう）の建設にも大きな役割を果たしている．将来は，地球温暖化の防止や有害物質の排出規制などの環境問題の解決にも，制御工学はなくてはならないものになるであろう．今後，制御工学は工学のより多くの分野に，いっそう浸透していくと予想される．

　このような時代背景から，制御工学はその専門の技術者だけでなく，専門を問わず多くの技術者が習得すべき学問・技術へと広がりつつある．制御工学，特にその中心をなすシステム制御理論は難解であるという声をよく耳にするが，制御工学が広まるためには，非専門のひとにとっても理解しやすく書かれた教科書が必要である．この考えに基づき企画されたのが，本「システム制御工学シリーズ」である．

　本シリーズは，レベル0（第1巻），レベル1（第2〜7巻），レベル2（第8巻以降）の三つのレベルで構成されている．読者対象としては，大学の場合，レベル0は1，2年生程度，レベル1は2，3年生程度，レベル2は制御工学を専門の一つとする学科では3年生から大学院生，制御工学を主要な専門としない学科では4年生から大学院生を想定している．レベル0は，特別な予備知識なしに，制御工学とはなにかが理解できることを意図している．レベル1は，少

し数学的予備知識を必要とし，システム制御理論の基礎の習熟を意図している。レベル2は少し高度な制御理論や各種の制御対象に応じた制御法を述べるもので，専門書的色彩も含んでいるが，平易な説明に努めている。

　1990年代におけるコンピュータ環境の大きな変化，すなわちハードウェアの高速化とソフトウェアの使いやすさは，制御工学の世界にも大きな影響を与えた。だれもが容易に高度な理論を実際に用いることができるようになった。そして，数学の解析的な側面が強かったシステム制御理論が，最近は数値計算を強く意識するようになり，性格を変えつつある。本シリーズは，そのような傾向も反映するように，現在，第一線で活躍されており，今後も発展が期待される方々に執筆を依頼した。その方々の新しい感性で書かれた教科書が制御工学へのニーズに応え，制御工学のよりいっそうの社会的貢献に寄与できれば，幸いである。

　1998年12月

編集委員長　池　田　雅　夫

まえがき

　工学部ではさまざまな分野の講義が提供されているが，その中でも数学は物理学などと並んで基礎科目となっている。どのような分野に進もうとも，数学の基礎をしっかりしたものにすると，専門科目の習得が容易になるからである。さらに，数理的な考え方そのものが，工学に対して大きな影響を与えてきたことにも注意しておきたい。

　制御工学では，伝達関数や状態方程式といった道具立ての記述に始まり，解析手段や設計方法に至るまで，複素関数や線形代数を利用している。多くの大学では，線形代数，解析学を入学後の早い時期に提供している。しかし，限られた時間の講義であるから，制御工学の勉強を始めたときにもう一度それらの知識を確かなものにしたいと思う人も多いであろう。

　本書は，制御工学の講義の理解や制御系の研究室での卒業研究の手がかりをより容易に得られるように，線形代数に焦点を置いて書かれたものである。行列や線形空間の基礎事項を自習できるようにしている。そのため，できるだけ本書の中で完結した記述を目指した。定理を証明することに不慣れな人にもわかるように，通常ならば自明であると書いて済ます部分も記述したために，あえて冗長な証明となったところもある。基本的に定理は基礎事項の記述，例題はその使い方の例示のために用いた。演習問題の中には，よくある誤解を指摘するものも含まれているので，最初は解答を見ずに考えていただきたい。

　もう一つの本書の基本的な方針として，読者は線形代数の初学者ではないので，できるだけ制御工学での利用の多い部分を詳細に記述した。1章から5章の範囲は，多くの標準的な線形代数の教科書と重なる部分が多い。線形空間の丁寧でわかりやすい参考書を含めて，巻末の引用・参考文献で挙げた線形代数に関する文献を参照し，補っていただきたい。6章のジョルダン標準形は初読時

には若干複雑に感じられるかもしれない。初めは結果だけを眺めて，後に読み返してもよい。7章以降の部分は，学部の線形代数の講義ではあまり触れられていないところだと思う。制御工学では何らかの量を考えて解析や設計を行う。そのために，内積，ノルム，特異値といった考え方が重要となってくる。本書では，それらの基本的な事項の記述に努め，できるだけ多くのページを割り当てた。

人名の読み方については，「数学辞典」（岩波書店）の人名索引にできるだけ従うことにした。その他基礎的な用語の初出時には，対応する英語を併記して英文の文献を読む必要のあるときに利用できるようにした。

最後になるが，筆者をシステム制御工学の分野に導いていただいた近畿大学児玉慎三先生，大阪大学前田肇先生に謝意を表したい。本シリーズを企画し執筆の機会を与えて下さった大阪大学池田雅夫先生，原稿を読んでコメントをいただいた京都大学杉江俊治先生と金沢大学藤田政之先生，ならびに本シリーズ編集委員の方々に感謝したい。遅筆に辛抱強くお付き合いいただいたコロナ社の皆さんにお礼申し上げる。私事になるので恐縮であるが，本書の執筆中，家族には多くの面で支えてもらった。ここに記して感謝したい。

2000年10月

太 田 快 人

記 号 一 覧

A^{H}	行列 A の共役転置行列
A^{T}	行列 A の転置行列
A^{-1}	行列 A の逆行列
$A^{-\mathrm{H}}$	行列 A の共役転置行列の逆行列
$A^{-\mathrm{T}}$	行列 A の転置行列の逆行列
A^{-}	行列 A の一般化逆行列
A^{+}	行列 A の擬似逆行列
$A > O$	エルミート行列 A は正定行列
$A \geqq O$	エルミート行列 A は準正定行列
$A^{1/2}$	準正定行列 A の行列平方根
$A^{-1/2}$	正定行列 A の行列平方根の逆行列
$A \begin{pmatrix} i_1, i_2, \cdots, i_r \\ j_1, j_2, \cdots, j_r \end{pmatrix}$	行列 A の小行列
$\mathrm{adj}\, A$	行列 A の余因子行列
$\|A\|_F$	行列 A のフロベニウスノルム
$B_\perp$	$\ker B^{\mathrm{T}}$ の基底を並べた行列
$\mathbb{C}$	複素数全体の集合
$\mathbb{C}^n$	複素数の n 次ベクトル全体の集合
$\mathbb{C}^{m \times n}$	複素数の $m \times n$ 行列全体の集合
$C([0,1])$	区間 $[0,1]$ の連続関数全体の集合
C_0	$t \to \infty$ で 0 に収束する区間 $[0, \infty)$ の連続関数全体の集合
Δ_{ij}	余因子
$\deg P(s)$	多項式 $P(s)$ の次数
$\det A$	行列 A の行列式
$\dim S$	線形空間または部分空間の次元
$\mathrm{diag}\{d_1, \cdots, d_n\}$	対角成分 $\{d_1, \cdots, d_n\}$ をもつ対角行列
e_i	第 i 成分が 1 である単位ベクトル
$\emptyset$	空集合
$f(A)$	行列関数
$\mathbb{F}$	(ある) 体

vi　　記　号　一　覧

$\mathbb{F}^n$	体 F の n 次ベクトル全体の集合
$\mathbb{F}^{m\times n}$	体 F の $m\times n$ 行列全体の集合
$\mathbb{F}[z]$	体 F の係数をもつ z の多項式全体の集合
$\mathbb{F}_n[z]$	体 F の係数をもつ z の n 次以下の多項式全体の集合
I_n	n 次の単位行列
$\ker A$	行列 A の零空間
$\lambda_{\max}(A)$	エルミート行列 A の最大実固有値
$\lambda_{\min}(A)$	エルミート行列 A の最小実固有値
$L(X)$	線形空間 X の上の線形変換の全体の集合
$L(X,Y)$	線形空間 X から Y への線形写像の全体の集合
$O_{m\times n}$	$m\times n$ の零行列
$\mathcal{P}(n)$	n 次の置換全体の集合
$P(A)$	多項式 $P(s)$ への行列 A の形式的な代入
$\mathbb{R}$	実数全体の集合
$\mathbb{R}^n$	実数の n 次ベクトル全体の集合
$\mathbb{R}^{m\times n}$	実数の $m\times n$ 行列全体の集合
$\operatorname{ran} A$	行列 A の像
$\operatorname{rank} A$	行列 A の階数
$S^\perp$	直交補空間
$S+T$	部分空間 S と T の和
$S\oplus T$	部分空間 S と T の直和
$\bigoplus_{i=1}^k S_i$	部分空間 $S_1,\cdots,S_k$ の直和
$\operatorname{sgn} A$	エルミート行列 A の符号
$\operatorname{sgn} p$	置換 p の符号
$\sigma_k(A)$	行列 A の k 番目の特異値
$\sigma_{\max}(A)$	行列 A の最大特異値
$\operatorname{span}\{x_1,\cdots,x_k\}$	要素 $\{x_1,\cdots,x_k\}$ によって張られる空間
$\operatorname{tr} A$	行列 A のトレース
X/S	商集合．商空間も表す．
$[x]$	ある同値関係による同値類
$\|x\|$	ノルム
$\langle x,y\rangle$	内積
$x\perp y$	x と y は直交する．
(0)	零部分空間

目　次

1. 行列とベクトル

1.1 行列とベクトルの構成 *1*
  1.1.1 実数または複素数の配列 *1*
  1.1.2 行列の演算 *2*
1.2 行　列　式 *4*
  1.2.1 行列式の定義 *4*
  1.2.2 行列式の基本的性質 *5*
  1.2.3 小 行 列 式 *8*
1.3 逆　行　列 *9*
演 習 問 題 *10*

2. 線　形　空　間

2.1 線形空間の定義と具体例 *12*
  2.1.1 線形空間 – その定義 *13*
  2.1.2 線形空間の例 *14*
2.2 一次独立と次元 *17*
  2.2.1 一次独立の定義 *17*
  2.2.2 一次独立な集合の性質 *18*
  2.2.3 次　　　元 *20*
2.3 基　　　底 *21*
  2.3.1 基底の定義 *22*
  2.3.2 基底による線形空間の表現 *23*
2.4 部　分　空　間 *24*

2.4.1　部分空間の和と共通集合 25
　　2.4.2　補　空　間 27
　　2.4.3　商　空　間 29
演　習　問　題 31

3.　線　形　写　像

3.1　線形写像の定義と具体例 33
　　3.1.1　定　　義 33
　　3.1.2　線形写像の例 34
　　3.1.3　線形写像のつくる線形空間 36
3.2　正則な線形写像 37
3.3　基底を用いた線形写像の行列表示 40
　　3.3.1　行　列　表　示 40
　　3.3.2　基底の変換 43
演　習　問　題 46

4.　線形写像の像と零空間

4.1　像　と　零　空　間 48
　　4.1.1　像と零空間の定義 48
　　4.1.2　線形写像の階数 50
　　4.1.3　行列の階数との関係 51
4.2　連立一次方程式の解の構造 55
4.3　不変空間と行列表示 56
　　4.3.1　不変空間の定義 56
　　4.3.2　行列表示との関係 57
4.4　像と零空間を用いた線形写像の分解 59
　　4.4.1　線形写像の分解 59
　　4.4.2　最大階数分解への適用 60

演習問題 62

5. 固有値 I

5.1 固有値と固有ベクトル 64
　5.1.1 固有値と特性方程式 64
　5.1.2 行列の固有値のもついくつかの性質 68
5.2 固有ベクトルを用いた行列の対角化 70
5.3 不変部分空間と固有値 73
演習問題 74

6. 固有値 II

6.1 最小多項式 76
　6.1.1 最大公約多項式とユークリッドの互除法 76
　6.1.2 零化多項式と最小多項式 81
　6.1.3 最小多項式と一般化固有空間の直和分割 84
6.2 ジョルダン標準形 88
　6.2.1 一般化固有空間とジョルダンブロック 88
　6.2.2 ジョルダン標準形 89
6.3 行列関数 93
　6.3.1 ジョルダン標準形を用いた行列関数の定義 93
　6.3.2 行列関数の性質 95
演習問題 97

7. 内積をもった線形空間

7.1 内積の定義と基本的性質 99
　7.1.1 内積の定義と具体例 99
　7.1.2 内積から定まるノルム 101

7.1.3　基本的性質 *101*

7.2　直　交　性 *104*

   7.2.1　定　　義 *105*

   7.2.2　正規直交基底 *105*

7.3　直 交 補 空 間 *107*

   7.3.1　直交補空間の定義 *108*

   7.3.2　直交補空間の基本的性質 *109*

演 習 問 題 *111*

8.　正規行列とその固有値

8.1　正規行列の固有ベクトル *112*

   8.1.1　定義と具体例 *112*

   8.1.2　正規行列の固有ベクトル *114*

8.2　直交行列とユニタリ行列 *117*

   8.2.1　固有値の存在領域 *117*

   8.2.2　線形変換としてのユニタリ行列と直交行列 *118*

   8.2.3　ユニタリ行列と直交行列による相似変換 *119*

8.3　実対称行列とエルミート行列 *122*

   8.3.1　固有値の存在領域 *122*

   8.3.2　ミニマックス定理とその帰結 *123*

演 習 問 題 *127*

9.　二次形式と正定行列

9.1　二次形式の定義と符号 *129*

   9.1.1　二次形式とエルミート行列 *129*

   9.1.2　二次形式の符号 *131*

   9.1.3　二 次 曲 面 *132*

9.2　正 定 行 列 *134*

   9.2.1　正定行列の定義 *134*

9.2.2　正定行列の性質 *135*
　9.2.3　準正定行列の平方根 *142*
9.3　二次形式と内積 *142*
演 習 問 題 *144*

10.　射影と一般化逆行列

10.1　射影と補空間 *146*
　10.1.1　射　　　影 *146*
　10.1.2　射影と冪等な行列 *147*
10.2　直交射影と直交補空間 *149*
　10.2.1　直 交 射 影 *149*
　10.2.2　直交射影と冪等なエルミート行列 *150*
10.3　一般化逆行列 *152*
　10.3.1　一般化逆行列の定義 *152*
　10.3.2　一般化逆行列のクラス *153*
　10.3.3　擬似逆行列 *156*
演 習 問 題 *157*

11.　特　　異　　値

11.1　特異値分解 *159*
　11.1.1　特異値分解の定義 *159*
　11.1.2　特異値分解の幾何学的意味 *161*
11.2　特異値のさまざまな性質 *165*
　11.2.1　ミニマックス定理 *165*
　11.2.2　行列の積和と特異値の関係 *166*
11.3　特異値分解の利用 *168*
　11.3.1　階数の決定 *168*
　11.3.2　低階数行列での近似 *169*
　11.3.3　特異値分解を利用した計算 *171*

演　習　問　題 *174*

12.　ノルムをもった線形空間

12.1　ノ　　ル　　ム *175*
　12.1.1　ノルムの定義と基本的性質 *175*
　12.1.2　ノルムをもつ線形空間の具体例 *176*
　12.1.3　内積より導かれるノルムとの相違点 *182*
　12.1.4　行列のノルム *183*
12.2　行列の作用素としてのノルム *184*
　12.2.1　定義と基本的性質 *184*
　12.2.2　作用素としてのノルムの具体例 *185*
12.3　正方行列のノルムと固有値 *187*
　12.3.1　ノルムとスペクトル半径 *187*
　12.3.2　行列のノルムと正則性 *189*
演　習　問　題 *191*

13.　行列に関する等式と不等式

13.1　線形行列方程式 *192*
　13.1.1　線形行列方程式の解の存在条件 *192*
　13.1.2　リアプノフ方程式 *195*
13.2　代数リッカチ方程式 *198*
　13.2.1　連続形代数リッカチ方程式 *198*
　13.2.2　離散形代数リッカチ方程式 *203*
13.3　線形行列不等式 *205*
演　習　問　題 *209*

14. 行列の公式

14.1 行列式と逆行列に関する公式 210
  14.1.1 行　列　式 210
  14.1.2 逆　行　列 211
  14.1.3 微　　　分 212
  14.1.4 トレース 213
14.2 行列指数関数に関する公式 213
演 習 問 題 214

引用・参考文献 215
演習問題の解答 217
索　　　引 246

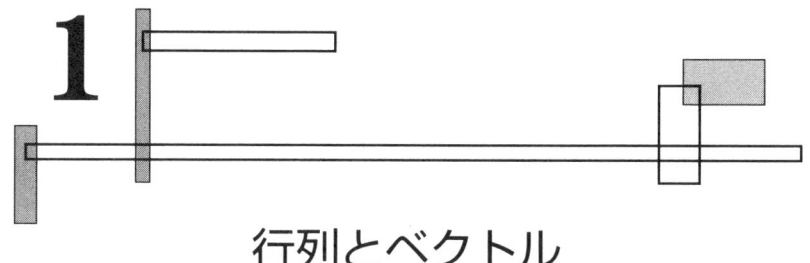

1 行列とベクトル

　行列とベクトルの演算は，計算機を用いて線形代数の計算を行ううえで欠かすことができない。この章では，行列とベクトルの演算上の基本的な性質をまとめておく。

1.1 行列とベクトルの構成

1.1.1 実数または複素数の配列

　実数の集合 $\mathbb{R}$ または複素数の集合 $\mathbb{C}$ は，加減乗除の演算，いわゆる四則が定義されている。このような集合を数学的には**体** (field) という[†]。以下，体の要素を**スカラー** (scalar) ともいう。本書では，体は実数または複素数の集合であると思って読んでもらって差し支えない。

　行数 m，列数 n である **$m \times n$ 行列** (matrix) は，mn 個のスカラー a_{ij} ($i = 1, \cdots, m, j = 1, \cdots, n$) を

[†] 集合 $\mathbb{F}$ に加法と乗法が定義されており，(1) $\alpha + \beta = \beta + \alpha$, $\alpha\beta = \beta\alpha$（交換法則），(2) $(\alpha + \beta) + \gamma = \alpha + (\beta + \gamma)$, $(\alpha\beta)\gamma = \alpha(\beta\gamma)$（結合法則），(3) $\alpha + 0 = 0 + \alpha = \alpha$ となる加法の単位元 0 がある，(4) $1\alpha = \alpha 1 = \alpha$ となる乗法の単位元 1 がある，(5) $\alpha + (-\alpha) = (-\alpha) + \alpha = 0$ となる加法の逆元 $-\alpha$ がある，(6) $\alpha \neq 0$ ならば $\alpha\alpha^{-1} = \alpha^{-1}\alpha = 1$ となる乗法の逆元 α^{-1} がある，(7) $(\alpha + \beta)\gamma = \alpha\gamma + \beta\gamma$（分配法則），が成り立つ代数系を体という。

$$A = \begin{bmatrix} a_{11} & a_{12} & \cdots & a_{1n} \\ a_{21} & a_{22} & \cdots & a_{2n} \\ \vdots & \vdots & \cdots & \vdots \\ a_{m1} & a_{m2} & \cdots & a_{mn} \end{bmatrix}$$

と並べてつくられる.あるいは,手短かに $A = (a_{ij})$ という書き方もする.ここで,a_{ij} を行列 A の (i,j) **成分** (element) という.実数を成分にもつ $m \times n$ 行列の集合を $\mathbb{R}^{m \times n}$,複素数を成分にもつ $m \times n$ 行列の集合を $\mathbb{C}^{m \times n}$,体 $\mathbb{F}$ を成分にもつ $m \times n$ 行列の集合を $\mathbb{F}^{m \times n}$ とそれぞれ表す.

特に,行数が 1 の場合 ($m = 1$ の場合) には,**行ベクトル** (row vector),列数が 1 の場合 ($n = 1$ の場合) には,**列ベクトル** (column vector) という.本書では,単にベクトルという場合には列ベクトルを指す.ベクトルの集合を体に応じて $\mathbb{R}^n, \mathbb{C}^n$ または $\mathbb{F}^n$ と表す.$\mathbb{R}^n, \mathbb{C}^n$ または $\mathbb{F}^n$ において,$i = 1, \cdots, n$ とするとき,i 番目の成分が 1,他の成分が 0 であるベクトルを e_i と書く.例えば

$$e_1 = \begin{bmatrix} 1 \\ 0 \\ \vdots \\ 0 \end{bmatrix}, \quad e_2 = \begin{bmatrix} 0 \\ 1 \\ \vdots \\ 0 \end{bmatrix}, \quad \cdots, \quad e_n = \begin{bmatrix} 0 \\ 0 \\ \vdots \\ 1 \end{bmatrix}$$

である.これらを**単位ベクトル** (unit vector) と呼ぶ.

1.1.2 行列の演算

ここでは,行列とスカラーに関する基本的な演算をまとめておく.まず**転置行列** (transpose) は,行列 A の列と行を入れ換えて

$$A^{\mathrm{T}} = \begin{bmatrix} a_{11} & a_{21} & \cdots & a_{m1} \\ a_{12} & a_{22} & \cdots & a_{m2} \\ \vdots & \vdots & \cdots & \vdots \\ a_{1n} & a_{2n} & \cdots & a_{mn} \end{bmatrix}$$

として与えられる.複素数の行列の場合には,転置をして成分ごとに複素共役数をとる**共役転置行列** (conjugate transpose) を考えることが多い.共役転置行列 A^{H} は

$$A^{\mathrm{H}} = \begin{bmatrix} \overline{a_{11}} & \overline{a_{21}} & \cdots & \overline{a_{m1}} \\ \overline{a_{12}} & \overline{a_{22}} & \cdots & \overline{a_{m2}} \\ \vdots & \vdots & \cdots & \vdots \\ \overline{a_{1n}} & \overline{a_{2n}} & \cdots & \overline{a_{mn}} \end{bmatrix}$$

と定義される．行列 $A = (a_{ij}) \in \mathbb{F}^{n \times n}$ について，その**トレース** (trace) を対角成分 a_{ii} の和として定め，$\operatorname{tr} A$ と書く．つまり $\operatorname{tr} A = \sum_{i=1}^{n} a_{ii}$ [†] である．

行列 $A = (a_{ij}) \in \mathbb{F}^{m \times n}$ と $B = (b_{ij}) \in \mathbb{F}^{m \times n}$ が与えられたとき，それらの和 $A + B$ と差 $A - B$ を

$$A + B = (a_{ij} + b_{ij}), \quad A - B = (a_{ij} - b_{ij})$$

と定める．すべての成分が 0 である零行列 $O \in \mathbb{F}^{m \times n}$ は，任意の $A \in \mathbb{F}^{m \times n}$ について $A + O = O + A = A$ を満たす．ここで特に行数と列数を明示したいときには $O_{m \times n}$ と書く．行列 $A = (a_{ij}) \in \mathbb{F}^{m \times \ell}$, $B = (b_{ij}) \in \mathbb{F}^{\ell \times n}$ のように，A の列数と B の行数が等しいならば，それらの積 $C = AB \in \mathbb{F}^{m \times n}$ を

$$C = (c_{ij}), \quad c_{ij} = \sum_{k=1}^{\ell} a_{ik} b_{kj}$$

と定める．対角成分 ($i = 1, \cdots, n$ について (i, i) 成分のこと) が 1 であり，非対角成分 ($i \neq j$ について (i, j) 成分のこと) が 0 である正方行列 $I \in \mathbb{F}^{n \times n}$ は，任意の $A \in \mathbb{F}^{m \times n}$ について $AI = A$, かつ任意の $B \in \mathbb{F}^{n \times m}$ について $IB = B$ を満たす．I を**単位行列** (unit matrix) という．ここで特に $n \times n$ の単位行列を I_n と書くこともある．行列 $A = (a_{ij}) \in \mathbb{F}^{m \times n}$ とし，スカラー $\alpha \in \mathbb{F}$ とするとき，スカラー倍 $\alpha A \in \mathbb{F}^{m \times n}$ を $\alpha A = (\alpha a_{ij})$ と定める．

[†] 本来は $\sum_{i=1}^{n} a_{ii}$ と表すが，以下，本文中においては，これを $\sum_{i=1}^{n} a_{ii}$ のように表す．$\prod_{i=1}^{n}$, $\bigcap_{k=0}^{n}$, $\lim_{h \to \infty}$ などについても同様とする．

1.2 行列式

1.2.1 行列式の定義

自然数 $1, 2, \cdots, n$ を並び換えてできる $p = (p(1), p(2), \cdots, p(n))$ を n 次の**置換** (permutation) という。n 次の置換全体の集合を $\mathcal{P}(n)$ で表す (n 次の置換は全部で $n!$ 個ある)。例えば，$n = 3$ の場合

$$\mathcal{P}(3) = \{(1,2,3), (1,3,2), (2,1,3), (2,3,1), (3,1,2), (3,2,1)\}$$

である。二つの数が入れ換わっているだけの置換を**互換** (transposition) という。例えば，$\mathcal{P}(3)$ の互換は，$(1,3,2), (2,1,3), (3,2,1)$ の三つである。置換 $p_1, p_2 \in \mathcal{P}(n)$ があるとき，その合成 $p = p_2 \circ p_1 \in \mathcal{P}(n)$ を $p(k) = p_2(p_1(k))$ で定める。例えば，$(2,3,1) = (2,1,3) \circ (1,3,2)$ である。任意の置換は，互換を繰り返し合成することによって得られるが，そのとき必要な互換の数が偶数であるか奇数であるかは，合成の選び方に依存しない。必要な互換の数が偶数であるとき**偶置換** (even permutation)，奇数であるとき**奇置換** (odd permutation) という。例えば，$\mathcal{P}(3)$ の偶置換は，$(1,2,3), (2,3,1), (3,1,2)$ の三つ，奇置換は，$(1,3,2), (2,1,3), (3,2,1)$ の三つである。置換 p の**符号** (sign) $\operatorname{sgn} p$ を

$$\operatorname{sgn} p = \begin{cases} 1 & (p \text{ が偶置換であるとき}) \\ -1 & (p \text{ が奇置換であるとき}) \end{cases}$$

と定める。

正方行列 $A \in \mathbb{F}^{n \times n}$ の**行列式** (determinant) を

$$\det A = \sum_{p \in \mathcal{P}(n)} \operatorname{sgn} p \prod_{i=1}^{n} a_{ip(i)} \tag{1.1}$$

と定義する。これはあくまで定義式であり，行列式を計算機で計算する必要があるときには，**ガウスの掃き出し法** (Gaussian elimination) [19][†]など，計算機にとって効率のよい方法を用いなければならない。例えば，$n = 3$ のとき，式

[†] 肩付き数字は，巻末の引用・参考文献の番号を表す。

(1.1) は，三つの偶置換，三つの奇置換の合計 6 項の和となり

$$\det A = a_{11}a_{22}a_{33} + a_{12}a_{23}a_{31} + a_{13}a_{21}a_{32}$$
$$-a_{11}a_{23}a_{32} - a_{12}a_{21}a_{33} - a_{13}a_{22}a_{31} \tag{1.2}$$

となっている。

1.2.2 行列式の基本的性質

ここでは，行列式に関する基本的な性質を述べることにする。なお 14.1 節では，いくつかの行列式に関する公式を集めている。

【定理 1.1】 行列 $A \in \mathbb{F}^{n \times n}$ を考える。$i = 1, \cdots, n$ について，A の i 番目の列ベクトルを $a_i \in \mathbb{F}^n$ として，$A = [\, a_1 \ a_2 \ \cdots \ a_n \,]$ と記述する。このとき以下が成り立つ。

(a) 行列式は各列に関して線形である。すなわち，スカラー $\alpha, \beta \in \mathbb{F}$ およびベクトル $b_j \in \mathbb{F}^n$ を与えると

$$\det [\, a_1 \ \cdots \ (\alpha a_j + \beta b_j) \ \cdots \ a_n \,]$$
$$= \alpha \det [\, a_1 \ \cdots \ a_j \ \cdots \ a_n \,] + \beta \det [\, a_1 \ \cdots \ b_j \ \cdots \ a_n \,]$$

である。

(b) 2 本の列ベクトルを入れ換えると符号が反転する。すなわち

$$\det [\, a_1 \ \cdots \ a_i \ \cdots \ a_j \ \cdots \ a_n \,] = -\det [\, a_1 \ \cdots \ a_j \ \cdots \ a_i \ \cdots \ a_n \,]$$

である。

証明 行列 A の j 列目のみが $\alpha a_j + \beta b_j$ になると，式 (1.1) の右辺の項は

$$a_{1p(1)} \cdots \bigl(\alpha a_{jp(j)} + \beta b_{jp(j)}\bigr) \cdots a_{np(n)}$$
$$= \alpha a_{1p(1)} \cdots a_{jp(j)} \cdots a_{np(n)} + \beta a_{1p(1)} \cdots b_{jp(j)} \cdots a_{np(n)}$$

となる。行列式はそれらの総和なので，(a) が成り立つ。つぎに $i \neq j$ として i と j を入れ換える互換を $q \in \mathcal{P}(n)$ とする。このとき，$\mathcal{P}(n) = \{q \circ p : p \in \mathcal{P}(n)\}$ であることを用いて式 (1.1) を変形すれば，(b) が成り立つ（演習問題【3】）。 △

【定理 1.2】 行列 $A \in \mathbb{F}^{n \times n}$ について $\det A = \det A^{\mathrm{T}}$ が成り立つ。

証明 置換 $p \in \mathcal{P}(n)$ に対して $p^{-1} \circ p = p \circ p^{-1} = (1, 2, \cdots, n)$ を満たす置換を逆置換という。このとき，$\mathcal{P}(n) = \{p^{-1} : p \in \mathcal{P}(n)\}$ および $\operatorname{sgn} p = \operatorname{sgn} p^{-1}$ を用いて式 (1.1) を変形すれば，この定理が成り立つことがわかる（演習問題【4】）。 $\triangle$

この結果，**定理 1.1** などの行列式に関する性質は，列について成り立てば，行についても同様の結果が成り立つ。つぎは，ブロック三角行列と呼ばれる構造をもった行列の行列式についてである。

【定理 1.3】 $A \in \mathbb{F}^{n \times n}$ が，$0 < m < n$ として，$A_{11} \in \mathbb{F}^{m \times m}$, $A_{12} \in \mathbb{F}^{m \times (n-m)}$, $A_{22} \in \mathbb{F}^{(n-m) \times (n-m)}$ を用いて

$$A = \begin{bmatrix} A_{11} & A_{12} \\ O_{(n-m) \times m} & A_{22} \end{bmatrix}$$

と書けるならば，$\det A = \det A_{11} \det A_{22}$ が成り立つ。

証明 $n = 3$, $m = 1$ の場合について説明する。このとき，$a_{21} = a_{31} = 0$ なので，式 (1.2) は $\det A = a_{11}a_{22}a_{33} - a_{11}a_{23}a_{32} = a_{11}(a_{22}a_{33} - a_{23}a_{32}) = \det A_{11} \det A_{22}$ となる。一般の場合については演習とする（演習問題【5】）。 $\triangle$

行列 $A \in \mathbb{F}^{n \times n}$ の i 行 j 列を消去して得られる $(n-1) \times (n-1)$ 行列の行列式に，$(-1)^{i+j}$ を乗じた数を**余因子**（cofactor）といい，Δ_{ij} と書くことにする。**余因子行列**（adjoint matrix）$\operatorname{adj} A$ を

$$\operatorname{adj} A = \begin{bmatrix} \Delta_{11} & \Delta_{21} & \cdots & \Delta_{n1} \\ \Delta_{12} & \Delta_{22} & \cdots & \Delta_{n2} \\ \vdots & \vdots & \cdots & \vdots \\ \Delta_{1n} & \Delta_{2n} & \cdots & \Delta_{nn} \end{bmatrix} \in \mathbb{F}^{n \times n}$$

と定める。余因子行列では，余因子 Δ_{ji} が (i, j) 成分になっていることに注意

する．つぎの定理は，行列式の**ラプラス展開** (Laplace expansion) についての
ものである．

【定理 1.4】 行列 $A \in \mathbb{F}^{n \times n}$ の行列式について

$$\det A = a_{1j}\Delta_{1j} + a_{2j}\Delta_{2j} + \cdots + a_{nj}\Delta_{nj} \quad (j = 1, \cdots, n),$$

$$\det A = a_{j1}\Delta_{j1} + a_{j2}\Delta_{j2} + \cdots + a_{jn}\Delta_{jn} \quad (j = 1, \cdots, n)$$

が成り立つ．

証明 下の式は，行と列の役割を入れ換えているので，上の式に**定理 1.2** を適用すれば得られる．したがって，上の式のみ証明する．行列 A の j 列目のベクトルを

$$a_j = a_{1j}e_1 + a_{2j}e_2 + \cdots + a_{nj}e_n$$

と単位ベクトルを用いて書く．**定理 1.1** (a) を繰り返し適用して

$$\det A = \det \begin{bmatrix} a_1 & \cdots & \sum_{i=1}^{n} a_{ij}e_i & \cdots & a_n \end{bmatrix}$$
$$= \sum_{i=1}^{n} a_{ij} \det \begin{bmatrix} a_1 & \cdots & e_i & \cdots & a_n \end{bmatrix}$$

である．行列 $[\, a_1 \ \cdots \ e_i \ \cdots \ a_n \,]$ の j 列目が 1 列目の位置に来るまで順次列の互換を繰り返し ($j-1$ 回の互換)，つぎに i 行目が 1 行目の位置に来るまで順次行の互換を繰り返す ($i-1$ 回の互換)．その結果，行列は $(1,1)$ ブロックに 1 (実際には $(1,1)$ 成分である)，$(2,2)$ ブロックに A の i 行目，j 列目を抜き出した $(n-1) \times (n-1)$ の行列が得られる．ここで**定理 1.1** (b) と**定理 1.3** を適用すれば，$\det [\, a_1 \ \cdots \ e_i \ \cdots \ a_n \,] = \Delta_{ij}$ であることがわかる． △

ここで，**定理 1.4** よりつぎの式が成り立つことを注意しておく．

$$a_{1j}\Delta_{1k} + a_{2j}\Delta_{2k} + \cdots + a_{nj}\Delta_{nk} = 0 \quad (j = 1, \cdots, n, \ k \neq j),$$

(1.3)

$$a_{j1}\Delta_{k1} + a_{j2}\Delta_{k2} + \cdots + a_{jn}\Delta_{kn} = 0 \qquad (j=1,\cdots,n,\ k \neq j).$$
(1.4)

なぜなら，式 (1.3) は，k 列目に j 列目をコピーした行列の k 列目でのラプラス展開の式になっているが，その行列式は**定理 1.1** (b) より 0 になるからである．

【定理 1.5】 二つの行列 $A, B \in \mathbb{F}^{n \times n}$ を考える．このとき，$\det AB = \det A \det B$ である．

証明　行列 A の n 本の列ベクトルを $a_1, \cdots, a_n$ とし，$B = (b_{ij})$ とする．AB の j 列目のベクトルは，$\sum_{i=1}^{n} b_{ij} a_i$ である．ここで AB の行列式に**定理 1.1** (a) を適用すれば，行列式は n^n 個の行列式

$$b_{i_1 1} b_{i_2 2} \cdots b_{i_n n} \det \begin{bmatrix} a_{i_1} & a_{i_2} & \cdots & a_{i_n} \end{bmatrix}$$
(1.5)

の和であることがわかる．ここで**定理 1.1** (b) を適用すれば，$\{i_1, i_2, \cdots, i_n\}$ で重複した添字を選んだときには，その行列式は 0 である．すべて相異なる添字を選んだときには，$p(j) = i_j$ は一つの置換であり，再び**定理 1.1** (b) を適用して，式 (1.5) は $\text{sgn}\, p\, b_{p(1)1} \cdots b_{p(n)n} \det A$ に等しいことがわかる．このような場合は全部で $n!$ 通りあるが，これらをすべて加え合わせて $\det AB = \det A \det B$ を得る． △

1.2.3　小行列式

行列 $A \in \mathbb{F}^{m \times n}$ が与えられたとき，適当な添字 $1 \leq i_1 < i_2 < \cdots < i_r \leq m$, $1 \leq j_1 < j_2 < \cdots < j_r \leq n$ を用いて r 次の**小行列** (submatrix)

$$A\begin{pmatrix} i_1, i_2, \cdots, i_r \\ j_1, j_2, \cdots, j_r \end{pmatrix} = \begin{bmatrix} a_{i_1 j_1} & a_{i_1 j_2} & \cdots & a_{i_1 j_r} \\ a_{i_2 j_1} & a_{i_2 j_2} & \cdots & a_{i_2 j_r} \\ \vdots & \vdots & \cdots & \vdots \\ a_{i_r j_1} & a_{i_r j_2} & \cdots & a_{i_r j_r} \end{bmatrix} \in \mathbb{F}^{r \times r}$$

を考える。このとき $\det A \begin{pmatrix} i_1, i_2, \cdots, i_r \\ j_1, j_2, \cdots, j_r \end{pmatrix}$ を A の (一つの) r 次の**小行列式** (minor) という。

【定理 1.6】 行列 $A \in \mathbb{F}^{n \times m}$, $B \in \mathbb{F}^{m \times n}$ を考える。このとき
$$\det AB = \sum_k \det A \begin{pmatrix} 1, 2, \cdots, n \\ k_1, k_2, \cdots, k_n \end{pmatrix} \det B \begin{pmatrix} k_1, k_2, \cdots, k_n \\ 1, 2, \cdots, n \end{pmatrix}$$
が成り立つ。ただし、和は $1 \leqq k_1 < k_2 < \cdots < k_n \leqq m$ となる添字のとり方 k の全部について考える (これらは全部で ${}_mC_n$ 個ある)。また $m < n$ のときは、そのような添字の集まりは空になるので、和は 0 と解釈する。

証明 定理 1.5 と類似の方法で証明できるが詳細は省略する。各自で確かめられたい。 △

定理 1.6 の式を**ビネー・コーシーの公式** (Binet-Cauchy formula) という。特に $n = m$ のときには、定理 1.6 は定理 1.5 と一致していることがわかる。

1.3 逆 行 列

行列 $A \in \mathbb{F}^{n \times n}$ に関して $AB = I_n$ および $BA = I_n$ となる行列 $B \in \mathbb{F}^{n \times n}$ があるとき、B を A の**逆行列** (inverse matrix) といい、$B = A^{-1}$ と書く。逆行列をもつ行列を**正則行列** (nonsingular matrix) という。あるいはその行列は**正則** (nonsingular) であるともいう。

【定理 1.7】 正方行列 $A \in \mathbb{F}^{n \times n}$ が逆行列をもつためには、$\det A \neq 0$ であることが必要十分である。

証明 **必要性** 行列 A が逆行列をもてば、$AA^{-1} = I$ であるが、定理 1.5 を適用すれば、$\det A \det A^{-1} = \det I = 1$ である。したがって $\det A \neq 0$ を得る。

十分性 $\det A \neq 0$ のときに $A^{-1} = \operatorname{adj} A / \det A$ であることが，つぎのようにしてわかる。まず $A(\operatorname{adj} A)$ を計算すると，その (i,j) 成分は，$\sum_{k=1}^{n} a_{ik}\Delta_{jk}$ である。これは，$i = j$ ならば**定理 1.4** より $\det A$ に等しく，$i \neq j$ ならば式 (1.4) より 0 に等しい。つまり $A(\operatorname{adj} A/\det A) = I$ である。同様に $(\operatorname{adj} A/\det A)A = I$ については，行によるラプラス展開と式 (1.3) を考えればよい。 △

定理 1.7 の証明中では，逆行列の存在をラプラス展開を用いて示したが，逆行列の数値的な計算のためには，この方法は適さない。ガウスの掃き出し法などの方法を用いる必要がある。

正方行列 $A \in \mathbb{F}^{n \times n}$ に関しては，$AB = I_n$ を成り立たせる行列 $B \in \mathbb{F}^{n \times n}$ があれば，それは $BA = I_n$ も満たす。しかし，正方でない行列 $A \in \mathbb{F}^{n \times m}$ を考えるときには，$AB = I_n$ を成り立たせる行列 $B \in \mathbb{F}^{m \times n}$ は $BA = I_m$ を成り立たせるとは限らない（演習問題【7】）。実際には，$n \neq m$ であれば必ず $BA \neq I_m$ となるが，これについては 4 章で明らかになる。

│コーヒーブレイク│

行列や行列式という考え方は，連立一次方程式を扱うという形で古くから人類が思い付いていた。紀元前 3 世紀のバビロニアや紀元前 1〜2 世紀の中国の記録の中には，連立一次方程式の解き方が述べられている。日本でも 17 世紀に，関が，行列式が連立方程式を解くときに重要であることを見つけていた。西洋ではライプニッツ（Leibniz）が関にやや遅れて連立一次方程式の解の存在と行列式の関連を指摘している。行列（matrix）という言葉はシルベスター（Sylvester）によって 19 世紀中ごろに初めて用いられたとされている。シルベスターに影響を受けたケーリー（Cayley）が逆行列などの考えを整理していった。

********** 演 習 問 題 **********

【1】 行列の演算を実数の演算と比較して，以下の法則が成り立つならば証明し，成り立たないならば反例を挙げよ。

(a) $A + B = B + A$ （交換法則），$A + (B + C) = (A + B) + C$ （結合法則）．

(b) $AB = BA$ （交換法則），$A(BC) = (AB)C$ （結合法則）．

(c)　$AB = O$ ならば $A = O$ または $B = O$ である。

【2】 行列 $A \in \mathbb{F}^{m \times \ell}$, $B \in \mathbb{F}^{\ell \times n}$ であるとき, $(AB)^{\mathrm{T}} = B^{\mathrm{T}} A^{\mathrm{T}}$ を示せ。また, 行列 $A \in \mathbb{C}^{m \times \ell}$, $B \in \mathbb{C}^{\ell \times n}$ であるとき, $(AB)^{\mathrm{H}} = B^{\mathrm{H}} A^{\mathrm{H}}$ を示せ。

【3】 **定理 1.1** (b) の証明を完了させよ。

【4】 **定理 1.2** の証明を完了させよ。

【5】 **定理 1.3** を一般の場合 ($0 < m < n$) について証明せよ。
ヒント：
$$\mathcal{P}_1 = \{p \in \mathcal{P}(n) : p(i) \leq m,\ m < i \leq n\ \text{となる}\ i\ \text{がある}\ \}$$
とおくと, $p \in \mathcal{P}_1$ ならば $\prod_{i=1}^{n} a_{ip(i)} = 0$ であることを示せ。また補集合 $\mathcal{P}_2 = \mathcal{P}(n) \backslash \mathcal{P}_1$ は, $\mathcal{P}(m) \times \mathcal{P}(n-m)$ と同一視できることを示せ。すると式 (1.1) の右辺はどのような項の和となるであろうか。

【6】 正則行列 $A \in \mathbb{F}^{n \times n}$ を考えると, 転置行列 A^{T} もまた正則で $(A^{\mathrm{T}})^{-1} = (A^{-1})^{\mathrm{T}}$ である。正則な複素数行列 $A \in \mathbb{C}^{n \times n}$ を考えると, 共役転置行列 A^{H} もまた正則で $(A^{\mathrm{H}})^{-1} = (A^{-1})^{\mathrm{H}}$ である。なおこれらのことから, 以後 $(A^{\mathrm{T}})^{-1} = A^{-\mathrm{T}}$, $(A^{\mathrm{H}})^{-1} = A^{-\mathrm{H}}$ と表す。

【7】 行列 $A \in \mathbb{F}^{n \times n}$ に対して, $B \in \mathbb{F}^{n \times n}$ が $AB = I$ を満たせば $BA = I$ が成り立ち, さらに $B = A^{-1}$ が成立することを示せ（ヒント：**定理 1.7** を用いるとよい）。一方

$$A = \begin{bmatrix} 1 & -1 & 2 \\ 2 & 1 & -1 \end{bmatrix},\quad B = \begin{bmatrix} 0.5 & 0.5 \\ -1.5 & -0.5 \\ -0.5 & -0.5 \end{bmatrix}$$

について, $AB = I$, $BA \neq I$ であることを確かめよ。

【8】 行列 $A \in \mathbb{F}^{n \times n}$ が正則であり

$$A = \begin{bmatrix} A_{11} & O \\ O & A_{22} \end{bmatrix},\quad A_{11} \in \mathbb{F}^{m \times m},\quad A_{22} \in \mathbb{F}^{(n-m) \times (n-m)}$$

のようにブロック対角の構造をもっているとき, 逆行列を求めよ。

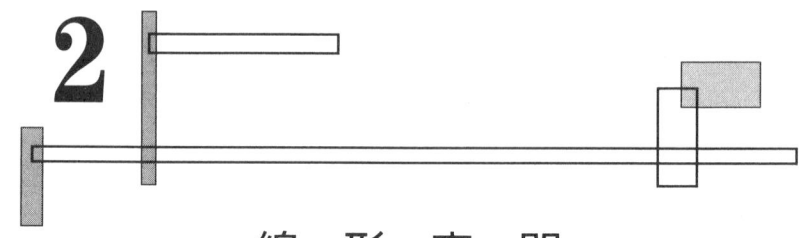

線形空間

大きさばかりではなく向きも重要である量がある。物理で扱う速度や力などはそのような例である。このような量に対してベクトルを用いると，x 成分，y 成分，z 成分のように成分ごとの量を用いるよりも見通しのよい式の記述ができることをよく経験している。

ベクトルの集合を扱いやすくしているのは，その上に和とスカラー倍という演算が用意されているためである。この2種類の演算が基本的な性質であるので，平面あるいは空間のベクトル以外でも，一般的に和とスカラー倍をもつ集合を線形空間という。

この章では，まず線形空間の定義を記述してその具体例を与える。つぎに，線形空間における最も基本的な概念である一次独立（一次従属）という考え方を導入する。その後，基底と部分空間という考え方について整理していく。

2.1 線形空間の定義と具体例

紙の上に描く平面上のベクトルについて，読者はベクトルとベクトルを加えたり，ベクトルを何倍かに引き伸ばすという操作をしたことがあるだろう。つまり，ベクトルの世界には和と実数倍（スカラー倍）が備わっている。ベクトルの世界のもつ性質の多くは，この和とスカラー倍の性質から導かれるものである。

和と実数倍は，交換法則や結合法則などの性質を満たしているが，逆にこれらの性質をもつ和とスカラー倍をもつ集合として線形空間が定義される．このような抽象化がもたらす利点は，普遍的な性質に着目することにより，個々の集合の特殊性にとらわれずに，効率よく本質的な議論ができることにある．

2.1.1 線形空間 – その定義

集合 X と体 $\mathbb{F}$ を考える．このとき，$x, y \in X$ について，**和** (sum) と呼ばれる演算 $x + y \in X$，およびスカラー $\alpha \in \mathbb{F}$ と $x \in X$ の**スカラー倍** (scalar multiple) と呼ばれる演算 $\alpha x \in X$ が定義されており，以下に示す代数的な性質を満たすとき，X を体 $\mathbb{F}$ 上の**線形空間** (linear space) と呼ぶ．制御工学で取り扱う線形空間の多くについて，体 $\mathbb{F}$ は実数または複素数と考えてよい．

1. 和に関する性質
   (a) $x + y = y + x$ (**交換法則** (commutative law))．
   (b) $x + (y + z) = (x + y) + z$ (**結合法則** (associative law))．
   (c) 零元 $0 \in X$ が存在して，任意の $x \in X$ について $x + 0 = x$ を満たす．
   (d) $x \in X$ に対して，$x + (-x) = 0$ を満たす元 $-x \in X$ がある（逆元の存在）．

2. スカラー倍に関する性質
   (a) スカラーの単位元 1 は，任意の $x \in X$ について $1x = x$ を満たす．
   (b) $\alpha(\beta x) = (\alpha \beta) x$ (結合法則)．
   (c) $\alpha(x + y) = \alpha x + \alpha y$ (**分配法則** (distributive law))．
   (d) $(\alpha + \beta) x = \alpha x + \beta x$ (分配法則)．

これらの和とスカラー倍の規則を平面のベクトルの世界が満たすことは，あたりまえのように思える．例えば，和の結合法則を図 **2.1** に示す．しかしながら，これらの規則を満たす抽象化された空間（そのいくつかの例は 2.1.2 項で与える）もまた線形空間として扱えるのである．重要な点は，線形空間のもつ性質は，空間のベクトルという特殊な事情によるのではなく，先に挙げた和と

14   2. 線形空間

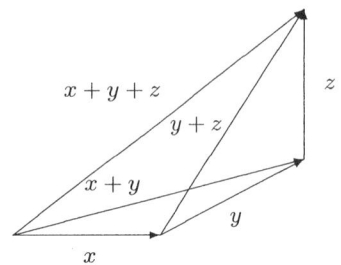

図 2.1 結合法則

スカラー倍の性質から生じているということである．このことは，本書を読み進むに従って次第に明らかになる．

特に，スカラーを与える体が実数 $\mathbb{R}$ であるときには**実線形空間** (real linear space)，複素数 $\mathbb{C}$ であるときには**複素線形空間** (complex linear space) という．体 $\mathbb{F}$ が文脈から明らかなときには，単に線形空間ということもある．

例題 2.1 線形空間 X の零元は唯一であることを示せ．また $x \in X$ に対する逆元は，x に対して唯一定まることを示せ．

【解答】 $0'$ という元が任意の $x \in X$ について $x + 0' = x$ を満たすとする．すると，$0 + 0' = 0$ かつ $0' + 0 = 0'$ であるが，交換法則を用いると $0 = 0'$ である．つぎに，x' が $x + x' = 0$ を満たすとする．交換法則と結合法則を繰り返し適用すれば，$x' = x' + 0 = x' + (x + (-x)) = (x' + x) + (-x) = (-x) + (x + x') = (-x) + 0 = -x$ である．   ◇

2.1.2　線形空間の例

この項では，線形空間のいくつかを例として示す．これらが，実際に 2.1.1 項で述べた和とスカラー倍に関する性質を満たしており，したがって線形空間になることについては，読者自ら確認されたい（演習問題【1】）．

例 2.1 n 次の実数ベクトル

n 個の実数を成分にもつベクトルの集合 $\mathbb{R}^n$ は，実線形空間になる．た

だし，和とスカラー倍をつぎのように定める．

$$\begin{bmatrix} \xi_1 \\ \vdots \\ \xi_n \end{bmatrix} + \begin{bmatrix} \eta_1 \\ \vdots \\ \eta_n \end{bmatrix} = \begin{bmatrix} \xi_1 + \eta_1 \\ \vdots \\ \xi_n + \eta_n \end{bmatrix}, \quad \alpha \begin{bmatrix} \xi_1 \\ \vdots \\ \xi_n \end{bmatrix} = \begin{bmatrix} \alpha\xi_1 \\ \vdots \\ \alpha\xi_n \end{bmatrix}.$$

例 2.2　n 次の複素数ベクトル

n 個の複素数を成分にもつベクトルの集合 $\mathbb{C}^n$ は，複素線形空間になる．ここで，和とスカラー倍は，スカラーが複素数であることを除いて，$\mathbb{R}^n$ のときと同様に定める．

例 2.3　多項式

体 $\mathbb{F}$ の係数をもつ多項式の集合 $\mathbb{F}[s]$ において，和とスカラー倍を $P(s) = p_m s^m + \cdots + p_1 s + p_0$, $Q(s) = q_n s^n + \cdots + q_1 s + q_0$ についてつぎのように定める．

$$(P+Q)(s) = (p_r + q_r) s^r + \cdots + (p_1 + q_1) s + (p_0 + q_0),$$
$$(\alpha P)(s) = \alpha p_m s^m + \cdots + \alpha p_1 s + \alpha p_0.$$

ただし，$r = \max(m, n)$ とし，$i > m$ ならば $p_i = 0$, $i > n$ ならば $q_i = 0$ とする．このとき，$\mathbb{F}[s]$ は $\mathbb{F}$ 上の線形空間になっている．

例 2.4　n 次以下の多項式

体 $\mathbb{F}$ の係数をもつ n 次以下の多項式の集合 $\mathbb{F}_n[s]$ においても，和とスカラー倍を次数に制約のない多項式の場合と同様に定めると，$\mathbb{F}_n[s]$ は $\mathbb{F}$ 上の線形空間になっている．

例 2.5　連続関数

区間 $[0,1]$ 上の実数値（または複素数値）連続関数の全体を $C([0,1])$ とする。ここに和とスカラー倍をそれぞれ

$$(f+g)(t) = f(t) + g(t), \quad (\alpha f)(t) = \alpha(f(t))$$

として定めれば，$C([0,1])$ は実線形空間（または複素線形空間）になっていることがわかる。ここで，括弧の位置に注意して左辺と右辺の意味の違いに注意したい。例えば，和の定義では，左辺は連続関数 f と g の和である関数 $f+g$ の t での値を表している。右辺は，$f(t)$ と $g(t)$ というスカラー値の和であるので，等式の述べていることはその両者が等しいということである。

例 2.6　連続関数

無限の長さをもつ区間 $[0,\infty)$ 上で定義され，$t \to \infty$ のときに 0 に収束する連続関数の全体を C_0 とする。$C([0,1])$ と同様に和とスカラー倍を定めると線形空間になる。

ここで，$\mathbb{R}^n$ や $\mathbb{C}^n$ は，1章で考えた実数または複素数を並べたベクトルの集まりに，線形空間の構造（和とスカラー倍）を加えてできている。単に集合として考えるときと線形空間として考えるときでは，記号を変えて区別すべきであるが，記号の複雑さを避けるために，以後 $\mathbb{R}^n$ や $\mathbb{C}^n$ は線形空間として考える。

平面のベクトル全体は座標表示すれば $\mathbb{R}^2$，空間のベクトル全体は座標表示すれば $\mathbb{R}^3$ とそれぞれ考えることができる。なお，$\mathbb{C}^n$ は複素線形空間として定義したが，スカラーを実数とすれば実線形空間と考えることもできる。この二つの空間は，線形空間としては異なる性質をもつので，複素数ベクトルを実線形空間とするときには，$\mathbb{C}^n$ とは記述しないことにする（このことについて

は，2.2.3項および演習問題【4】を参照されたい）。

2.2 一次独立と次元

線形空間での基本的な考え方の一つが，一次独立および一次従属である。一次独立という考え方から空間の次元が定義される。次元は，空間の中に一次独立な要素がどれだけ多く含まれているかを明らかにする量である。

2.2.1 一次独立の定義

平面上のベクトルが3本あれば，必ずそのうちの1本は，他の2本を適当に伸縮した後に加え合わせることによって表すことができる。また，平面上の2本のベクトルは，それらが一直線上にある場合とない場合とで性質が異なる。例えば，一直線上にない場合，一方のベクトルをどのように伸縮しても他方のベクトルに重ねることはできない。このように，ある要素を他の要素の和とスカラー倍によって表すことの可能性は，線形空間において基本的である。ここから，一次独立，または一次従属という考え方が生まれる。

体 $\mathbb{F}$ 上の線形空間 X の要素数有限の部分集合 $\{x_1, x_2, \cdots, x_k\}$ を考える。スカラー $\alpha_i \in \mathbb{F}$ $(i = 1, \cdots, k)$ を用いて $\alpha_1 x_1 + \alpha_2 x_2 + \cdots + \alpha_k x_k$ と和をとった形式を**一次結合** (linear combination) という。これは，部分集合から和とスカラー倍という演算のみでつくられる元である。

線形空間 X の要素数が有限である部分集合 $R = \{x_1, x_2, \cdots, x_k\}$ は，その一次結合が

$$\alpha_1 x_1 + \alpha_2 x_2 + \cdots + \alpha_k x_k = 0$$

であるならば，$\alpha_1 = \alpha_2 = \cdots = \alpha_k = 0$ となるとき，**一次独立** (linearly independent) であるという[†]。また部分集合 R の要素数が無限であるときに

[†] 本書では部分集合に対して一次独立，一次従属という用語を用いた。例えば，$x \neq 0$ のとき"2本"のベクトル x, x は一次従属であると考える文献もあるが，本書の定義では集合 $\{x\}$ を考えることになり，これは要素数1の一次独立な部分集合である。この要素数の点に注意して読めば，定義の違いが以下に述べる次元や，線形写像の階数などの概念に影響を与えないことがわかる。

は，R の任意の要素数有限の部分集合 $R' \subset R$ が一次独立であれば，R は一次独立であるという。R は，一次独立でないとき，**一次従属** (linearly dependent) であるという。

例題 2.2 実線形空間 $\mathbb{R}^3$ のベクトル

$$x_1 = \begin{bmatrix} 1 \\ 0 \\ 2 \end{bmatrix}, \quad x_2 = \begin{bmatrix} 1 \\ -1 \\ 1 \end{bmatrix}, \quad x_3 = \begin{bmatrix} 0 \\ 1 \\ 1 \end{bmatrix}$$

を用いて集合 $R_1 = \{x_1, x_2\}$ と $R_2 = \{x_1, x_2, x_3\}$ を考える。R_1, R_2 は，それぞれ一次独立であるかを調べよ。

【解答】 $\alpha_1 x_1 + \alpha_2 x_2 = 0$ とおくと，第 2 成分より $\alpha_2 = 0$ となり，それを用いると第 1 成分より $\alpha_1 = 0$ が得られるので，R_1 は一次独立である。つぎに，$x_1 - x_2 - x_3 = 0$ であるから R_2 は一次従属である。 ◇

実線形空間 $\mathbb{R}^3$ の要素を $x = \begin{bmatrix} \xi_1 & \xi_2 & \xi_3 \end{bmatrix}^T$ と，座標系を用いて空間のベクトルとみなす。このとき，**例題 2.2** の一次従属な 3 本のベクトル x_1, x_2, x_3 は，原点を通る平面 $2\xi_1 + \xi_2 - \xi_3 = 0$ の上にあることがわかる。このことは，2.4 節で述べる部分空間という考え方を用いて，一般的に説明することができる。

2.2.2 一次独立な集合の性質

線形空間での一次独立な集合の性質を集合の包含関係と関連させて調べてみる。2.3 節では基底を構成することを述べるが，そのために必要となる考え方をこの項で示すことにする。

【定理 2.1】 線形空間 X の部分集合 R が一次独立であるならば，$R' \subset R$ となる集合 R' も一次独立である。

|証明| $R = \{x_1, \cdots, x_k\}$, $R' = \{x_1, \cdots, x_j\}$, $j \leqq k$ とする。R' が一次従属

であるとすれば，$\alpha_1 x_1 + \cdots + \alpha_j x_j = 0$ となるすべてが 0 ではないスカラー $\alpha_1, \cdots, \alpha_j$ がある．すると，$\alpha_1 x_1 + \cdots + \alpha_j x_j + 0 x_{j+1} + \cdots + 0 x_k = 0$ となるので R も一次従属になる．したがって，仮定に反するので R' は一次独立である． △

定理 2.1 は，一次独立性がその集合の部分集合に受け継がれることを述べている．逆に集合が与えられたときに，その部分集合の一次独立性をいくら調べても，全体の一次独立性についてはなにも結論できないことに注意する必要がある（演習問題【3】）．

一次独立な部分集合と，それよりも要素数の大きな別の一次独立な部分集合が与えられているときには，一次独立性を崩さないように，後者よりうまく要素を選んで前者に付け加えることができることを示す．このことを示す**定理 2.2** は，一見テクニカルな事項に思えるが，後の基底の議論に必要な結果である．

【定理 2.2】 線形空間 X の部分集合 R，および R' が一次独立であるとする．R の要素数を k，R' の要素数を k' として，$k < k'$ であるならば，$y \in R'$ を $R \cup \{y\}$ が一次独立となるように選ぶことができる．

証明 まず，一般的につぎのことが成り立つことを確認しておく．一次独立な部分集合 $\{y_1, \cdots, y_n\}$ と一次結合 $y_1' = \alpha_1 y_1 + \cdots + \alpha_n y_n$ を考える．このとき，$\alpha_1 \neq 0$ であれば $\{y_1', y_2, \cdots, y_n\}$ は一次独立である．実際，$\beta_1 y_1' + \beta_2 y_2 + \cdots + \beta_n y_n = 0$ とおくと，$\beta_1 \alpha_1 y_1 + (\beta_2 + \beta_1 \alpha_2) y_2 + \cdots + (\beta_n + \beta_1 \alpha_n) y_n = 0$ である．ここで，$\{y_1, \cdots, y_n\}$ は一次独立であるのでこれらの係数はすべて 0 となるが，$\alpha_1 \neq 0$ より $\beta_1 = \cdots = \beta_n = 0$ を得る．

さて，定理の証明に戻る．**定理 2.1** より，$k' = k+1$ のときを考えれば十分である．$R = R_0 = \{x_1, \cdots, x_k\}$，$R' = \{x_1', \cdots, x_{k+1}'\}$ とする．もし $R_0 \cup \{x_1'\}$ が一次独立ならば，$y = x_1'$ とすればよい．そこで，これが一次従属であるとする．すると，$\alpha_1 x_1 + \cdots + \alpha_k x_k + \beta x_1' = 0$ となるすべてが 0 ではないスカラーの組 $\{\alpha_1, \cdots, \alpha_k, \beta\}$ がある．R は一次独立だから $\beta \neq 0$ である．このとき，$\alpha_1 = \cdots = \alpha_k = 0$ であるとすれば，$\{x_1'\}$ が一次従属となって R' が一次独立であることに反する（**定理 2.1**）．そこで，必要ならば R の要素の番号を付け換えて，$\alpha_1 \neq 0$ であるとしてよい．このとき，集合 $R_1 = \{x_1', x_2, \cdots, x_k\}$ を考えると，

この証明の最初に示したことから R_1 は一次独立である。さらに同じく証明の最初に示したことを用いて，$R_1 \cup \{y\}$ が一次独立となる $y \in R'$ があれば $R_0 \cup \{y\}$ も一次独立である。つぎに R_1 に関して同じ議論をする。もし $R_1 \cup \{x_2'\}$ が一次独立ならば $y = x_2'$ とすればよい。そこでこれが一次従属であるとする。必要ならば番号の付け換えをして $R_2 = \{x_1', x_2', x_3, \cdots, x_k\}$ をつくる（ここで x_1' が外されないことを確かめられたい）。この手続きを繰り返せば，途中で $y \in R'$ が見つかるか，あるいは $R_k = \{x_1', \cdots, x_k'\}$ となって終了する。後者の場合は，$y = x_{k+1}'$ として $R_k \cup \{y\} = R'$ は一次独立である。したがって定理が証明された。 △

線形空間 X の一次独立な部分集合 R を考える。もし $R \subsetneqq S$ であるすべての部分集合 S が一次従属になるならば，R は**極大一次独立な集合**（maximal linearly independent set）であるという。極大一次独立な集合は，一般に一意ではないが，その要素数は極大一次独立な集合の選び方に関係ないことが**定理 2.2** よりただちにわかる。

2.2.3 次　　元

平面上のベクトルの集合を考えると，要素数 2 の一次独立な部分集合はあるが，要素数を 3 にすると必ず一次従属である。このことを，平面上のベクトルの集合は 2 次元である，といういい方をする。この項では，線形空間の次元を一般的に定義してみる。

線形空間 X の**次元**（dimension）は，極大一次独立な部分集合の要素数として定義される（これは，**定理 2.2** より極大一次独立な部分集合の選び方に依存しないので，線形空間に固有な値として定義可能である）。いくらでも大きな要素数の一次独立となる部分集合があるならば，その線形空間は**無限次元**（infinite dimensional）であるという。

例題 2.3 2.1.2 項の例 **2.1** ～例 **2.6** について，その次元を求めよ。

【解答】 **例 2.1** $\mathbb{R}^n$ の単位ベクトルの集合 $\{e_1, e_2, \cdots, e_n\}$ を考えると，$\mathbb{R}^n$ の極大一次独立な集合になっている。実際，$\{e_1, e_2, \cdots, e_n\}$ は，$\alpha_1 e_1 + \cdots +$

$\alpha_n e_n = 0$ とすれば $\alpha_1 = \cdots = \alpha_n = 0$ を得るので，一次独立である．また，$x = \begin{bmatrix} \xi_1 & \cdots & \xi_n \end{bmatrix}^T \in \mathbb{R}^n$ をどのように与えても，$\{e_1, e_2, \cdots, e_n, x\}$ は $\xi_1 e_1 + \cdots + \xi_n e_n + (-1)x = 0$ となるので，一次従属であることがわかる．つまり，$\{e_1, e_2, \cdots, e_n\}$ は極大一次独立な部分集合となるので，$\mathbb{R}^n$ は n 次元である．

例 2.2　$\mathbb{R}^n$ とまったく同様にして n 次元であることがわかる．

例 2.3　正数 $k > 0$ を任意に与えると，$\{1, s, \cdots, s^{k-1}\}$ は一次独立な集合になっている．したがって，$\mathbb{F}[s]$ は無限次元である．

例 2.4　$\{1, s, \cdots, s^n\}$ は極大一次独立な集合となるので，$\mathbb{F}_n[s]$ は $n+1$ 次元である．証明は $\mathbb{R}^n$ のときとほぼ同様なので省略する．

例 2.5　正数 $k > 0$ を任意に与える．このとき $i = 1, 2, \cdots, k$ について $f_i \in C([0,1])$ を

$$f_i(t) = \begin{cases} \sin k\pi \left(t - \dfrac{i-1}{k}\right) & \left(\dfrac{i-1}{k} \leq t \leq \dfrac{i}{k}\right) \\ 0 & (\text{それ以外のとき}) \end{cases}$$

とする．一次結合 $\alpha_1 f_1 + \cdots + \alpha_k f_k = 0$ を考える．ここで $t = (2i-1)/2k$ での値を考えることにより $\alpha_1 = \cdots = \alpha_k = 0$ を得るので，$\{f_1, \cdots, f_k\}$ は一次独立である．したがって $C([0,1])$ は無限次元である．

例 2.6　例 2.5 と同様にして無限次元である．　　　　$\diamondsuit$

例えば，n 次の複素数ベクトルの空間を実線形空間として扱うならば，$\{e_1, je_1, e_2, je_2, \cdots, e_n, je_n\}$ が極大一次独立な集合になることがわかる[†]．したがって，この空間は $2n$ 次元となる．このように，スカラーをどの体で考えるかは，線形空間にとって重要な違いになる．

2.3　基　　　底

有限次元（n 次元）の線形空間に基底をもち込むことにより，和とスカラー倍という線形空間の演算を保存したうえで，実線形空間は $\mathbb{R}^n$ と，複素線形空間は $\mathbb{C}^n$ と，それぞれ一対一に対応することがわかる．

[†] ここで j は虚数単位を表す．

2.3.1 基底の定義

線形空間 X の要素数有限な部分集合 $R = \{x_1, x_2, \cdots, x_k\}$ を考える．もし R が一次独立であり，かつ任意の $x \in X$ が

$$x = \alpha_1 x_1 + \alpha_2 x_2 + \cdots + \alpha_k x_k \tag{2.1}$$

と $x_1, x_2, \cdots, x_k$ の一次結合で書けるならば，R を X の**基底** (basis) であるという．ここで，R が X の基底であれば，$x \in X$ に対して式 (2.1) の係数 $\alpha_1, \alpha_2, \cdots, \alpha_k$ は一意に決まる（演習問題【5】）．

【定理 2.3】 有限次元線形空間 X の部分集合 R が基底であるためには，極大一次独立な集合であることが必要十分である．

証明 部分集合 R が基底であれば，任意の $x \notin R$ は R の元の一次結合で表されるので，$\{x\} \cup R$ は一次従属である（演習問題【2】）．つまり，R は極大一次独立集合である．逆に R が極大一次独立集合であれば，$x \notin R$ をとるとき $\{x\} \cup R$ は一次従属なので，すべての係数が 0 ではない一次結合によって 0 となる．このとき，x の係数は 0 でないことに注意する．すると，x は R の一次結合で表されるので，R は基底である． △

つぎの**定理 2.4** は，有限次元線形空間には必ず基底があること，一次独立な部分集合を任意に与えたときに，それを含む形で基底を構成できることを示している．

【定理 2.4】 有限次元線形空間 X の一次独立な集合 R_1 を考える．このとき，$R_1 \subset R$ となる基底 R がある．

証明 R_1 が極大一次独立集合でなければ，$R_1 \subset R_2$ となる一次独立集合がある．有限次元であるからこの操作は有限回で終わり，極大一次独立集合 R ができる．定理 2.3 より R は基底である． △

定理 2.4 で $R_1 = \emptyset$ とおくと，有限次元線形空間 X には必ず基底があるこ

とがわかる†。基底は唯一でないことにも注意したい。**例題 2.3** では，すでにいくつかの線形空間についての基底を例で示した。$\mathbb{F}^n$ では，単位ベクトルの集合 $\{e_1, \cdots, e_n\}$ が基底となる。この基底を $\mathbb{F}^n$ の自然な基底と呼ぶことにする。n 次以下の多項式の空間 $\mathbb{F}_n[z]$ では，$\{1, z, \cdots, z^n\}$ が基底になる。

2.3.2 基底による線形空間の表現

体 $\mathbb{F}$ （実数または複素数）上の有限次元線形空間（次元 n）は，基底を導入すると，和とスカラー倍に関しては $\mathbb{F}^n$ （$\mathbb{R}^n$ または $\mathbb{C}^n$ ）と同じ構造をもつ（数学的には**同型**（isomorphic）という用語を用いる）。つまり，体 $\mathbb{F}$ 上の n 次元線形空間 X と $\mathbb{F}^n$ の間には ϕ という一対一写像があって，X の中で和とスカラー倍を考えた後に ϕ で $\mathbb{F}^n$ に写しても，先に ϕ で $\mathbb{F}^n$ に写してから和とスカラー倍を考えても，結果は同じになる。

【**定理 2.5**】 体 $\mathbb{F}$ 上の線形空間 X の基底を $\{x_1, x_2, \cdots, x_n\}$ とする。$x \in X$ を基底の一次結合として $x = \xi_1 x_1 + \xi_2 x_2 + \cdots + \xi_n x_n$ と表し，x に $\mathbb{F}^n$ の元 $\xi = \begin{bmatrix} \xi_1 & \xi_2 & \cdots & \xi_n \end{bmatrix}^{\mathrm{T}}$ を対応させる規則を ϕ とする。このとき，以下が成り立つ。

(a) もし $x, x' \in X$ が $x \neq x'$ であれば，$\phi(x) \neq \phi(x')$ である。

(b) 任意の $\xi \in \mathbb{F}^n$ に対して $\phi(x) = \xi$ となる $x \in X$ がある。

(c) 二つの要素 $x, x' \in X$ およびスカラー $\alpha, \beta \in \mathbb{F}$ を考えるとき，$\phi(\alpha x + \beta x') = \alpha \phi(x) + \beta \phi(x')$ である。

証明 一次結合の係数は唯一に決まるので（演習問題【5】），ϕ は定義可能であり，$x \neq x'$ ならば $\phi(x) \neq \phi(x')$ である。逆に $\mathbb{F}^n$ の元 ξ を与えると，その n 個の成分を用いて $x = \xi_1 x_1 + \cdots + \xi_n x_n$ とすれば，$\phi(x) = \xi$ である。最後に $x'' = \alpha x + \beta x'$ とすれば

$$x'' = \alpha \left(\xi_1 x_1 + \xi_2 x_2 + \cdots + \xi_n x_n \right) + \beta \left(\xi_1' x_1 + \xi_2' x_2 + \cdots + \xi_n' x_n \right)$$

---

† 空集合 $\emptyset$ は，その要素からなる一次結合も空である。A が偽であるとき，含意 $A \to B$ は真であることと同じ理屈により，空集合は一次独立の定義を自明に満たしている。

$$= (\alpha\xi_1 + \beta\xi_1') x_1 + (\alpha\xi_2 + \beta\xi_2') x_2 + \cdots + (\alpha\xi_n + \beta\xi_n') x_n$$

であるから，$\phi(\alpha x + \beta x') = \alpha\phi(x) + \beta\phi(x')$ が成り立っている。 △

ここで，X と $\mathbb{F}^n$ は ϕ を通して線形空間として同じ構造をもつのであるが，具体的にどのベクトル $\xi \in \mathbb{F}^n$ が $x \in X$ を表しているかは，基底のとり方に依存していることに注意する。

例題 2.4 2次以下の実数係数の多項式の空間 $\mathbb{R}_2[s]$ での基底を $R_1 = \{P_0, P_1, P_2\}$, $P_0(s) = 1$, $P_1(s) = s$, $P_2(s) = (3s^2 - 1)/2$, および $R_2 = \{Q_0, Q_1, Q_2\}$, $Q_0(s) = s^2 + s + 1$, $Q_1(s) = s^2 - s + 1$, $Q_2(s) = s^2 + s - 1$ とする。このとき，$X(s) = 3s^2 - s + 1$ について，**定理 2.5** が与える $\mathbb{R}^3$ の対応する元を二つの基底 R_1, R_2 のそれぞれに対して求めよ。

【解答】 一次結合の係数を求めると
$$X(s) = 2P_0(s) + (-1)P_1(s) + 2P_2(s) = 2Q_1(s) + Q_2(s)$$
なので，X は，基底 R_1 を用いたときには $[\,2\ -1\ 2\,]^T$ に，基底 R_2 を用いたときには $[\,0\ 2\ 1\,]^T$ にそれぞれ対応する。 ◇

例題 2.4 が示すように，線形空間と $\mathbb{F}^n$ との対応は基底のとり方に依存するのであって，対応した個々の数値には一次結合の係数という意味しかない。また，線形空間には基底に依存しない性質も多いことに注意する。しかしながら，例えば実線形空間の演算を計算機上で実行するためには，基底を導入して，具体的に $\mathbb{R}^n$ の上での演算をすることになる。

2.4 部分空間

線形空間の部分集合で，和とスカラー倍に関して閉じている集合である部分空間は，多くの場面で利用される。これは空間内の平面という考え方を一般化するものである。ここでは，部分空間どうしの演算および補空間を取り上げる。

2.4.1 部分空間の和と共通集合

体 $\mathbb{F}$ 上の線形空間 X の部分集合 S を考える。任意の $x, y \in S$ とスカラー $\alpha, \beta \in \mathbb{F}$ に対して $\alpha x + \beta y \in S$ を満たすならば，S を**部分空間** (subspace) という。つまり，部分空間は和とスカラー倍に関して閉じている。部分空間自身も線形空間であることに注意したい。また，零元のみからなる集合 $\{0\}$ も部分空間と考える。これを**零部分空間** (zero subspace) といい (0) で表す。

図 2.2 は，$\mathbb{R}^2$ の部分集合 S_1 と S_2 を示している。このうち，原点を通る直線 S_1 は部分空間となるが，原点を通らない直線 S_2 は部分空間でない（$x \in S_2$ について $2x$ を考えてみよ）。

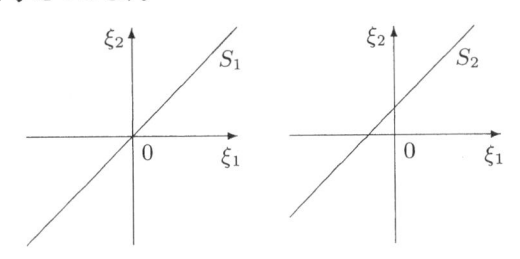

図 2.2　部分空間の説明

線形空間 X の二つの部分空間 S, T について，**部分空間の和** (sum of subspaces) を

$$S + T = \{x + y : x \in S, y \in T\}$$

と定める。これは，和集合ではないことに注意されたい。このように定義した部分空間の和と，一般の意味で用いられる共通集合の操作は，つぎの意味で重要である。

【定理 2.6】　線形空間 X の部分空間 S と T を考える。このとき，$S + T$ は $S, T \subset S + T$ を満たす部分空間であり，$S \cap T$ は $S \cap T \subset S, T$ を満たす部分空間である。

26　　2. 線 形 空 間

証明　包含関係は明らかであるので，$S+T$ および $S\cap T$ が部分空間になることを示せばよい。そこで，$z_1, z_2 \in S+T$ として，$j=1,2$ について $z_j = x_j + y_j$，$x_j \in S$, $y_j \in T$ とする。このとき $\alpha_1 z_1 + \alpha_2 z_2 = \alpha_1(x_1+y_1) + \alpha_2(x_2+y_2) = (\alpha_1 x_1 + \alpha_2 x_2) + (\alpha_1 y_1 + \alpha_2 y_2) \in S+T$ である。また，$z_1, z_2 \in S\cap T$ とすれば S, T はそれぞれ部分空間であるので，$\alpha_1 z_1 + \alpha_2 z_2 \in S$ かつ $\alpha_1 z_1 + \alpha_2 z_2 \in T$ であり，これより $\alpha_1 z_1 + \alpha_2 z_2 \in S\cap T$ である。　△

部分空間 S の次元（これは極大一次独立な集合の要素数として 2.2.3 項で定義した）を $\dim S$ で表す。特に $\dim(0) = 0$ と約束する。このとき，つぎの関係が成立する。

【定理 2.7】 有限次元線形空間の部分空間 S および T を考える。このとき，$\dim(S+T) + \dim(S\cap T) = \dim S + \dim T$ が成り立つ。

証明　部分空間 $S\cap T$ の基底を R_0 とする．**定理 2.4** より $R_0 \subset R_1$ および $R_0 \subset R_2$ となる S と T の基底 R_1 と R_2 がある。要素数が有限の集合 R に関して，$|R|$ でその要素数を表すとする。すると

$$|R_1 \cap R_2| + |R_1 \cup R_2| = |R_1| + |R_2|$$

であるから，$R_0 = R_1 \cap R_2$ となること，および $R_3 = R_1 \cup (R_2 \setminus R_0)$ が $S+T$ の基底であることを示せば証明は終わる。まず $R_0 \subset R_1 \cap R_2$ は明らかである。もし $y \in R_1 \cap R_2$, $y \notin R_0$ であれば，$y \in S \cap T$ より y は R_0 の一次結合で表されるので，$R_0 \cup \{y\} \subset R_1$ は一次従属である。**定理 2.1** を用いるとこれは R_1 が一次従属であることになり矛盾する。ゆえに $R_0 = R_1 \cap R_2$ である。$S+T$ の任意の元は，R_3 の一次結合で表すことができることは容易にわかる。さらに，$R_1 = \{x_1, \cdots, x_j\}$, $R_2 \setminus R_0 = \{x_{j+1}, \cdots, x_k\}$ として，すべてが 0 ではないスカラー $\alpha_1, \cdots, \alpha_k$ によって $\alpha_1 x_1 + \cdots + \alpha_k x_k = 0$ と書かれたとする。$\alpha_1 = \cdots = \alpha_j = 0$ とすれば，$R_2 \setminus R_0$ は一次独立であることに反する。同様に，$\alpha_{j+1} = \cdots = \alpha_k = 0$ でもない。ここで，$y_1 = \alpha_1 x_1 + \cdots + \alpha_j x_j$, $y_2 = \alpha_{j+1} x_{j+1} + \cdots + \alpha_k x_k$ とおけば $y_1 = -y_2 \neq 0$ であり，$y_1 \in S$, $y_2 \in T$ であるから $y_2 \in S\cap T$ である。すると y_2 は R_0 の一次結合で表されるので，R_2 が一次独立であることに反する。ゆえに R_3 は一次独立である。　△

体 $\mathbb{F}$ 上の線形空間 X から $x_1,\cdots,x_k$ を選ぶとき，これらを含む最も小さな部分空間がある．つまり

$$S = \left\{ x : x = \sum_{i=1}^{k} \alpha_i x_i, \quad \alpha_i \in \mathbb{F} \right\} \tag{2.2}$$

がそれである．実際 S は部分空間であり，$i=1,\cdots,k$ について $x_i \in S$ であることはただちにわかる．また，$i=1,\cdots,k$ について $x_i \in T$ となる部分空間 T があれば，$x = \alpha_1 x_1 + \cdots + \alpha_k x_k \in T$ なので $S \subset T$ である．式 (2.2) の S を $\{x_1,\cdots,x_k\}$ が**張る部分空間** (subspace spanned by vectors) といい，$S = \mathrm{span}\,\{x_1,\cdots,x_k\}$ と表す．

2.4.2 補空間

線形空間 X とその部分空間 S が与えられたとき，$S+T=X$ かつ $S\cap T=(0)$ となる X の部分空間 T を S の**補空間** (complementary subspace) という．このとき，$X = S \oplus T$ と表して X は S と T の**直和** (direct sum) であるという．また，S と T は互いに補空間の関係にあるという．

例題 2.5 $\mathbb{R}^2$ での部分空間 $S = \mathrm{span}\,\{e_1\}$ について補空間を求めよ．

【解答】 例えば $T = \mathrm{span}\,\{e_2\}$ とする．$x \in S \cap T$ とすれば $x = \alpha e_1 = \beta e_2$ となる実数 α, β があるが，すると x の第 1 成分も第 2 成分もともに 0 になるので $x = 0$ である．つぎに，任意の $x = [\,\xi_1\ \xi_2\,]^\mathrm{T} \in \mathbb{R}^2$ は $x = \xi_1 e_1 + \xi_2 e_2 \in S+T$ である．したがって，T は S の補空間である．さらに，$y = [\,1\ 1\,]^\mathrm{T}$ として

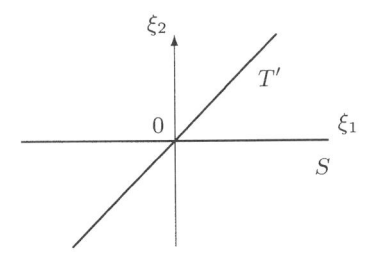

図 2.3 補空間の説明

$T' = \mathrm{span}\,\{y\}$ とする。同様な証明により，T' も S の補空間であることがわかる。図 2.3 に補空間 T' の様子を示す。 ◇

つぎの定理が示すように，有限次元線形空間では必ず補空間がある。**例題 2.5** の解答からもわかるように，補空間は一意ではない。

【定理 2.8】 有限次元線形空間 X とその部分空間 $S \subset X$ を考える。このとき，補空間 T が存在する。

証明 S の基底を $\{x_1,\cdots,x_r\}$ とする。**定理 2.4** より X の基底をこれらを含んで，$\{x_1,\cdots,x_n\}$（ただし $n \geq r$）ととることができる。ここで $T = \mathrm{span}\{x_{r+1},\cdots,x_n\}$ とおけば，T は $S+T=X$ かつ $S \cap T = (0)$ を満たす部分空間である。 △

【定理 2.9】 有限次元線形空間 X とその部分空間 $S \subset X$ を考え，補空間 T を与える。このとき，任意の $x \in X$ は，$x_S \in S, x_T \in T$ を用いて $x = x_S + x_T$ と一意に表現される。

証明 $X = S \oplus T$ より $x = x_S + x_T, x_S \in S, x_T \in T$ と書ける。もし $x = x'_S + x'_T, x'_S \in S, x'_T \in T$ と書けたならば，$(x_S - x'_S) = (x'_T - x_T)$ である。ここで，左辺は S に含まれ右辺は T に含まれるが，$S \cap T = (0)$ よりこれらはともに 0 である。つまり表現は一意である。 △

定理 2.9 で与えられる x_S を x の T に沿った S への**射影**（projection）という。これは，部分空間 S を与えるだけでは決めることはできず，互いに補空間の関係にある二つの部分空間 S と T を与えなければ決まらない。これを**図 2.4** に示す。$x \in X$ だけでは射影は決まらず，どの補空間を用いるかが重要である。なお，射影については 10.1 節で再び詳しく取り上げることになる。

例題 2.6 例題 2.5 の部分空間 $S \subset \mathbb{R}^2$ と，補空間 T および T' を考える

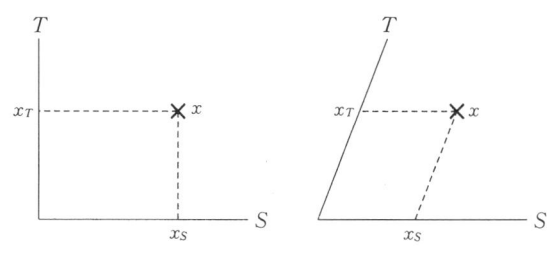

図 2.4 補空間に沿った射影

ときの射影を求めよ．

【解答】 まず，$x = [\,\xi_1\ \xi_2\,]^{\mathrm{T}}$ とすれば $x = \xi_1 e_1 + \xi_2 e_2$ なので，T に沿った S への射影は $x = [\,\xi_1\ 0\,]^{\mathrm{T}}$ である。一方，$x = (\xi_1 - \xi_2)\,e_1 + \xi_2 y$ であるので，T' に沿った S への射影は $x = [\,\xi_1 - \xi_2\ 0\,]^{\mathrm{T}}$ である。 ◇

有限次元線形空間では部分空間の基底とその補空間の基底を合わせることで全体の基底を構成することができる（演習問題【7】）。

2.4.3 商　空　間

線形空間 X とその部分空間 S を考える。2 要素 $x_1, x_2 \in X$ が $x_1 - x_2 \in S$ を満たすことを $x_1 \sim x_2$ と書くことにする。じつは，このとき関係 $x_1 \sim x_2$ は X の**同値関係** (equivalence relation) になる[†]（このことを演習問題【9】で確かめよ）。ここで x と同値な元の全体を $[x]$ と書く。$[x]$ を**同値類** (equivalence class) といい，x をその**代表** (representative) という。同値類の全体を X/S と書いて**商集合** (quotient set) という。もとの線形空間 X の和とスカラー倍を用いて商集合 X/S にも和とスカラー倍を与えることができる（**定理 2.10**）。このようにして作られた線形空間を**商空間** (quotient space) と呼び，記号が重複するが X/S と書くことにする。

例えば，$\mathbb{R}^3$ での部分空間 $S = \mathrm{span}\,\{e_3\}$ を考える。同値関係 $x_1 \sim x_2$ は

[†] 同値関係は，(1) $x \sim x$，(2) $x_1 \sim x_2$ ならば $x_2 \sim x_1$，(3) $x_1 \sim x_2$ かつ $x_2 \sim x_3$ ならば $x_1 \sim x_3$，を満たす関係である。(1) を**反射法則** (reflexive law)，(2) を**対称法則** (symmetric law)，(3) を**推移法則** (transitive law) という。

x_1 と x_2 が第 3 成分を除いて等しいという関係である．したがって，$\mathbb{R}^3/S$ では，$\mathbb{R}^3$ での第 3 成分の違いを無視して第 1，2 成分のみに注目していることになる．

【定理 2.10】 有限次元線形空間 X とその部分空間 $S \subset X$ を考える．商集合 X/S に和 $[x_1] + [x_2] = [x_1 + x_2]$ とスカラー倍 $\alpha[x] = [\alpha x]$ を定義すると，商集合も線形空間になる．さらに，$\dim X = \dim S + \dim X/S$ が成り立つ．

証明 $x_1 \sim x_1'$ および $x_2 \sim x_2'$ とすれば，$(x_1 + x_2) - (x_1' + x_2') = (x_1 - x_1') + (x_2 - x_2') \in S$ だから $(x_1 + x_2) \sim (x_1' + x_2')$ である．したがって，代表元のとり方が一意でなくても，和は一意に決まる．スカラー倍についても同様である．つぎに，和とスカラー倍が線形空間の公理を満たしていることを確かめる．例えば

$$[x_1] + [x_2] = [x_1 + x_2] = [x_2 + x_1] = [x_2] + [x_1]$$

より交換法則が成り立っている．残りの 7 規則については省略するので各自で確かめられたい．最後に T を S の補空間とする．$\{x_1, \cdots, x_r\}$ を T の基底とする．このとき，$\{[x_1], \cdots, [x_r]\}$ が X/S の基底であることを示す．$\alpha_1[x_1] + \cdots + \alpha_r[x_r] = [\alpha_1 x_1 + \cdots \alpha_r x_r] = 0$ とする．これは $\alpha_1 x_1 + \cdots + \alpha_r x_r \in S$ ということである．しかし，$\alpha_1 x_1 + \cdots + \alpha_r x_r \in T$ および $S \cap T = (0)$ なので，$\alpha_1 x_1 + \cdots + \alpha_r x_r = 0$ となる．ここで $\{x_1, \cdots, x_r\}$ は一次独立なので，$\alpha_1 = \cdots = \alpha_r = 0$ を得る．つぎに，$[y] \in X/S$ を任意に与える．**定理 2.9** による分解 $y = y_S + y_T$ をすれば，$y_T \in T$ なので $y_T = \alpha_1 x_1 + \cdots + \alpha_r x_r$ となるスカラーがある．すると，$y - \alpha_1 x_1 - \cdots - \alpha_r x_r = y_S \in S$ であるので $[y] = \alpha_1[x_1] + \cdots + \alpha_r[x_r]$ である．以上より，$\{[x_1], \cdots, [x_r]\}$ が X/S の基底であることがわかった．同時に $\dim X/S = \dim T$ であることがわかるが，これと**定理 2.7** より証明が完了する． △

商空間の次元 $\dim X/S$ のことを S の X に関する**余次元**（codimension）という．

例題 2.7 線形空間 $\mathbb{R}^3$ の部分空間を $S = \{x : [\,1\ 1\ 1\,]x = 0\}$ と定める．このとき，X/S は $\mathrm{span}\,\{[e_1]\}$ であることを示し，$\dim S$ および $\dim X/S$

を求めよ．

【解答】 任意の $x \in \mathbb{R}^3$ に対して $x - [\,1\ 1\ 1\,]xe_1 \in S$ であることがわかる。したがって，$[x] = ([\,1\ 1\ 1\,]x)[e_1]$ である。これで前半が示された。また，これより $\dim X/S = 1$ を得る。**定理 2.10** より，$\dim S = \dim X - \dim X/S = 2$ である。実際，$y_1 = [\,1\ -1\ 0\,]^{\mathrm{T}}$, $y_2 = [\,0\ 1\ -1\,]^{\mathrm{T}}$ とすれば，$S = \mathrm{span}\{y_1, y_2\}$ であることもわかる。 ◇

コーヒーブレイク

　線形空間の抽象的な取り扱いは，17世紀にデカルト（Descartes）が代数的方法を幾何に取り入れたことに大きく影響を受けている。19世紀後半になるとラゲール（Laguerre）らの研究により，同じ線形写像を表す行列は座標変換によって値を変えてしまうことから，抽象的な扱いが単なる行列やベクトルの演算の概念を超えていることが理解されてきている。同時期ペアノ（Peano）は線形空間の公理を与えようとしており，零元や次元についても言及している。やがて，さらに抽象化された無限次元空間に関する研究が20世紀初頭にヒルベルト（Hilbert），シュミット（Schmidt），バナッハ（Banach）らによって展開されることになる。

＊＊＊＊＊＊＊＊＊＊ 演 習 問 題 ＊＊＊＊＊＊＊＊＊＊

【1】 2.1.2項で与えた例 2.1 〜 例 2.6 が線形空間になっていることを確かめよ。和の零元と逆元はどのような要素であるか。

【2】 線形空間 X の要素数有限の部分集合 $R = \{x_1, x_2, \cdots, x_k\}$ が一次従属であるためには，ある x_j が他の要素 $\{x_1, \cdots, x_{j-1}, x_{j+1}, \cdots, x_k\}$ の一次結合であることが必要十分であることを示せ。

【3】 線形空間 X の部分集合 $R = \{x_1, x_2, x_3\}$ を考えるとき，R の大きさ2の部分集合 $\{x_1, x_2\}, \{x_2, x_3\}, \{x_3, x_1\}$ がすべて一次独立であったとしても，R が一次独立とは結論できないことを例を用いて示せ。

【4】 複素線形空間 X を考える。このとき，スカラーを実数に限定すると実線形空間 $X_{\mathbb{R}}$ となることを確認せよ。$R \subset X$ を複素線形空間 X の一次独立な集合とするとき，$R_{\mathbb{R}} = \{x, jx : x \in R\}$ は実線形空間 $X_{\mathbb{R}}$ の一次独立な集合であ

ることを示せ（したがって，X が n 次元であれば $X_\mathbb{R}$ は $2n$ 次元になる）。

【5】 線形空間 X の基底 $S = \{x_1, x_2, \cdots, x_n\}$ によって，任意の $x \in X$ は
$$x = \alpha_1 x_1 + \alpha_2 x_2 + \cdots + \alpha_n x_n$$
と一意に表されることを示せ。

【6】 線形空間 X の部分空間 S, T, U の和と共通集合について，以下の分配法則が成り立つならば証明し，成り立たないならば反例を挙げよ。

(a)　$S \cap (T + U) = (S \cap T) + (S \cap U)$.

(b)　$S + (T \cap U) = (S + T) \cap (S + U)$.

【7】 有限次元線形空間 X の部分空間 S とその補空間 T を考える。S の基底が $\{x_1, \cdots, x_r\}$，T の基底が $\{x_{r+1}, \cdots, x_n\}$ と与えられているとき，$\{x_1, \cdots, x_n\}$ は X の基底であることを示せ。

【8】 2 次以下の実数係数の多項式の空間 $\mathbb{R}_2[s]$ で，$s = 1$ を代入すると 0 になる多項式の全体 S_1 と，$s = 2$ を代入すると 0 になる多項式の全体 S_2 を考える。これらは部分空間であることを示し，さらに $S_1 \cap S_2$ と $S_1 + S_2$ を求めよ。

【9】 線形空間 X とその部分空間 S を考えて，$x_1 \sim x_2$ を $x_1 - x_2 \in S$ で定義すると，これは同値関係になることを確かめよ。

3 線 形 写 像

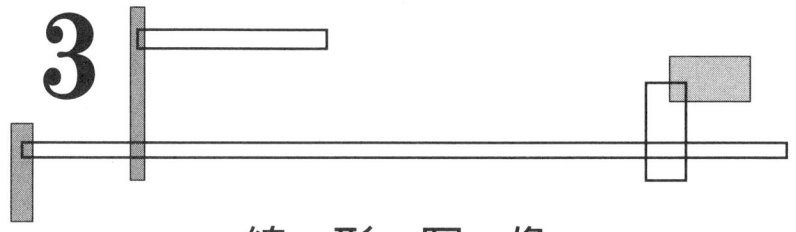

　システム制御理論では，ベクトルそのものを調べるよりも線形空間の上の写像の性質を議論することのほうが重要である．このような写像のうち，線形写像は，和とスカラー倍を保存する線形空間から線形空間への写像である．

　この章では，まず線形写像の定義を与えたのちにその具体例を与える．つぎに，線形写像のもつ性質をいくつか与える．最後に，線形空間に基底を導入すると線形写像は行列で表現できることを示して，具体的計算手段としての行列演算の意義を確認する．

3.1　線形写像の定義と具体例

3.1.1　定　　義

体 $\mathbb{F}$ 上の線形空間 X と Y を考える．X から Y への写像 $M: X \to Y$ が $x_1, x_2 \in X$ とスカラー $\alpha_1, \alpha_2 \in \mathbb{F}$ について

$$M(\alpha_1 x_1 + \alpha_2 x_2) = \alpha_1 M x_1 + \alpha_2 M x_2$$

を満たすならば，この写像を**線形写像** (linear mapping) という．このとき，X のことを**定義域** (domain) という．線形写像は，定義域 X での和とスカラー倍が，写像された Y でも保存されるという性質をもっている．線形空間 X から Y への線形写像の全体を $L(X,Y)$ で表す．線形空間 X から X への線形写

像を特に X の**線形変換** (linear transformation) といい,その全体を $L(X)$ で表す.

3.1.2 線形写像の例

線形写像のいくつかの例を考えてみる.初めの三つは,有限次元線形空間での線形写像の例であり,最後の二つは,無限次元線形空間での線形写像の例である.それぞれの例が和とスカラー倍を保存することを確かめられたい.

例 3.1 $m \times n$ **行列**

行列 $A = (a_{ij}) \in \mathbb{R}^{m \times n}$ は,行列とベクトルの積

$$\begin{bmatrix} \eta_1 \\ \eta_2 \\ \vdots \\ \eta_m \end{bmatrix} = \begin{bmatrix} a_{11} & a_{12} & \cdots & a_{1n} \\ a_{21} & a_{22} & \cdots & a_{2n} \\ \vdots & \vdots & \ddots & \vdots \\ a_{m1} & a_{m2} & \cdots & a_{mn} \end{bmatrix} \begin{bmatrix} \xi_1 \\ \xi_2 \\ \vdots \\ \xi_n \end{bmatrix}$$

を定めることができるが,これによって $\mathbb{R}^n$ から $\mathbb{R}^m$ への線形写像としての働きがある.同様に $A \in \mathbb{C}^{m \times n}$ は,$\mathbb{C}^n$ から $\mathbb{C}^m$ への線形写像としての働きがある.

例 3.2 n 次以下の多項式の空間 $\mathbb{F}_n[s]$ において

$$P(s) = p_0 s^n + p_1 s^{n-1} + \cdots + p_{n-1} s + p_n$$

にその形式的な微分

$$\frac{d}{ds} P(s) = n p_0 s^{n-1} + (n-1) p_1 s^{n-2} + \cdots + p_{n-1}$$

を対応させると,これは $\mathbb{F}_n[s]$ から $\mathbb{F}_{n-1}[s]$ への線形写像になる.この形式的な微分を $\mathbb{F}_n[s]$ の線形変換と見ることもできる.ただし,線形写像として,この二つの写像は異なったものと見なければならない.例えば,前者は 3.2 節での全射に当たるのに対して,後者は全射ではない.

例 3.3 周期 2π の連続関数の空間を考え，$X = \mathrm{span}\{\sin t, \cos t\}$ とする。X の要素を微分する写像を D とすれば，D は線形写像（実際には線形変換）である。

例 3.4 区間 $[0,1]$ の上の連続関数の空間 $C([0,1])$ を考える。$g \in C([0,1])$ を一つ固定して，$M_g : C([0,1]) \to C([0,1])$ を

$$(M_g f)(t) = g(t)f(t)$$

で定めると，これは線形写像（実際には線形変換）である。

例 3.5 $t \to \infty$ で 0 に収束する連続関数の空間 C_0 において，畳み込みを対応させる写像

$$(Mf)(t) = \int_0^t \mathrm{e}^{-(t-\tau)} f(\tau) d\tau$$

は，線形写像（実際には線形変換）である。

以上の例からもわかるように，線形写像は，行列とベクトルの積という最もなじみの深い例を超えて，和とスカラー倍を保存する微分や積分といった演算もその枠組に収めている。線形写像のもつ性質を調べることにより，個々の写像の特殊性を超えた普遍的な議論ができることが最大の利点になる。

有限次元空間での線形写像は，有限次元空間のもつ性質が加わることにより，無限次元空間での線形写像とは異なる議論が展開可能である。3.3 節では，有限次元空間での線形写像と行列，ベクトルの演算の関係が明らかにされる。したがって，行列のもつさまざまな性質を調べることが，有限次元空間での線形写像のもつ性質を解明することになる。その中には（有限次元空間とは限らずに），線形写像がもつ性質も多いが，無限次元空間での線形写像では別の議論が必要となる場合もある。詳しくは，「システム制御のための数学 (2)–関数解析

編」を参照されたい。

3.1.3 線形写像のつくる線形空間

体 $\mathbb{F}$ 上の線形空間 X から Y への線形写像の全体 $L(X,Y)$ は，つぎのように和とスカラー倍を定義することによって，それ自体が $\mathbb{F}$ 上の線形空間となっている．つまり，$M, M_1, M_2 \in L(X,Y)$ および $\alpha \in \mathbb{F}$ として

$$(M_1 + M_2)(x) = M_1 x + M_2 x, \quad (\alpha M)(x) = \alpha(Mx)$$

と定める．

例 3.6 例 3.1 の場合，行列 A と B による線形写像の和は，行列 $A+B$ による線形写像になり，$\alpha \in \mathbb{R}$ と行列 A のスカラー倍は，行列 αA による線形写像になる．

線形写像の全体には，和とスカラー倍のほかにもう一つの演算を考えることができる．線形空間 X, Y, Z を考える．$M \in L(X,Y)$, $M' \in L(Y,Z)$ であるときに，合成写像を $(M'M)(x) = M'(Mx)$ で定義すれば，$M'M \in L(X,Z)$ であることがわかる．特に，X の線形変換のクラス $L(X)$ を考えれば，$L(X)$ は，和とスカラー倍のほかに合成写像という積の演算が与えられた（一般には非可換な）**環** (ring) になる[†]．

例 3.7 例 3.4 での線形写像 M_g を考え，$g_1, g_2 \in C([0,1])$ とする．このとき，$\alpha M_{g_1} + \beta M_{g_2} = M_{\alpha g_1 + \beta g_2}$ および $M_{g_1} M_{g_2} = M_{g_1 g_2}$ であることがわかる．

[†] 集合 R に加法と乗法が定義されており，(1) $\alpha + \beta = \beta + \alpha$（交換法則），(2) $(\alpha + \beta) + \gamma = \alpha + (\beta + \gamma)$, $(\alpha\beta)\gamma = \alpha(\beta\gamma)$（結合法則），(3) $\alpha + 0 = 0 + \alpha = \alpha$ となる加法の単位元 0 がある，(4) $\alpha + (-\alpha) = (-\alpha) + \alpha = 0$ となる加法の逆元 $-\alpha$ がある，(5) $(\alpha + \beta)\gamma = \alpha\gamma + \beta\gamma$（分配法則），が成り立つ代数系を環という．特に乗法に関して，交換法則 $\alpha\beta = \beta\alpha$ が成り立つとき，可換環という．乗法の単位元，つまり $\alpha 1 = 1\alpha = \alpha$ となる 1 の存在は仮定しなくてもよい．

3.2 正則な線形写像

正則な線形写像は，二つの線形空間の元を一対一に対応させる。その逆写像は線形写像になる。二つの線形空間の間に正則な線形写像があるためには，それらの空間の次元が等しいことが必要十分である。

線形写像 $M \in L(X,Y)$ は，$x_1, x_2 \in X$，$x_1 \neq x_2$ であれば，$Mx_1 \neq Mx_2$ であるときに**単射** (injection) であるという。任意の $y \in Y$ に対してある $x \in X$ が $Mx = y$ を満たすとき，**全射** (surjection) であるという。また，単射かつ全射である写像を**全単射** (bijection) である，または**一対一対応** (one-to-one correspondence) であるという。全単射な線形写像を正則な写像ともいう。全単射 M は，$y \in Y$ について $Mx = y$ となる $x \in X$ を唯一に与える。このとき，y に x を対応させる規則を**逆写像** (inverse mapping) といい，M^{-1} と表す。

【**定理 3.1**】 正則な線形写像 $M \in L(X,Y)$ の逆写像 M^{-1} は，線形写像である。

証明 まず $y_1, y_2 \in Y$ として，$x_1 = M^{-1}(y_1)$，$x_2 = M^{-1}(y_2)$ とする。すると，$M(x_1+x_2) = Mx_1 + Mx_2 = y_1 + y_2$ より $M^{-1}(y_1+y_2) = x_1 + x_2$ である。つぎに，$y \in Y$ として α をスカラーとする。$x = M^{-1}(y)$ のとき，$M(\alpha x) = \alpha M x = \alpha y$ であるから $M^{-1}(\alpha y) = \alpha x$ である。 △

全単射な写像の逆写像は全単射だから，**定理 3.1** より，正則な線形写像 M の逆写像 M^{-1} も正則な線形写像になる。

例題 3.1 1 次以下の多項式の空間 $\mathbb{F}_1[s]$ で，$P(s) \in \mathbb{F}_1[s]$ に対して $(s-1)$ を乗じたときに，1 次の項と定数項からなる多項式を対応させる規則を M とする。このとき，M は $\mathbb{F}_1[s]$ の正則な線形変換であることを示せ。

【解答】 多項式 $P_1(s), P_2(s) \in \mathbb{F}_1[s]$ として,$i = 1, 2$ について $(s-1)P_i(s) = Q_i(s)s^2 + R_i(s)$ とする.ただし,$Q_i(s), R_i(s)$ はともに多項式とし,$R_i(s)$ は 1 次以下であるとする.ここで

$$(s-1)\left(\alpha P_1(s) + \beta P_2(s)\right)$$
$$= \left(\alpha Q_1(s) + \beta Q_2(s)\right)s^2 + \left(\alpha R_1(s) + \beta R_2(s)\right)$$

であるので M は線形写像である.つぎに,$(s-1)P_i(s) = Q_i(s)s^2 + R(s)$ であれば $(s-1)\left(P_1(s) - P_2(s)\right) = \left(Q_1(s) - Q_2(s)\right)s^2$ であるので,$P_1(s) - P_2(s) = as + b$ とおくとき $b - a = 0$ かつ $b = 0$ を得る.つまり,$P_1(s) = P_2(s)$ となるので M は単射である.$R(s) = as + b$ とすれば,$P(s) = -(a+b)s - b$ として $(s-1)P(s) = -(a+b)s^2 + R(s)$ が成り立つので,M は全射である.ついでながら,逆写像は,$\mathbb{F}_1[s]$ の要素に $-(s+1)$ を乗じたときに 1 次の項と定数項からなる多項式を対応させる規則である. ◇

【定理 3.2】 線形空間 X, Y, Z と正則な線形写像 $M \in L(X, Y)$,$N \in L(Y, Z)$ を考える.このとき,合成写像 NM は正則な線形写像である.

証明 写像 NM が線形であることはすでに説明した.まず,$NMx_1 = NMx_2$ ならば N は単射であるので,$Mx_1 = Mx_2$ である.すると,M が単射であることから $x_1 = x_2$ を得るが,これは NM が単射であることを述べている.つぎに $z \in Z$ を任意に与えると,N は全射だから $z = Ny$ となる $y \in Y$ がある.ここで,M は全射だから $Mx = y$ となる $x \in X$ がある.すると,$NMx = z$ であるので NM は全射である. △

正則な線形写像は,すでに**定理 2.5** で,有限次元線形空間と $\mathbb{F}^n$ ($\mathbb{R}^n$ または $\mathbb{C}^n$) との同型を与える規則 ϕ として登場していた.実際,**定理 2.5** (c) は ϕ が線形写像であることを述べており,(a) と (b) でそれぞれ単射,全射であることを述べている.

二つの線形空間の間に正則な線形写像があるためには,線形空間の次元が等しくなければならないことを示す.このために,予備的なつぎの結果を必要とする.

3.2 正則な線形写像

【定理 3.3】 線形空間 X と Y，および線形写像 $M \in L(X, Y)$ を考える。もし $\{x_1, \cdots, x_r\} \subset X$ が一次従属であれば，$\{Mx_1, \cdots, Mx_r\} \subset Y$ もまた一次従属である。

証明 すべては 0 ではないスカラー $\alpha_1, \cdots, \alpha_r$ を選んで $\alpha_1 x_1 + \cdots + \alpha_r x_r = 0$ とする。このとき M の線形性より

$$\alpha_1 M x_1 + \cdots + \alpha_r M x_r = M(\alpha_1 x_1 + \cdots + \alpha_r x_r) = 0$$

となるが，これは $\{Mx_1, \cdots, Mx_r\}$ が一次従属であることを示している。 △

【定理 3.4】 体 $\mathbb{F}$ 上の有限次元線形空間 X と Y の間に正則な線形写像があるためには，X と Y の次元が等しいことが必要十分である。

証明 **必要性** 正則な写像 $M \in L(X, Y)$ を考える。**定理 3.3** より，$\{y_1, \cdots, y_r\}$ が一次独立ならば $M(M^{-1} y_i) = y_i$ なので，$\{M^{-1} y_1, \cdots, M^{-1} y_r\}$ も一次独立である。これより $\dim Y \leq \dim X$ である。$M^{-1} \in L(Y, X)$ であるので，同様の考察により $\dim X \leq \dim Y$ を得る。

十分性 次元を n とする。**定理 2.5** より，X と $\mathbb{F}^n$ の同型を与える正則な線形写像 ϕ_1 と，Y と $\mathbb{F}^n$ の同型を与える正則な線形写像 ϕ_2 とがある。このとき，$\phi_2^{-1} \phi_1$ は**定理 3.2** より正則な線形写像である。 △

例題 3.2 $\mathbb{R}^n$ と $n-1$ 次以下の実係数の多項式の空間 $\mathbb{R}_{n-1}[s]$ の間の正則な線形写像があれば求めよ。

【解答】 例題 2.3 で求めたように，$\mathbb{R}^n$, $\mathbb{R}_{n-1}[s]$ はともに n 次元であるので，**定理 3.4** より正則な線形写像がある。例えば，$P(s) = p_{n-1} s^{n-1} + \cdots + p_1 s + p_0$ に対して $[\, p_{n-1} \ \cdots \ p_1 \ p_0 \,]^\mathrm{T}$ を対応させる規則を M とすると，$M \in L(\mathbb{R}_{n-1}[s], \mathbb{R}^n)$ であり，さらにこれは全単射である。 ◇

コーヒーブレイク

これまでスカラーは体の元であるとしてきた。実数や複素数以外に広く用いられている体はもちろんたくさんある。例えば，有理式も加減乗除の四則があるので体である。また，符号理論[3]などでは有限個の要素からなる体を用いている。例えば，$GF(2) = \{0, 1\}$ として加法を $0+0=0$, $0+1=1+0=1$, $1+1=0$, 乗法を $0 \cdot 0 = 0 \cdot 1 = 1 \cdot 0 = 0$, $1 \cdot 1 = 1$ で定めると，$GF(2)$ は体になっている。

有限個の要素からなる体についても一般的な結果が成り立つ。例えば

$$A = \begin{bmatrix} 1 & 1 & 1 \\ 0 & 1 & 1 \\ 1 & 1 & 0 \end{bmatrix}$$

とすれば $\det A = 1$ となるので，A は正則行列であるはずである。実際に

$$B = \begin{bmatrix} 1 & 1 & 0 \\ 1 & 1 & 1 \\ 1 & 0 & 1 \end{bmatrix}$$

が $AB = BA = I$ を満たすことがわかるであろう。

3.3　基底を用いた線形写像の行列表示

有限次元線形空間の線形写像は，基底を用いると行列として表示することができる。

3.3.1　行列表示

基底を用いると，有限次元線形空間は $\mathbb{F}^n$ ($\mathbb{R}^n$ または $\mathbb{C}^n$) に同型であることは**定理 2.5** で述べた。有限次元線形空間 X から Y への線形写像 M は，X と Y にそれぞれ基底を導入すると行列として表示することができる。

【**定理 3.5**】　体 $\mathbb{F}$ 上の n 次元線形空間 X から m 次元線形空間 Y への線形写像 M を考える。X の基底 $\{x_1, x_2, \cdots, x_n\}$ と Y の基底 $\{y_1, y_2, \cdots, y_m\}$ を選び，**定理 2.5** で定まる X から $\mathbb{F}^n$ への正則な線形写

3.3 基底を用いた線形写像の行列表示

像を ϕ, Y から $\mathbb{F}^m$ への正則な線形写像を ψ とする。また
$$Mx_j = a_{1j}y_1 + a_{2j}y_2 + \cdots + a_{mj}y_m \quad (1 \leqq j \leqq n) \quad (3.1)$$
となるスカラー a_{ij} を選んで $A = (a_{ij}) \in \mathbb{F}^{m \times n}$ とする。このとき，任意の $x \in X$ に対して $A\phi x = \psi M x$ が成り立つ。

証明 $Mx_j \in Y$ だから式 (3.1) を満たすスカラー a_{ij} が一意に定まる。すると，$\psi M x_j = [\, a_{1j} \; \cdots \; a_{mj} \,]^{\mathrm{T}}$ である。$A = (a_{ij}) \in \mathbb{F}^{m \times n}$ とする。$\phi x_j = e_j$ ($\mathbb{F}^n$ の自然な基底) であるので，$A\phi x = \psi M x$ は，$x = x_j$, $j = 1, \cdots, n$ に対しては成り立つ。また，そのような A はただ一つしかない。$x \in X$ を基底の一次結合 $x = \xi_1 x_1 + \xi_2 x_2 + \cdots + \xi_n x_n$ で書く。写像 ψ と M の線形性より $\psi M x = \xi_1 \psi M x_1 + \cdots + \xi_n \psi M x_n$ であるが，これは $A\phi x = \psi M x$ が任意の $x \in X$ に対して成り立つことを示している。 △

定理 3.5 で得られた行列 $A \in \mathbb{F}^{m \times n}$ を X の基底 $\{x_1, x_2, \cdots, x_n\}$ と Y の基底 $\{y_1, y_2, \cdots, y_m\}$ に関する線形写像 M の**行列表示** (matrix representation) という。この考え方を**図 3.1** に示す。基底を X と Y にそれぞれ与えると，正則な線形写像 $\phi: X \to \mathbb{F}^n$ と $\psi: Y \to \mathbb{F}^m$ が決まる。ϕ, ψ はそれぞれ X, Y の元を基底を用いて表したときの係数に対応させる写像である。図は，X から $\mathbb{F}^n$ を経て行列 A を作用させた場合と，X から M を作用させたのちに $\mathbb{F}^m$ で表現した場合が同じ結果を与えることを示している。

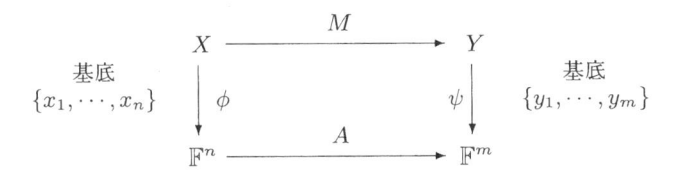

$$
\begin{array}{ccc}
\text{基底} & X \xrightarrow{\;\;M\;\;} Y & \text{基底} \\
\{x_1, \cdots, x_n\} & \phi \downarrow \qquad \downarrow \psi & \{y_1, \cdots, y_m\} \\
& \mathbb{F}^n \xrightarrow{\;\;A\;\;} \mathbb{F}^m &
\end{array}
$$

図 **3.1** 線形写像の行列表示

ここで重要なことは，行列表示は基底を介して得られることであり，どのような基底を用いたかは，行列の成分の数字のみを見ても何らの情報を与えてくれないことである (**例題 3.5** の解答の最後の記述に注意)。また，つぎの例題

でもわかるように，どのような有限次元線形空間の上での線形写像であろうとも，基底を導入すると行列表示が可能になっている。

例題 3.3 行列 $A \in \mathbb{R}^{m \times n}$ を $\mathbb{R}^n$ から $\mathbb{R}^m$ への線形写像とみる。$\mathbb{R}^n$ の自然な基底 $\{e_1, \cdots, e_n\}$ と，$\mathbb{R}^m$ の自然な基底 $\{e'_1, \cdots, e'_m\}$ に関する A の表示を求めよ。ただし，e'_i は m 次元のベクトルであることを表すためにダッシュ (') を用いている。

【解答】 $A = (a_{ij})$ とする。$Ae_j = a_{1j}e'_1 + \cdots + a_{mj}e'_m$ であるので，行列表示は A そのものになる。 ◊

例題 3.4 周期 2π の連続関数の空間の部分空間 $X = \text{span}\{\sin t, \cos t\}$ を考える。X の基底を $\{\sin t, \cos t\}$ とするとき，X の要素を微分する写像 D を表示する行列を求めよ。

【解答】 $D\sin t = \cos t$ および $D\cos t = -\sin t$ だから，行列表示は
$$\begin{bmatrix} 0 & -1 \\ 1 & 0 \end{bmatrix}$$
である。 ◊

基底を導入することによって，線形写像が行列表示できることはわかった。しかし，線形写像には 3.1.3 項で見たように，それ自身線形空間としての和とスカラー倍がある。また，同じく 3.1.3 項で述べた合成写像や，3.2 節で述べた逆写像という操作がある。そこで，行列表示とこれらの線形写像の演算の関係を調べてみたい。そのために，線形空間 X, Y, Z (それぞれ次元を n, m, ℓ とする) を考え，それらの基底をそれぞれ $\{x_1, \cdots, x_n\}$，$\{y_1, \cdots, y_m\}$，$\{z_1, \cdots, z_\ell\}$ と与える。このとき以下が成り立つ (演習問題 **【5】**)。

1. $M_1, M_2 \in L(X, Y)$ の行列表示を A_1, A_2 とすれば，$M_1 + M_2$ の行列表

示は $A_1 + A_2$ である。
2. $M \in L(X,Y)$ の行列表示を A とすれば, αM の行列表示は αA である。
3. $M \in L(X,Y)$, $N \in L(Y,Z)$ の行列表示を A, B とすれば, 合成写像 $NM \in L(X,Z)$ の行列表示は行列の積 BA である。
4. Y の次元を n とする。正則な写像 $M \in L(X,Y)$ の行列表示を A とすれば, 逆写像 $M^{-1} \in L(Y,X)$ の行列表示は逆行列 A^{-1} である。

特に 4. より, 正則な写像の行列表示は正則な行列になることがわかる。

3.3.2 基底の変換

3.3.1 項での線形写像の行列表示は, 基底の選び方に依存するのであった。線形空間の基底の選び方は, 一意ではないことに注意する。したがって, 同じ線形写像を表示する行列も一意ではない。ここでは, 線形空間の基底を取り換えたときに, 行列表示はどのように変化するかを調べてみたい。

【定理 3.6】 体 $\mathbb{F}$ 上の線形空間 X の 2 組の基底 $R_X = \{x_1, x_2, \cdots, x_n\}$ と $\tilde{R}_X = \{\tilde{x}_1, \tilde{x}_2, \cdots, \tilde{x}_n\}$, および体 $\mathbb{F}$ 上の線形空間 Y の 2 組の基底 $R_Y = \{y_1, y_2, \cdots, y_m\}$ と $\tilde{R}_Y = \{\tilde{y}_1, \tilde{y}_2, \cdots, \tilde{y}_m\}$ を考える。スカラー $t_{ij} \in \mathbb{F}$ (ただし $i, j = 1, \cdots, n$) と $s_{ij} \in \mathbb{F}$ (ただし $i, j = 1, \cdots, m$) を

$$\tilde{x}_k = t_{1k} x_1 + t_{2k} x_2 + \cdots + t_{mk} x_m \quad (1 \leq k \leq m),$$
$$y_k = s_{1k} \tilde{y}_1 + s_{2k} \tilde{y}_2 + \cdots + s_{nk} \tilde{y}_n \quad (1 \leq k \leq n)$$

として行列 $T = (t_{ij}) \in \mathbb{F}^{n \times n}$ および $S = (s_{ij}) \in \mathbb{F}^{m \times m}$ を定める。線形写像 $M : X \to Y$ の基底 R_X と R_Y に関する行列表示を $A \in \mathbb{F}^{m \times n}$, 基底 $\tilde{R}_X$ と $\tilde{R}_Y$ に関する行列表示を $B \in \mathbb{F}^{m \times n}$ とする。このとき

$$B = SAT \tag{3.2}$$

が成り立つ。

証明 定理 2.5 での正則な線形写像を R_X に関して $\phi : X \to \mathbb{F}^n$, $\tilde{R}_X$ に関し

て $\tilde{\phi}: X \to \mathbb{F}^n$, R_Y に関して $\psi: Y \to \mathbb{F}^m$, $\tilde{R}_Y$ に関して $\tilde{\psi}: Y \to \mathbb{F}^n$ とする。このとき，$k=1,\cdots,n$ について $\tilde{\phi}\tilde{x}_k = e_k$ および $\phi x_k = e_k$ が成り立っている。ただし，e_k は $\mathbb{F}^n$ の単位ベクトルである。すると

$$\tilde{x}_k = \sum_{j=1}^{n} t_{jk} x_j = \sum_{j=1}^{n} t_{jk} \phi^{-1} e_j = \phi^{-1} \sum_{j=1}^{n} t_{jk} e_j$$

である。したがって，$\phi\tilde{\phi}^{-1} e_k = \sum_{j=1}^{n} t_{jk} e_j$ を得る。これは $\phi\tilde{\phi}^{-1} = T$ であることを表している。同様に $\tilde{\psi}\psi^{-1} = S$ である。以上より，$B = \tilde{\psi} M \tilde{\phi}^{-1} = \tilde{\psi}\psi^{-1} A \phi \tilde{\phi}^{-1} = SAT$ であることがわかる。 △

定理 3.6 を図に表したものが**図 3.2** である。ここで，写像 $\phi\tilde{\phi}^{-1}$ は行列 T であり，写像 $\tilde{\psi}\psi^{-1}$ は行列 S であることに注意すると，同じ写像 M の行列表示である A と B の関係が理解できる。

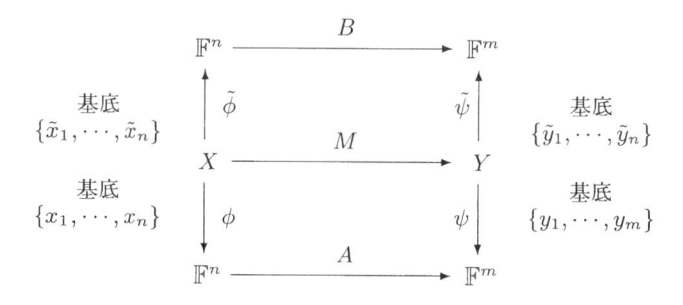

図 3.2 基底の変換と行列表示

線形空間 X の線形変換 M の場合には，X の基底を用いるので，**定理 3.6** での行列 S は $S = T^{-1}$ となる（T が逆行列をもつことは演習問題【6】とする）。このとき式 (3.2) は

$$B = T^{-1} A T \tag{3.3}$$

となる。これを**相似変換** (similarity transformation) という。

線形写像（または線形変換）の基底を用いた行列表示は，基底を取り換えると式 (3.2)（または式 (3.3)）の変換を受けることになる。線形写像がもつ基底によらない性質は，これらの変換に対して変化しないはずである。読み進むにつれて明らかになるように，例えば式 (3.2) では階数が不変であり（**定理 4.6**），

3.3 基底を用いた線形写像の行列表示

式 (3.3) では固有値が不変になっていることがわかる (**定理 5.4**)。

例題 3.5 例題 3.4 で $X=\text{span}\{\sin t, \cos t\}$ の基底を $\{\sin t, \sin(t+\pi/4)\}$ とするとき,写像 D を表示する行列はどのようになるか。

【解答】 古い基底 $\{\sin t, \cos t\}$ を用いて

$$\sin t = \sin t$$

$$\sin\left(t + \frac{\pi}{4}\right) = \sin t \cos\frac{\pi}{4} + \cos t \sin\frac{\pi}{4}$$
$$= \frac{\sqrt{2}}{2}\sin t + \frac{\sqrt{2}}{2}\cos t$$

となるので新しい基底に関する行列表示は

$$\begin{bmatrix} 1 & \frac{\sqrt{2}}{2} \\ 0 & \frac{\sqrt{2}}{2} \end{bmatrix}^{-1} \begin{bmatrix} 0 & -1 \\ 1 & 0 \end{bmatrix} \begin{bmatrix} 1 & \frac{\sqrt{2}}{2} \\ 0 & \frac{\sqrt{2}}{2} \end{bmatrix} = \begin{bmatrix} -1 & -\sqrt{2} \\ \sqrt{2} & 1 \end{bmatrix}$$

である。実際,$D \sin t = \cos t$ であるが,新しい基底では

$$\cos t = -\sin t + \sqrt{2}\sin\left(t + \frac{\pi}{4}\right)$$

であることが三角関数の計算からも見てとれる。古い基底を用いたときの行列では $(1,1)$ 成分は 0 であったが,新しい基底では $(1,1)$ 成分は 0 ではない。このように,行列表示したとき $(1,1)$ 成分が 0 であるという性質は,線形写像そのものがもっている性質ではなく,基底の選び方によって現れたものといえる。 ◇

例題 3.3 では,行列を線形写像と見たときの行列表示は,自然な基底を用いるとその行列自身になることを示した。**定理 3.6** を適用することによって,自然な基底を選ばないときの行列表示を求めることができる。つまり,基底変換によって行列表示がどのような変化を受けるかを示す。

【**定理 3.7**】 行列 $A \in \mathbb{F}^{m \times n}$ を $\mathbb{F}^n$ から $\mathbb{F}^m$ への線形写像と見る。$\mathbb{F}^n$ の基底を $\{x_1, \cdots, x_n\}$,$\mathbb{F}^m$ の基底を $\{y_1, \cdots, y_m\}$ と選ぶ。このとき,これらの基底に関する A の行列表示は,行列 $X = [\, x_1 \ \cdots \ x_n \,] \in \mathbb{F}^{n \times n}$,$Y = [\, y_1 \ \cdots \ y_m \,] \in \mathbb{F}^{m \times m}$ と定義すると $Y^{-1}AX$ で与えられる。

証明 行列 X と Y は正則行列である (X の列が一次独立であることから写像として単射であること，X の列の一次結合で任意の $\mathbb{F}^n$ の要素が生成されるので写像として全射であることに注意)．新しい基底の要素である x_k を $\mathbb{F}^n$ の自然な基底の一次結合で表すと，$\xi_{k,i}$ を x_k の第 i 成分として，$x_k = \xi_{k,1} e_1 + \cdots + \xi_{k,n} e_n$ である．したがって，**定理 3.6** のように行列 T を求めると，その T の第 k 列はベクトル x_k に一致する．したがって $T = X$ である．**定理 3.6** のように行列 $S = (s_{ij})$ を定める．$\mathbb{F}^m$ の自然な基底の要素である e'_k を新しい基底 $\{y_1, \cdots, y_m\}$ の一次結合で表すと，$e'_k = s_{1k} y_1 + \cdots + s_{mk} y_m$ である．これをまとめて書くと $I = SY$ となるので，$S = Y^{-1}$ である (1 章の演習問題【7】)．自然な基底に関する A の表示は A 自身なので (**例題 3.3**)，**定理 3.6** を適用すれば，新しい基底に関する行列表示は $Y^{-1}AX$ になる． △

例題 3.6 行列
$$A = \begin{bmatrix} 1 & 2 \\ 3 & 4 \end{bmatrix}$$
を考える．$\mathbb{R}^2$ の要素 $x_1 = [\,1\ \ 0\,]^\mathrm{T}$, $x_2 = [\,1\ \ 1\,]^\mathrm{T}$ を考え基底 $\{x_1, x_2\}$ をとるとき，新しい基底に関する行列表示を求めよ．

【解答】 正則行列 $X = [\,x_1\ \ x_2\,]$ として**定理 3.7** を当てはめると
$$X^{-1} A X = \begin{bmatrix} -2 & -4 \\ 3 & 7 \end{bmatrix}$$
である．例えば，$x = [\,6\ \ 1\,]^\mathrm{T}$ を考えると $Ax = [\,8\ \ 22\,]^\mathrm{T}$ であるが，$x = 5x_1 + x_2$ から $X^{-1}AX [\,5\ \ 1\,]^\mathrm{T} = [\,-14\ \ 22\,]^\mathrm{T}$ である．これは $Ax = -14 x_1 + 22 x_2$ の結果に一致している． ◇

********** 演 習 問 題 **********

【1】 3.1.2 項の**例 3.1**～**例 3.5** の写像が，それぞれ線形写像であることを確かめよ．

【2】 例 3.7 によって，$C([0,1])$ は可換環になっていることを示せ．乗法の単位元

演　習　問　題　47

はあるか。

【3】 線形空間 X の上の線形変換 M がある自然数 k に関して $M^k = 0$ を満たせば，$I - M$ は正則な写像であることを示せ。例えば，3.1.2 項の多項式の形式的な微分を $\mathbb{F}_n[s]$ の線形変換と見るとき，このことが成り立つ。

【4】 定理 3.2 のように，正則な写像 $M \in L(X,Y)$，$N \in L(Y,Z)$ を考える。このとき，$(NM)^{-1} = M^{-1}N^{-1}$ であることを示せ。

【5】 3.3.1 項の写像の和，スカラー倍，合成写像，逆写像の行列表示に関する規則を証明せよ。

【6】 定理 3.6 の基底を変換する行列 T および S は，逆行列をもつことを示せ。

【7】 複素数 $\mathbb{C}$ を実線形空間と考え，これを X とおく。複素数 $s = \sigma + j\omega$ を固定して，$z \in X$ に sz を対応させる写像 M は，X の線形変換であることを確かめよ。X の基底を $\{1, j\}$ とするとき，M の行列表示を求めよ。

【8】 複素係数の $k-1$ 次以下の多項式の空間 $\mathbb{C}_{k-1}[s]$ を考える。k 個の相異なる複素数 λ_i $(i = 1, \cdots, k)$ を考え，写像 $M : \mathbb{C}_{k-1}[s] \to \mathbb{C}^k$ を $P \in \mathbb{C}_{k-1}[s]$ に対して

$$MP = \begin{bmatrix} P(\lambda_1) \\ P(\lambda_2) \\ \vdots \\ P(\lambda_k) \end{bmatrix}$$

と定める。このとき，M は正則な線形写像であることを示せ（ヒント：ラグランジュの補間多項式を考えよ）。$\mathbb{C}_{k-1}[s]$ の基底を $\{1, s, \cdots, s^{k-1}\}$，$\mathbb{C}^k$ の基底を $\{e_1, e_2, \cdots, e_k\}$ と選ぶとき，M の行列表示は

$$V = \begin{bmatrix} 1 & \lambda_1 & \cdots & \lambda_1^{k-1} \\ 1 & \lambda_2 & \cdots & \lambda_2^{k-1} \\ \vdots & \vdots & \cdots & \vdots \\ 1 & \lambda_k & \cdots & \lambda_k^{k-1} \end{bmatrix} \in \mathbb{C}^{k \times k}$$

と，**バンデルモンドの行列**（Vandermonde matrix）で与えられることを示せ。バンデルモンドの行列が正則であるためには，複素数 λ_i $(i = 1, \cdots, k)$ が相異なることが必要十分であることを示せ。

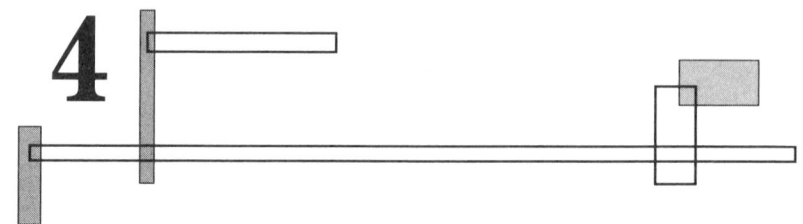

4 線形写像の像と零空間

線形写像に関連した部分空間に，像と零空間および不変空間がある。これらの部分空間は，線形写像の働きを知るうえで重要である。応用として，連立一次代数方程式の解の構造を像と零空間を用いて調べてみる。

4.1 像と零空間

像は写像によって写された要素の全体からなる集合であり，零空間は写像によって零元に写される要素の全体からなる集合である。これらは，部分空間であることがわかる。像の次元を用いて写像の階数を定義する。

4.1.1 像と零空間の定義

体 $\mathbb{F}$ 上の線形空間 X から Y への線形写像 M があるとき

$$\mathrm{ran}\, M = \{y : y = Mx,\ x \in X\}$$

$$\ker M = \{x : Mx = 0\}$$

で定められる集合を考える。ここで $\mathrm{ran}\, M$ を M の**像** (image, range)，$\ker M$ を M の**零空間** (kernel, null space) という。図 **4.1** は，これらを視覚的に描いたものである。

4.1 像と零空間　49

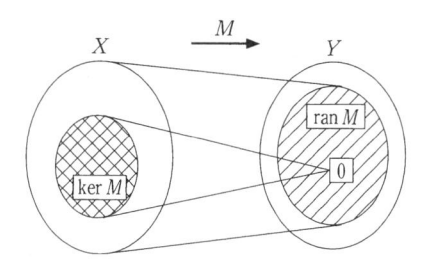

図 4.1 像と零空間

【定理 4.1】 線形空間 X から Y への線形写像 M を考える。このとき，$\operatorname{ran} M$ は Y の部分空間，$\ker M$ は X の部分空間である。

証明 まず，$y_1, y_2 \in \operatorname{ran} M$ とすれば，$i = 1, 2$ について $y_i = M x_i$ となる $x_i \in X$ がある。このとき，$\alpha y_1 + \beta y_2 = M(\alpha x_1 + \beta x_2)$ なので $\alpha y_1 + \beta y_2 \in \operatorname{ran} M$ である。つぎに，$x_1, x_2 \in \ker M$ とすれば，$M(\alpha x_1 + \beta x_2) = \alpha M x_1 + \beta M x_2 = 0$ より $\alpha x_1 + \beta x_2 \in \ker M$ である。　　　△

3.1.2 項で見たように，$A \in \mathbb{F}^{m \times n}$ は $\mathbb{F}^n$ から $\mathbb{F}^m$ への線形写像を与えている。そこで，行列 A に対しても $\operatorname{ran} A$ または $\ker A$ という記号を用いて，それぞれ行列 A を線形写像として見たときの像または零空間を表すことにする。

例題 4.1 行列
$$A = \begin{bmatrix} 1 & 4 & 0 & 1 \\ 0 & -2 & -2 & 0 \\ 1 & 2 & -2 & 1 \end{bmatrix} \in \mathbb{R}^{3 \times 4}$$
を $\mathbb{R}^4$ から $\mathbb{R}^3$ の線形写像，転置行列 A^{T} を $\mathbb{R}^3$ から $\mathbb{R}^4$ の線形写像と見るとき，$\operatorname{ran} A$, $\ker A$, $\operatorname{ran} A^{\mathrm{T}}$ および $\ker A^{\mathrm{T}}$ を求めよ。

【解答】 正則行列を用いて

$$S = \begin{bmatrix} 1 & 0 & 1 \\ 0 & 1 & 2 \\ 1 & 1 & -1 \end{bmatrix}, \quad T = \frac{1}{2}\begin{bmatrix} 1 & 2 & 2 & 1 \\ 0 & -1 & -1 & 0 \\ 0 & 0 & 1 & 0 \\ 1 & 2 & 2 & -1 \end{bmatrix},$$

$$D = \begin{bmatrix} 1 & 0 & 0 & 0 \\ 0 & 1 & 0 & 0 \\ 0 & 0 & 0 & 0 \end{bmatrix},$$

$$\left(S^{-1}\right)^{\mathrm{T}} = \frac{1}{4}\begin{bmatrix} 3 & -2 & 1 \\ -1 & 2 & 1 \\ 1 & 2 & -1 \end{bmatrix}, \quad \left(T^{-1}\right)^{\mathrm{T}} = \begin{bmatrix} 1 & 0 & 0 & 1 \\ 4 & -2 & 0 & 0 \\ 0 & -2 & 2 & 0 \\ 1 & 0 & 0 & -1 \end{bmatrix}$$

とすれば，$AT = SD$, $A^{\mathrm{T}}S^{-\mathrm{T}} = T^{-\mathrm{T}}D^{\mathrm{T}}$ である[†]。これより，$\mathbb{R}^3$ の単位ベクトルを e_i，$\mathbb{R}^4$ の単位ベクトルを e'_i と書くと

$$\mathrm{ran}\,A = \mathrm{span}\,\{Se_1, Se_2\}, \quad \ker A = \mathrm{span}\,\{Te'_3, Te'_4\},$$

$$\mathrm{ran}\,A^{\mathrm{T}} = \mathrm{span}\,\{T^{-\mathrm{T}}e'_1, T^{-\mathrm{T}}e'_2\}, \quad \ker A^{\mathrm{T}} = \mathrm{span}\,\{S^{-\mathrm{T}}e_3\}$$

である。 $\diamondsuit$

4.1.2 線形写像の階数

線形空間 X から Y への線形写像の像が Y の有限次元の部分空間になるとき，その次元を線形写像の**階数** (rank) という。線形写像 M の階数を $\mathrm{rank}\,M$ で表す。行列 $A \in \mathbb{F}^{m \times n}$ を $\mathbb{F}^n$ から $\mathbb{F}^m$ への線形写像と見るときには，行列 A に対しても $\mathrm{rank}\,A = \dim\mathrm{ran}\,A$ と定め，行列 A の階数という。

【定理 4.2】 有限次元線形空間 X から線形空間 Y への線形写像 M について，$\dim X = \mathrm{rank}\,M + \dim\ker M$ が成り立つ。

証明 部分空間 $\ker M$ の基底を $\{x_1, \cdots, x_k\}$ (ただし $k = \dim\ker M$) とする。定理 2.4 より，$\{x_{k+1}, \cdots, x_n\}$ (ただし $n = \dim X$) を $\{x_1, \cdots, x_n\}$ が

[†] $S^{-\mathrm{T}} = \left(S^{-1}\right)^{\mathrm{T}}$ である。1 章の演習問題【6】を参照されたい。

X の基底になるように選ぶことができる。そこで，$j = 1, \cdots, n-k$ について $y_j = Mx_{k+j}$ とおくとき，$\{y_1, \cdots, y_{n-k}\}$ が $\operatorname{ran} M$ の基底になることを示すと証明が完了する。

まず，$\{y_1, \cdots, y_{n-k}\}$ は一次独立である。なぜなら，$\alpha_1 y_1 + \cdots + \alpha_{n-k} y_{n-k} = 0$ とすれば $0 = M(\alpha_1 x_{k+1} + \cdots + \alpha_{n-k} x_n)$ だから $\alpha_1 x_{k+1} + \cdots + \alpha_{n-k} x_n \in \ker M$ である。すると，$\alpha_1 x_{k+1} + \cdots + \alpha_{n-k} x_n = \beta_1 x_1 + \cdots + \beta_k x_k$ であるスカラーが存在するが，$\{x_1, \cdots, x_n\}$ の一次独立性より $\alpha_1 = \cdots = \alpha_{n-k} = 0$ を得るからである。

つぎに，任意の $y \in \operatorname{ran} M$ は $y = M(\alpha_1 x_1 + \cdots + \alpha_n x_n) = \alpha_{k+1} y_1 + \cdots + \alpha_n y_{n-k}$ と書ける。これより，$\{y_1, \cdots, y_{n-k}\}$ が $\operatorname{ran} M$ の基底であることがわかる。 △

例題 4.2 例題 4.1 の行列 A を $\mathbb{R}^4$ から $\mathbb{R}^3$ への線形写像と見るとき，$\operatorname{rank} A$ および $\dim \ker A$ を求めよ。

【解答】 例題 4.1 の解答より，$\operatorname{rank} A = \dim \operatorname{ran} A = 2$，$\dim \ker A = 2$ である。 ◇

定理 4.2 の証明で用いた基底を用いるとき，線形写像の行列表示は特別な形になる。これについては演習問題【1】を参照されたい。

4.1.3 行列の階数との関係

行列の階数を 4.1.2 項で定義したが，これは行列の列ベクトル（または行ベクトル）の一次独立性や，小行列式を用いて表現することもできる。行列 $A \in \mathbb{F}^{m \times n}$ は n 本の列ベクトル $a_1, \cdots, a_n \in \mathbb{F}^m$ をもつ。そこから選択した列ベクトルの集合 $\{a_{i_1}, \cdots, a_{i_k}\}$ が，(1) 一次独立であり，(2) $\{a_{i_1}, \cdots, a_{i_k}\} \subsetneqq \{a_{j_1}, \cdots, a_{j_r}\}$ であれば，$\{a_{j_1}, \cdots, a_{j_r}\}$ が一次従属であるとき，その集合を極大一次独立であるという。

【定理 4.3】 行列 $A \in \mathbb{F}^{m \times n}$ を考える。このとき，$\operatorname{rank} A$ は以下の数に等しい（したがって以下の数は相等しい）。

(a) A の n 本の列ベクトルの中の極大一次独立な要素数。

(b) A の m 本の行ベクトルの中で極大一次独立な要素数。

(c) A の 0 でない小行列式の中での最大次数。

証明　まず $r = \operatorname{rank} A$ とし，定理の (a), (b), (c) で決まる数をそれぞれ r_c, r_r, r_d とする。行列 A の列を $A = [\, a_1 \ a_2 \ \cdots \ a_n \,]$ とおく。A の一次独立な r_c 本の列 $\{a_{j_1}, \cdots, a_{j_{r_c}}\}$ を選ぶと，$\operatorname{span}\{a_{j_1}, \cdots, a_{j_{r_c}}\} \subset \operatorname{ran} A$ なので $r_c \leqq r$ である。逆に，$i \notin \{j_1, \cdots, j_{r_c}\}$ について a_i は $\operatorname{span}\{a_{j_1}, \cdots, a_{j_{r_c}}\}$ に含まれるので，$\operatorname{ran} A \subset \operatorname{span}\{a_{j_1}, \cdots, a_{j_{r_c}}\}$ である。これより $r_c \geqq r$ である。

行列 A の $k \times k$ の非零の行列式をもつ部分行列 B が，$\{i_1, i_2, \cdots, i_k\}$ の行および $\{j_1, j_2, \cdots, j_k\}$ の列を選ぶことにより得られたとする。$c_1 a_{j_1} + \cdots + c_k a_{j_k} = 0$ を満たすスカラーよりつくったベクトル $c = [\, c_1 \ c_2 \ \cdots \ c_k \,]^{\mathrm{T}}$ は，$Bc = 0$ を満たすが B は正則行列であるから $c = 0$ である。つまり，これらの A の列は一次独立である。これより $r_d \leqq r_c$ を得る。また，$\det B^{\mathrm{T}} = \det B \neq 0$ （**定理 1.2**）なので，行について同様に考察すれば $r_d \leqq r_r$ である。

逆を考えるが，添字の複雑さを避けるために，A の左上隅の r_d 次の正方小行列 B が次数最大の 0 でない小行列式を与えるとする。A の左上隅の $r_d + 1$ 次の正方部分行列を

$$A_{11} = \begin{bmatrix} B & c \\ d & e \end{bmatrix} \quad (B \in \mathbb{F}^{r_d \times r_d},\ c \in \mathbb{F}^{r_d},\ d \in \mathbb{F}^{1 \times r_d},\ e \in \mathbb{F})$$

とする。仮定より $\det A_{11} = 0$ である。B は逆行列をもつので，14 章にある公式 4. を適用すれば，$0 = \det B \left(e - d B^{-1} c \right)$ である。したがって $\det B \neq 0$ を用いれば

$$A_{11} \begin{bmatrix} -B^{-1} c \\ 1 \end{bmatrix} = 0$$

である。このとき，A_{11} に右から掛ける $(r_d + 1)$ 次のベクトルは A_{11} の $(r_d + 1)$ 番目の行に依存せず，最後の要素が非零であることに注意する。これより，A の第 $(r_d + 1)$ 列は，最初の r_d 列に一次従属であることがわかる。以下同様にして，A の残りの列はすべて最初の r_d 列に一次従属であることがわかるので，$r_d \geqq r_c$ を得る。$r_d \geqq r_r$ も同様である。　△

例題 4.3　例題 4.1 の行列 A について，行ベクトルの中の極大一次独立な

要素数，列ベクトルの中の極大一次独立な要素数，0 でない小行列式の最大次数を求めよ。

【解答】 A の行ベクトルを a'_i $(i=1,2,3)$，列ベクトルを a_i $(i=1,2,3,4)$ とする。$\{a'_1, a'_2\}$ は一次独立である。一方 $\{a'_1, a'_2, a'_3\}$ は一次従属であるので，$\{a'_1, a'_2\}$ は極大一次独立な集合となる。つぎに，$\{a_1, a_2\}$ は一次独立である。ここで，$\{a_1, a_2, a_3\}$ は一次従属であり，$\{a_1, a_2, a_4\} = \{a_1, a_2\}$ なので $\{a_1, a_2\}$ は極大一次独立な集合である。A の 1, 2 行目，1, 2 列目からつくられる小行列式は $-1 \neq 0$ である。どの 3 次の小行列式をとっても 0 であることを確かめることができる（それらは ${}_4C_3 = 4$ 個ある）。 ◇

定理 4.3 より，行列の階数は行の数および列の数を超えないことがわかる。階数が行数または列数に等しいとき，**最大階数** (full rank) をもつという。特に階数が行数に等しいとき，**最大行階数** (full row rank) をもつといい，階数が列数に等しいとき，**最大列階数** (full column rank) をもつという。これらのことは，像や零空間を用いるとつぎのように表現することができる。

【定理 4.4】 行列 $A \in \mathbb{F}^{m \times n}$ の階数について以下のことが成り立つ。
(a) A が最大行階数 $(\mathrm{rank}\, A = m)$ をもつためには，$\mathrm{ran}\, A = \mathbb{F}^m$ であることが必要十分である。
(b) A が最大列階数 $(\mathrm{rank}\, A = n)$ をもつためには，$\ker A = (0)$ であることが必要十分である。

証明 行列 A が最大行階数であれば $\dim \mathrm{ran}\, A = \mathrm{rank}\, A = m$ であるが，$\mathrm{ran}\, A \subset \mathbb{F}^m$ なので次元を考慮すると $\mathrm{ran}\, A = \mathbb{F}^m$ である。逆に，$\mathrm{ran}\, A = \mathbb{F}^m$ ならば $\mathrm{rank}\, A = \dim \mathrm{ran}\, A = m$ となるので，A は最大行階数である。最後に，**定理 4.2** より，$\mathrm{rank}\, A = n$ であるためには $\dim \ker A = 0$ であることが必要十分である。 △

行列の積と階数の関係を表すつぎの **定理 4.5** の不等式を **シルベスターの不等**

式 (Sylvester's inequality) という。

【定理 4.5】 行列 $A \in \mathbb{F}^{m \times \ell}$ と $B \in \mathbb{F}^{\ell \times n}$ について

$$\operatorname{rank} A + \operatorname{rank} B - \ell \leqq \operatorname{rank} AB \leqq \min\{\operatorname{rank} A, \operatorname{rank} B\}$$

が成り立つ。

証明 まず $\operatorname{ran} AB \subset \operatorname{ran} A$ であるので (演習問題【4】), 不等式 $\operatorname{rank} AB = \dim \operatorname{ran} AB \leqq \dim \operatorname{ran} A = \operatorname{rank} A$ が成り立つ。つぎに, 定理 3.3 より, $\{z_1, \cdots, z_r\} \subset \operatorname{ran} AB$ が一次独立であれば $i = 1, \cdots, r$ について $z_i = ABx_i$ および $y_i = Bx_i$ と定めるとき, $\{y_1, \cdots, y_r\} \subset \operatorname{ran} B$ は一次独立である。これより $\operatorname{rank} AB \leqq \operatorname{rank} B$ を得る。

もう一方の不等式を導くために, 部分空間 $\operatorname{ran} B \cap \ker A \subset \operatorname{ran} B$ の $\operatorname{ran} B$ での補空間 S を考える。つまり $\operatorname{ran} B = (\operatorname{ran} B \cap \ker A) \oplus S$ とする。$M : S \to \mathbb{F}^m$ を $My = Ay$ として定めれば, M は線形写像であり, $\operatorname{ran} M = \operatorname{ran} AB$ および $\ker M = (0)$ を満たしている。実際, $\operatorname{ran} M \subset \operatorname{ran} AB$ は明らかである。逆に, $z \in \operatorname{ran} AB$ とすれば $z = ABx$ となる x があるが, $y = Bx \in \operatorname{ran} B$ を, $y_1 \in S$, $y_2 \in \operatorname{ran} B \cap \ker A$ を用いて $y = y_1 + y_2$ とすれば, $z = Ay = Ay_1$ であるので $z = My_1 \in \operatorname{ran} M$ である。また, $My = 0$ となる $y \in S$ を考えると, $Ay = 0$ より $y \in \ker A$ であるので, $y \in S$ に注意すれば $y = 0$ となる。以上より

$$\begin{aligned}
\dim \operatorname{ran} M &= \dim S - \dim \ker M \\
&= \dim \operatorname{ran} B - \dim(\operatorname{ran} B \cap \ker A) \\
&\geqq \dim \operatorname{ran} B - \dim \ker A = \operatorname{rank} B - (\ell - \operatorname{rank} A)
\end{aligned}$$

である。ただし変形の途中で定理 4.2 を用いた。 △

【定理 4.6】 行列 $A \in \mathbb{F}^{m \times n}$ および $B \in \mathbb{F}^{m \times n}$ を考える。正則行列 $S \in \mathbb{F}^{m \times m}$ と $T \in \mathbb{F}^{n \times n}$ があって, $B = SAT$ となるためには $\operatorname{rank} A = \operatorname{rank} B$ であることが必要十分である。

証明 必要性 定理 4.5 より $\operatorname{rank} SAT \leqq \operatorname{rank} A$ である。同様に, 定理 4.5 より $\operatorname{rank} A = \operatorname{rank} S^{-1} SATT^{-1} \leqq \operatorname{rank} SAT$ である。

十分性 行列 A に対して演習問題【1】のように基底を選ぶと,正則行列 X_1, Y_1 があって $Y_1^{-1}AX_1$ は式 (4.3) となる.同様に,行列 B に対しても正則行列 X_2, Y_2 があって $Y_2^{-1}BX_2$ は式 (4.3) となる.したがって,$B = Y_2Y_1^{-1}AX_1X_2^{-1}$ となるので,$S = Y_2Y_1^{-1}$,$T = X_1X_2^{-1}$ と選べばよい. △

定理 4.6 に関連する注意点として,最大階数をもつ行列との積については,階数が不変であるとは限らないことがある.これについては,演習問題【5】を参照されたい.

4.2 連立一次方程式の解の構造

連立一次方程式がもし解をもつならば,その一般解は一つの解と同次方程式の解の和で与えられる.像と零空間を用いることにより,この構造を説明する.

連立一次方程式 (linear algebraic equations)

$$Ax = b \tag{4.1}$$

を考える.ここで,$A \in \mathbb{F}^{m \times n}$, $b \in \mathbb{F}^m$ として $x \in \mathbb{F}^n$ の解を求める.ただし,$x_0 \in \mathbb{F}^n$ と $\mathbb{F}^n$ の部分空間 S について $x_0 + S = \{x_0 + x : x \in S\}$ と表すことにする.

【定理 4.7】 連立一次方程式 (4.1) が解をもつためには,$b \in \operatorname{ran} A$ であることが必要十分である.そして,$b \in \operatorname{ran} A$ のとき x_0 を一つの解とするならば,解の集合は $x_0 + \ker A$ で与えられる.

証明 解が存在すれば $Ax = b$ となる x があるので,$b \in \operatorname{ran} A$ である.逆に,$b \in \operatorname{ran} A$ であれば $b = Ax$ を満たす $x \in \mathbb{F}^n$ がある.この x は式 (4.1) の解である.つぎに,$b \in \operatorname{ran} A$ のとき x_0 を $Ax_0 = b$ を満たすベクトルとすれば,$z \in \ker A$ について $A(x_0 + z) = Ax = b$ であるから,$x_0 + z$ も解である.逆に,x が解であれば $A(x - x_0) = b - b = 0$ であるので,$x - x_0 \in \ker A$ を用いて $x = x_0 + (x - x_0)$ と書くことができる. △

例題 4.4 連立一次方程式
$$\begin{bmatrix} 1 & 2 & 3 & 4 \\ 2 & 1 & 4 & 3 \\ 1 & 5 & 5 & 9 \end{bmatrix} x = \begin{bmatrix} 1 \\ -1 \\ 4 \end{bmatrix}$$
の解を求めよ。

【解答】 係数行列を A として, $i = 1, \cdots, 4$ についてその列ベクトルを $a_i \in \mathbb{R}^3$ とする。$\{a_1, a_2\}$ は一次独立であるが, $5a_1 + 2a_2 - 3a_3 = 0$ および $2a_1 + 5a_2 - 3a_4 = 0$ であるので, 極大一次独立な列の数は 2 であり, $\mathrm{rank}\, A = 2$ および $\mathrm{ran}\, A = \mathrm{span}\,\{a_1, a_2\}$ であることがわかる。右辺のベクトルを b とすれば, $b = a_2 - a_1$ なので $b \in \mathrm{ran}\, A$ であり, $x_0 = [\,-1\ 1\ 0\ 0\,]^\mathrm{T}$ は一つの解である。一方, **定理 4.2** より $\dim \ker A = 4 - \mathrm{rank}\, A = 2$ である。$x_1 = [\,5\ 2\ -3\ 0\,]^\mathrm{T}$, $x_2 = [\,2\ 5\ 0\ -3\,]^\mathrm{T}$ とすれば, $i = 1, 2$ について $x_i \in \ker A$ であり, かつ $\{x_1, x_2\}$ は一次独立である。以上より, $\ker A = \mathrm{span}\,\{x_1, x_2\}$ である。したがって, 方程式の解は, **定理 4.7** を適用して, 任意の実数 α_1, α_2 を用いて $x = x_0 + \alpha_1 x_1 + \alpha_2 x_2$ という形に書き表すことができる。 ◇

4.3 不変空間と行列表示

線形変換が与えられたとき, 変換によってその要素が内部に留まるような部分空間をその線形変換に対する不変空間という。これは, 線形変換の構造を詳細に見ようとするときに用いる。線形変換が不変空間をもつとき, その不変空間に則した行列表示をすると, ブロック上三角行列になる。

4.3.1 不変空間の定義

線形空間 X の線形変換 $M \in L(X)$ を考える。部分空間 $S \subset X$ について, $x \in S$ ならば $Mx \in S$ を満たすとき, S は **M 不変** (M invariant) であるという。または, S を **M 不変空間** (M invariant subspace) であるという。行

列 $A \in \mathbb{F}^{n \times n}$ についても，$\mathbb{F}^n$ の線形変換であると考えると，$S \subset \mathbb{F}^n$ が A 不変空間であるという同様の定義をすることができる．

不変空間の例を挙げておく．正方行列 $A \in \mathbb{F}^{n \times n}$ と多項式 $P(s) = p_0 s^m + p_1 s^{m-1} + \cdots + p_{m-1} s + p_m \in \mathbb{F}[s]$ を考える．行列 $P(A) \in \mathbb{F}^{n \times n}$ を

$$P(A) = p_0 A^m + p_1 A^{m-1} + \cdots + p_{m-1} A + p_m I$$

と定める．

例題 4.5 行列 $A \in \mathbb{F}^{n \times n}$ と $\mathbb{F}$ の係数をもつ多項式 $P(s)$ について，部分空間 $\ker P(A)$ は A 不変である．

【解答】 多項式 $Q(s)$ を $Q(s) = sP(s)$ と定める．$x \in \ker P(A)$ とする．$P(A)Ax = Q(A)x = AP(A)x = 0$ であるから，$Ax \in \ker P(A)$ である． ◇

4.3.2 行列表示との関係

不変部分空間があるときに基底を適当に選ぶならば，行列表示はブロック上三角行列になる．

【定理 4.8】 部分空間 $S \subset X$ が線形変換 $M \in L(X)$ によって M 不変であるためには，S の基底を $\{x_1, \cdots, x_k\}$，X の基底をこれらを含んで $\{x_1, \cdots, x_n\}$ （ここで $n = \dim X$）と選ぶとき，M の行列表示 A が

$$A = \begin{bmatrix} A_{11} & A_{12} \\ O & A_{22} \end{bmatrix}$$

とブロック上三角行列になることが必要十分である．

証明 部分空間 S が M 不変であれば，$i = 1, \cdots, k$ について $Mx_i \in S$ である．したがって，これらは $x_1, \cdots, x_k$ の一次結合であり，$x_{k+1}, \cdots, x_n$ の係数は 0 となるので，$(2,1)$ ブロックは零行列になる．逆に，$(2,1)$ ブロックが零行列ならば，$i = 1, \cdots, k$ について $Mx_i \in \mathrm{span}\{x_1, \cdots, x_k\} = S$ である．任意の $x \in S$ は $\{x_1, \cdots, x_k\}$ の一次結合であり，M は線形変換だから $Mx \in S$ を得

線形変換が行列 $A \in \mathbb{F}^{n \times n}$ で与えられているときには，**定理 4.8** は，A 不変な部分空間 $S \in \mathbb{F}^n$ の基底 $\{x_1, \cdots, x_k\}$ を含むように正則行列 $T = [\, x_1 \ \cdots \ x_n \,] \in \mathbb{F}^{n \times n}$ を構成して相似変換をすれば

$$T^{-1}AT = \begin{bmatrix} A_{11} & A_{12} \\ O & A_{22} \end{bmatrix}$$

とブロック上三角行列になることを述べている．ここで，$T_1 = [\, x_1 \ \cdots \ x_k \,] \in \mathbb{F}^{n \times k}$ と S の基底を並べた行列を用いると

$$AT_1 = T_1 A_{11} \tag{4.2}$$

であることにも注意する．

例題 4.6 行列

$$A = \begin{bmatrix} 1 & 2 & 1 \\ -1 & -2 & 2 \\ -2 & 2 & 1 \end{bmatrix}$$

および多項式 $P(s) = s^2 - 3s + 6$ とするとき，$\ker P(A)$ を求めよ．さらに，$\ker P(A)$ の基底を求めてブロック上三角行列に相似変換してみよ．

【解答】 計算により

$$P(A) = \begin{bmatrix} 0 & -6 & 3 \\ 0 & 18 & -9 \\ 0 & -12 & 6 \end{bmatrix}$$

であり，$x_1 = [\, 1 \ 0 \ 0 \,]^{\mathrm{T}}$, $x_2 = [\, 0 \ 1 \ 2 \,]^{\mathrm{T}}$ とすれば $\{x_1, x_2\}$ は $\ker P(A)$ の基底である．ここで，$Ax_1 = x_1 - x_2$, $Ax_2 = 4x_1 + 2x_2$ であり，実際に $\ker P(A)$ が A 不変部分空間になっていることを確かめることができる．$x_3 = [\, 1 \ 1 \ 1 \,]^{\mathrm{T}}$ とおいて $\{x_1, x_2, x_3\}$ が $\mathbb{R}^3$ の基底になるように選び，$T = [\, x_1 \ x_2 \ x_3 \,]$ とおく．このとき

$$T^{-1}AT = \begin{bmatrix} 1 & 4 & 7 \\ -1 & 2 & 2 \\ 0 & 0 & -3 \end{bmatrix}$$

と T を用いた相似変換によってブロック上三角行列になる。　　　　◇

4.4　像と零空間を用いた線形写像の分解

像と零空間の考え方を用いると，任意の線形写像は全射と単射の合成写像として表されることがわかる。これを行列に適用して，最大階数分解を得る。

4.4.1　線形写像の分解

線形写像は，定義域の 2 要素の差が零空間に含まれるならば，それら 2 要素を同一の点に写像する。したがって，零空間に含まれる要素の差は，その線形写像の作用を考えるにあたっては意味がない。ここから，以下のような線形写像の分解が可能になる。

【定理 4.9】　線形空間 X から Y への線形写像 M が与えられたとき，X から $X/\ker M$ への全射である線形写像 π と $X/\ker M$ から Y への単射の線形写像 $\tilde{M}$ があって，$M = \tilde{M}\pi$ となる。

証明　$\pi x = [x]$ および $\tilde{M}[x] = Mx$ とおくと，これらは線形写像となることから示す。ただし，$[x] \in X/\ker M$ は，部分空間 $\ker M$ による商空間（2.4.3 項）の元である。まず，$\pi(\alpha_1 x_1 + \alpha_2 x_2) = [\alpha_1 x_1 + \alpha_2 x_2] = [\alpha_1 x_1] + [\alpha_2 x_2] = \alpha_1 [x_1] + \alpha_2 [x_2] = \alpha_1 \pi x_1 + \alpha_2 \pi x_2$ である。また，$x_1 - x_2 \in \ker M$ であれば $Mx_1 = Mx_2$ であるので，代表元の選び方に関係なく $\tilde{M}[x]$ を定義することができる。等式 $\tilde{M}(\alpha_1 [x_1] + \alpha_2 [x_2]) = \tilde{M}([\alpha_1 x_1 + \alpha_2 x_2]) = M(\alpha_1 x_1 + \alpha_2 x_2) = \alpha_1 Mx_1 + \alpha_2 Mx_2 = \alpha_1 \tilde{M}[x_1] + \alpha_2 \tilde{M}[x_2]$ によって，$\tilde{M}$ は線形であることがわかる。$[x] \in X/\ker M$ を任意にとると $\pi x = [x]$ だから，π は全射である。一方，$\tilde{M}[x_1] = \tilde{M}[x_2]$ とすると，$x_1 - x_2 \in \ker M$ より $[x_1] = [x_2]$ となるが，これは $\tilde{M}$ が単射であることをいっている。　　　　△

図 4.2 に定理 4.9 の説明を与える。線形写像 M に関する限りは，X において $\ker M$ の差は無視してもよい ($x_1 - x_2 \in \ker M$ ならば $Mx_1 = Mx_2$)。そこで，いったん $\ker M$ の差を無視した商空間 $X/\ker M$ へ π を用いて写像する。商空間 $X/\ker M$ を考えると，π によって，$\ker M$ は零部分空間 (0) に写っている。すると，$\tilde{M}$ によって，Y の 0 に写される $X/\ker M$ の要素は 0 のみになる。

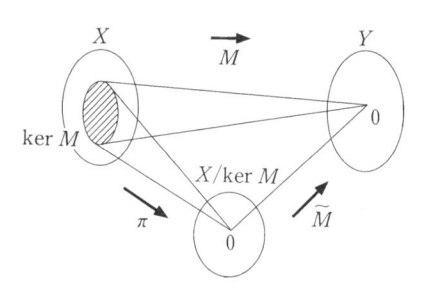

図 4.2 定理 4.9 の説明

4.4.2 最大階数分解への適用

定理 4.9 を具体的に行列 A による線形写像に当てはめると，**最大階数分解** (maximal rank decomposition) を得ることができる。

【定理 4.10】 行列 $A \in \mathbb{F}^{m \times n}$ を考え，$\operatorname{rank} A = r$ であるとする。このとき，最大行階数の行列 $B \in \mathbb{F}^{r \times n}$ と最大列階数の行列 $C \in \mathbb{F}^{m \times r}$ があって，$A = CB$ となる。

|証明| **定理 4.2** より $\dim \ker A = n - r$ なので，**定理 2.10** より $\dim \mathbb{F}^n/\ker A = r$ である。一方，**定理 4.9** によって，全射 $\pi : \mathbb{F}^n \to \mathbb{F}^n/\ker A$ と単射 $\tilde{M} : \mathbb{F}^n/\ker A \to \mathbb{F}^m$ があって，線形写像 A は $\tilde{M}\pi$ に等しい。ここで，$\mathbb{F}^n/\ker A$ に適当な基底をとって π の行列表現を B，$\tilde{M}$ の行列表現を C とすれば，**定理 4.4** より B は最大行階数，C は最大列階数であって，$A = CB$ が成り立つ。△

定理 4.2 より，$A = CB$ となる $B \in \mathbb{F}^{\ell \times n}$ と $C \in \mathbb{F}^{m \times \ell}$ があれば $\operatorname{rank} A \leq \ell$

となる．したがって，$\operatorname{rank} A = r$ ならば，行列 B の列数と C の列数は**定理 4.10** で与える数が最小となる．また，$\mathbb{F}^n / \ker A$ の基底の選び方は任意であるので，最大階数分解は一意ではないことに注意する．

例題 4.7 例題 4.1 の行列 $A \in \mathbb{R}^{3 \times 4}$ の最大階数分解を求めよ．

【解答】 例題 4.1 の解答と同じように，行列 T と $\mathbb{R}^4$ の単位ベクトル e'_i (ただし $i = 1, \cdots, 4$)，を定める．同じく，**例題 4.1** の解答より $\ker A = \operatorname{span}\{Te'_3, Te'_4\}$ なので，$\operatorname{span}\{e'_1, e'_2, Te'_3, Te'_4\} = \mathbb{R}^4$ より，$\{[e'_1], [e'_2]\}$ は $\mathbb{R}^4 / \ker A$ の基底である．ここで，$e'_3 = -4e'_1 + e'_2 + 2Te'_3 + 4Te'_4$, $e'_4 = e'_1 - 2Te'_4$ であるから，$[e'_3] = -4[e'_1] + [e'_2]$, $[e'_4] = [e'_1]$ を得る．ゆえに

$$C = \begin{bmatrix} 1 & 4 \\ 0 & -2 \\ 1 & 2 \end{bmatrix}, \quad B = \begin{bmatrix} 1 & 0 & -4 & 1 \\ 0 & 1 & 1 & 0 \end{bmatrix}$$

として，$A = CB$ である． $\diamondsuit$

☕ コーヒーブレイク

定理 4.9 は一見抽象的に見えるが，システム制御理論でなじみの深い結果と密接な関係がある．厳密にプロパーな離散時間伝達関数を（必ずしも最小次元ではない）状態空間表現で $H(z) = C(zI - A)^{-1} B$ と書く．入力を $t = -N, -N+1, \cdots, -1$ でのみ値をもつ信号（N は信号に依存してもよい）の空間にとり，時刻 $t = 0, 1, 2, \cdots$ の出力信号を考える．この入力から出力の線形写像を M とする．ところで，M は離散時間線形システムを $t < 0$ の入力で状態を動かし，$t \geqq 0$ では初期状態からの零入力応答を見ている写像とみなせる．式で書くと，$Fu = \sum_{t=-\infty}^{-1} A^{-t-1} Bu(t)$, $(Gx)(t) = CA^{t-1}x$ として $M = GF$ と分解できる（厳密性の好きな人は F の定義の $t = -\infty$ に疑問をもつかもしれないが，入力は $t < -N$ では 0 なのでじつは有限和になっている）．ところで，一般には F は全射ではなく，G は単射ではないので**定理 4.9** の分解にはなっていない．**定理 4.9** から，F' を全射，G' を単射として $M = G'F'$ という分解がある．しかし，システム制御理論では，この分解は最小実現を求めればよいことがわかっている．全射ということは，どの状態へも入力によって動かせること（可制御）であるし，単射ということは，ずっと 0 のままの出力は 0 状態しかないということ

(可観測) である。さらに，入力空間の $\ker M$ による商空間を最小実現の状態空間としてとることもできる。これら可制御性や可観測性，実現理論の詳細な議論は，文献 1), 9), 13), 15), 20), 22) などを参照されたい。

********** 演 習 問 題 **********

【1】 n 次元線形空間 X から m 次元線形空間 Y への線形写像 M を考える。ただし $\mathrm{rank}\, M = r$ とする。$\ker M$ の基底 $\{x_{r+1}, \cdots, x_n\}$ を含んだ X の基底 $\{x_1, \cdots, x_n\}$ を選び，$i = 1, \cdots, r$ について $y_i = Mx_i$ とおく。Y の基底を $\{y_1, \cdots, y_r\}$ を含んで $\{y_1, \cdots, y_m\}$ と選ぶ。このとき，M のこれらの基底に関する行列表示は

$$\begin{bmatrix} I_r & O_{r \times (n-r)} \\ O_{(m-r) \times r} & O_{(m-r) \times (n-r)} \end{bmatrix} \tag{4.3}$$

となることを示せ。

【2】 ブロック上三角行列

$$A = \begin{bmatrix} A_{11} & A_{12} \\ O & A_{22} \end{bmatrix}$$

を考える。ただし，ブロックの大きさは $A \in \mathbb{F}^{m \times n}$ として，$i = 1, 2$ について $A_{ii} \in \mathbb{F}^{m_i \times n_i}$ とする。ただし $n_1 + n_2 = n$, $m_1 + m_2 = m$ である。このとき，$\mathrm{rank}\, A \geq \mathrm{rank}\, A_{11} + \mathrm{rank}\, A_{22}$ であることを示せ。ここで，等式が必ずしも成り立たないことを例を用いて示せ。しかしながら，$A_{12} = O$ であれば $\mathrm{rank}\, A = \mathrm{rank}\, A_{11} + \mathrm{rank}\, A_{22}$ であることを示せ。

【3】 行列 $A \in \mathbb{F}^{m \times \ell}$ を任意に与えるとき，正数 n を適当に選べば，$\mathrm{rank}\, A + \mathrm{rank}\, B_1 - \ell = \mathrm{rank}\, AB_1$ および $\mathrm{rank}\, AB_2 = \min\{\mathrm{rank}\, A, \mathrm{rank}\, B_2\}$ を満たす行列 $B_1, B_2 \in \mathbb{F}^{\ell \times n}$ があることを示せ。つまり，**定理 4.5** のシルベスターの不等式は，この意味でこれ以上改善できない。

【4】 行列 $A \in \mathbb{F}^{m \times \ell}$, $B \in \mathbb{F}^{\ell \times n}$ を考える。このとき以下の関係を証明せよ。

 (a) $\mathrm{ran}\, AB \subset \mathrm{ran}\, A$.

 (b) B が行最大階数であれば $\mathrm{ran}\, AB = \mathrm{ran}\, A$ である。

 (c) $\ker AB \supset \ker B$.

(d) A が列最大階数であれば $\ker AB = \ker B$ である。

【5】 行列 $A \in \mathbb{F}^{m \times \ell}$, $B \in \mathbb{F}^{\ell \times n}$ を考える。B が行最大階数であれば $\operatorname{rank} AB = \operatorname{rank} A$ である。B が列最大階数であるときに $\operatorname{rank} AB < \operatorname{rank} A$ となる例を示せ。

【6】 行列 $A \in \mathbb{F}^{m \times n}$, $B \in \mathbb{F}^{m \times n}$ を考える。以下の関係を証明せよ。

(a) $\operatorname{ran}(A+B) \subset \operatorname{ran} A + \operatorname{ran} B$.

(b) $\ker(A+B) \supset \ker A \cap \ker B$.

【7】 行列 $A \in \mathbb{F}^{m \times n}$, $D \in \mathbb{F}^{\ell \times m}$, $b \in \mathbb{F}^m$ として，連立一次方程式 $Ax = b$ と $DAx = Db$ を考える。これらの方程式の解の包含関係を考えよ。D が列最大階数であればどうか。D が行最大階数のときはどうか。

【8】 行列 $A \in \mathbb{C}^{n \times n}$ とベクトル $b \in \mathbb{C}^n$, $c \in \mathbb{C}^{1 \times n}$ を与える。このとき，部分空間 $\operatorname{span}\{b, Ab, \cdots, A^{n-1}b\}$ および $\cap_{k=0}^{n-1} \ker(cA^k)$ は A 不変空間であることを示せ（ヒント：A^n は A^k ($k = 0, \cdots, n-1$) の一次結合で表されることを用いよ。このことはのちに**定理 6.3** で示すことになる）。

5 固 有 値 I

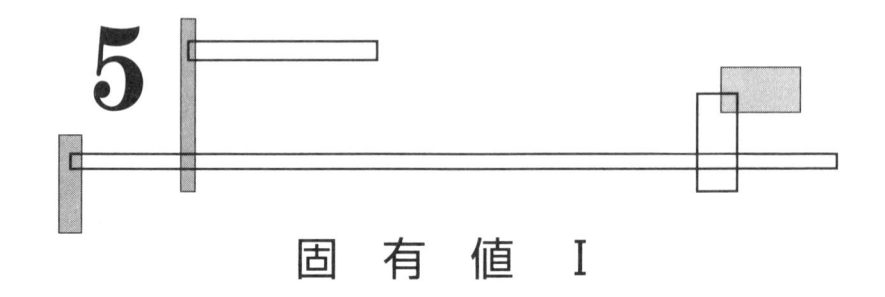

線形変換を解析しようとするときに，固有値の果たす役割は大きい。制御理論では，固有値や固有ベクトルは，線形システムの動的振る舞いを理解するうえで基本的な道具になっている。固有値をもち込むことによって，線形変換は，より構造の簡単な変換の集まりとみなすことができる。固有値が相異なる場合には，基底として固有ベクトルを用いた行列表示は，対角行列になる。

5.1 固有値と固有ベクトル

線形変換が与えられたときに，その線形変換の作用を受けるとスカラー倍されるだけの要素がある。そのようなスカラー値を固有値，その要素を固有ベクトルという。行列の固有値は，特性方程式の根である。

5.1.1 固有値と特性方程式

複素線形空間 X の線形変換 $M \in L(X)$ を考える。スカラー $\lambda \in \mathbb{C}$ と $x \in X$ ($x \neq 0$) が $Mx = \lambda x$ を満たすとき，λ を線形変換 M の**固有値** (eigenvalue)，x を**固有ベクトル** (eigenvector) という。

線形空間 X が有限次元 ($\dim X = n$) であるとき，基底 $\{x_1, \cdots, x_n\}$ を考えたときの作用素 M の行列表示を $A \in \mathbb{C}^{n \times n}$ とする (3.3 節 参照)。固有値 $\lambda \in \mathbb{C}$ に関する固有ベクトル x について，$x = \xi_1 x_1 + \cdots + \xi_n x_n$ と基底を用

いて表し，ベクトル $\xi = [\,\xi_1 \;\cdots\; \xi_n\,]^{\mathrm{T}} \in \mathbb{C}^n$ を考えると $A\xi = \lambda\xi$ である（このことを確かめよ）．行列 A は $\mathbb{C}^n$ の線形変換であるので，その線形変換として λ は固有値，ξ は固有ベクトルになる．これを簡単に λ は行列 A の固有値，ξ はそれに対する固有ベクトルであるという．基底の選び方には任意性があるが，結局**定理 5.4** で明らかになるように，どのような基底を選ぼうとも行列表示したときの固有値は線形変換によって決まっている．したがって，これ以降，すでに線形変換が行列表示されていると考えて行列の固有値を考えることにする．

つぎの定理は行列 $A \in \mathbb{C}^{n \times n}$ の固有値を特徴づける．

【定理 5.1】 行列 $A \in \mathbb{C}^{n \times n}$ ならびにスカラー $\lambda \in \mathbb{C}$ に関して，以下の条件はたがいに等価である．

(a) λ は A の固有値である．

(b) $\ker(\lambda I - A) \neq (0)$．

(c) $\operatorname{ran}(\lambda I - A) \neq \mathbb{C}^n$．

(d) $\det(\lambda I - A) = 0$．

|証明| (a) $\Leftrightarrow$ (b)　　λ が固有値ならば，$Ax = \lambda x$ となる $x \neq 0$ があるが，$x \in \ker(\lambda I - A)$ より (b) が成立する．逆に，(b) が成り立てば，$0 \neq x \in \ker(\lambda I - A)$ は A の固有ベクトルである．

(b) $\Leftrightarrow$ (c)　　つぎに，(b) が成り立てば，**定理 4.2** により $\operatorname{rank}(\lambda I - A) < n$ であり，したがって (c) が成立する．逆も同じく**定理 4.2** より導かれる．

(c) $\Leftrightarrow$ (d)　　**定理 4.3** よりこの等価性が成立する．　　　　△

ここで，$\det(sI - A)$ は s に関する n 次の多項式になる（**定理 5.2**）．行列 A に対する多項式 $\det(sI - A)$ を行列 A の**特性多項式** (characteristic polynomial) という．**定理 5.1** により，固有値 λ は特性方程式 $\det(sI - A) = 0$ の根として与えられることがわかる．また，$\ker(\lambda I - A)$ の元が固有ベクトルになることもわかる．そこで，$\ker(\lambda I - A)$ を固有値 λ に関する A の**固有空間** (eigenspace) という．

本章では，体を複素数に限定している．固有値の議論は，任意の体について可能である．しかし，例えば実数を考えると，実数係数多項式の根は，実数ばかりではなく複素数もとることに注意する．したがって，実数行列 $A \in \mathbb{R}^{n \times n}$ の固有値は，実数の範囲で留めるよりも複素数を含めて考えるほうが都合がよい．実際システム制御理論では，実数でない固有値も重要な役割を果たしている．このとき，λ が実数でない固有値，x をその固有ベクトルとすれば，$\bar{\lambda}$ も固有値で $\bar{x}$ がその固有ベクトルになっている（演習問題【2】）．

例題 5.1 行列
$$A = \begin{bmatrix} 2 & 5 \\ 3 & 4 \end{bmatrix}$$
について，特性多項式を計算して固有値を求めたのち，その固有値について，**定理 5.1** (b) および (c) が成り立つことを確認せよ．

【解答】 特性多項式は $s^2 - 6s - 7 = (s+1)(s-7)$ である．したがって固有値は $-1, 7$ である．ここで，$x_1 = [\,-5\ \ 3\,]^\mathrm{T}$ および $x_2 = [\,1\ \ 1\,]^\mathrm{T}$ とすれば，$\ker(-I - A) = \mathrm{span}\,\{x_1\} \neq (0)$ および $\ker(7I - A) = \mathrm{span}\,\{x_2\} \neq (0)$ であるので，(b) が成り立つ．つぎに，$\mathrm{ran}\,(-I - A) = \mathrm{span}\,\{x_2\} \neq \mathbb{C}^2$ および $\mathrm{ran}\,(7I - A) = \mathrm{span}\,\{x_1\} \neq \mathbb{C}^2$ であるので，(c) が成り立つ． ◇

最高次数の係数が 1 である多項式を，**モニック多項式** (monic polynomial) という．

【**定理 5.2**】 行列 $A \in \mathbb{C}^{n \times n}$（または $A \in \mathbb{R}^{n \times n}$）の特性多項式は，$s$ の n 次複素係数（または実係数）モニック多項式である．また，A の n 個の固有値（重複を許して数える）を $\lambda_1, \cdots, \lambda_n$ とするとき
$$\sum_{i=1}^{n} \lambda_i = \mathrm{tr}\, A, \quad \prod_{i=1}^{n} \lambda_i = \det A$$
が成り立つ．

5.1 固有値と固有ベクトル

証明 変数 s を含む行列 $sI - A = (b_{ij}(s))$ を考える。ここで，(i,j) 成分 $b_{ij}(s)$ は，$i = j$ ならば $b_{ii}(s) = s - a_{ii}$，$i \neq j$ ならば $b_{ij}(s) = -a_{ij}$ である。行列式の定義式 (1.1) より，$\det(sI - A)$ は多項式 $b_{ij}(s)$ の積および和である。したがって，$\det(sI - A)$ は多項式であり，その係数は複素数（A が実行列のときは実数）である。ここで，置換 $p \in \mathcal{P}(n)$ を固定して項 $\prod_{i=1}^{n} b_{ip(i)}(s)$ を考えると，これはたかだか一次の多項式の n 個の積であるからたかだか n 次である。n 次となるのは $p = (1, 2, \cdots, n)$ である恒等置換であるときで，かつそのときに限る。恒等置換にしたときの項は $\prod_{i=1}^{n}(s - a_{ii})$ なので，n 次の係数は 1 になる。恒等置換以外を選ぶと，必ず s のべきを 2 以上失うので，s の $n-1$ 次の項もまた恒等置換に選んだときのみに得られる。その係数を計算すると，$\sum_{i=1}^{n}(-a_{ii}) = -\operatorname{tr} A$ である。根と係数の関係より，$\sum_{i=1}^{n} \lambda_i = \operatorname{tr} A$ である。定数項は，$\det(sI - A)$ に $s = 0$ を代入して $\det(-A) = (-1)^n \det A$ である。再び根と係数の関係より，$\prod_{i=1}^{n} \lambda_i = \det A$ である。 △

行列 A がブロック上三角行列であるときには，つぎのように次数の小さな行列の固有値を求める問題を解くことによって，固有値計算ができる。

【定理 5.3】 ブロック上三角行列 $A \in \mathbb{C}^{n \times n}$ を

$$A = \begin{bmatrix} A_{11} & A_{12} \\ O_{(n-m) \times m} & A_{22} \end{bmatrix}$$

とする。ただし，$A_{11} \in \mathbb{C}^{m \times m}$, $A_{12} \in \mathbb{C}^{m \times (n-m)}$, $A_{22} \in \mathbb{C}^{(n-m) \times (n-m)}$ である。このとき，A の固有値の集合は，A_{11} と A_{22} のそれぞれの固有値の集合の和集合になる。

証明 定理 1.3 を用いて特性多項式は

$$\det(sI - A) = \det \begin{bmatrix} sI - A_{11} & -A_{12} \\ O & sI - A_{22} \end{bmatrix}$$
$$= \det(sI - A_{11}) \det(sI - A_{22})$$

である。ここで**定理 5.1** を適用すると，A の固有値は，A_{11} か A_{22} のいずれかの固有値であることがわかる。逆に，A_{11} または A_{22} の固有値が A の固有値であることも，**定理 5.1** よりわかる。 △

5.1.2 行列の固有値のもついくつかの性質

固有値は,行列の相似変換や転置に関して変化しない.

【定理 5.4】 行列 $A \in \mathbb{C}^{n \times n}$ について以下が成り立つ.

(a) 正則行列 $T \in \mathbb{C}^{n \times n}$ を与えるとき,相似変換した TAT^{-1} の固有値は,A の固有値に等しい.

(b) 転置行列 A^T の固有値は,A の固有値に等しい.

証明 特性多項式を計算すると,**定理 1.5** を用いて

$$\det\left(sI - TAT^{-1}\right) = \det\left\{T\left(sI - A\right)T^{-1}\right\}$$
$$= \det T \det T^{-1} \det\left(sI - A\right) = \det\left(sI - A\right)$$

である.すると,**定理 5.1** より (a) を得る.つぎに,**定理 1.2** を用いて

$$\det\left(sI - A^\mathrm{T}\right) = \det\left(sI - A\right)^\mathrm{T} = \det\left(sI - A\right)$$

なので,**定理 5.1** を適用して (b) を得る.   △

定理 5.4 より,有限次元線形空間 X の上の線形写像 M の行列表示は,X の基底の選び方とは関係なく,同じ特性多項式ならびに固有値をもつことがわかる.また,**定理 5.4** で,複素行列に関しても(共役転置ではなく)転置行列をとっていることに注意してほしい.

多項式 $P(s)$ に関して,正方行列 $P(A)$ を考える.このとき $P(A)$ の固有値や固有ベクトルは,行列 A の固有値や固有ベクトルとどのような関係にあるだろうか.

【定理 5.5】 行列 $A \in \mathbb{C}^{n \times n}$ と複素係数の多項式 $P(s)$ を考える.行列 A は,固有値 λ と固有ベクトル $x \in \mathbb{C}^n$ をもつとする.このとき,行列 $P(A) \in \mathbb{C}^{n \times n}$ は固有値 $P(\lambda)$ と固有ベクトル x をもつ.

5.1　固有値と固有ベクトル　69

証明　$P(s) = p_0 s^m + p_1 s^{m-1} + \cdots + p_{m-1} s + p_m$ とおく。代入により

$$P(A)x = \left(p_0 A^m + p_1 A^{m-1} + \cdots + p_{m-1} A + p_m I\right) x$$
$$= p_0 \lambda^m x + p_1 \lambda^{m-1} x + \cdots + p_{m-1} \lambda x + p_m x = P(\lambda) x$$

を満たすので，定理が成り立つ。　　　　　　　　　　　　　　　　△

これは，**スペクトル写像定理** (spectral mapping theorem) と呼ばれる中で，最も基礎的な形である。また**フロベニウスの定理** (Frobenius theorem) とも呼ばれている。スペクトルは，無限次元空間の上の作用素について，固有値を含むより一般化された概念である。詳しくは「システム制御のための数学 (2)–関数解析編」を参照されたい。

例題 5.2　行列

$$A = \begin{bmatrix} 1.5 & 0 & -0.5 \\ 0.5 & 1 & -0.5 \\ 0.5 & -1 & 1.5 \end{bmatrix}$$

および多項式 $P(s) = s^3 - 3s$ を考える。A および $P(A)$ の固有値，ならびにそれらの固有ベクトルを求めよ。

【解答】　実際に計算すれば

$$P(A) = A^3 - 3A = \begin{bmatrix} -2 & 2 & -2 \\ 0 & 0 & -2 \\ 0 & -2 & 0 \end{bmatrix}$$

である。特性多項式は $\det(sI - A) = s^3 - 4s^2 + 5s - 2$，$\det(sI - P(A)) = s^3 + 2s^2 - 4s - 8$ なので，A の固有値は $1, 2$ であり（1 は特性方程式の重複した根である），$P(A)$ の固有値は $-2, 2$ である（-2 は特性方程式の重複した根である）。ここで

$$x_1 = \begin{bmatrix} 1 \\ 1 \\ 1 \end{bmatrix}, \quad x_2 = \begin{bmatrix} 1 \\ 1 \\ -1 \end{bmatrix}, \quad x_3 = \begin{bmatrix} 0 \\ 1 \\ 1 \end{bmatrix}$$

とおく。計算により $\dim \ker(I - A) = 1$，$\dim \ker(2I - A) = 1$ であり $\ker(I - A) = \mathrm{span}\{x_1\}$，$\ker(2I - A) = \mathrm{span}\{x_2\}$ である。また，$\dim \ker(-2I - P(A)) = 2$，

$\dim \ker(2I - P(A)) = 1$ であり,$\ker(-2I - P(A)) = \operatorname{span}\{x_1, x_3\}$,$\ker(2I - P(A)) = \operatorname{span}\{x_2\}$ である。したがって,A の固有値 1 の固有ベクトル x_1 は,$P(A)$ の固有値 $P(1) = -2$ の固有ベクトルであり,A の固有値 2 の固有ベクトル x_2 は,$P(A)$ の固有値 $P(2) = 2$ の固有ベクトルとなっている。 ◇

例題 5.2 が示すように,A の固有値を λ としたときに,$P(\lambda)$ は $P(A)$ の固有値になるが,それに対する $P(A)$ の固有ベクトルは必ずしも A の固有ベクトルではないことに注意したい (**例題 5.2** の x_3 を考えよ)。この詳細な理由は,6.2.2 項のジョルダン標準形を用いて説明することができる。

5.2 固有ベクトルを用いた行列の対角化

一次独立な固有ベクトルが行列の次数に等しい数だけあれば,その行列は相似変換によって対角行列になる。固有値が相異なる行列は,そのような性質をもっている。本節ではこれらのことを示すことにする。

行列 $D \in \mathbb{C}^{n \times n}$ (または $\mathbb{R}^{n \times n}$) の非対角成分 ($i \neq j$ について (i, j) 成分) がすべて 0 であるとき,D は**対角行列** (diagonal matrix) であるという。その対角成分である (i, i) 成分を d_i とするとき,$D = \operatorname{diag}\{d_1, \cdots, d_n\}$ と書く。

対角行列 $D = \operatorname{diag}\{d_1, \cdots, d_n\}$ を $\mathbb{C}^n$ の上の線形変換として考えるならば,それぞれの単位ベクトル e_i を d_i 倍に引き伸ばす変換であることがわかる (ただし,d_i は一般には複素数であるので,引き伸ばすという言葉はあくまで正の実数との類推で用いているだけである)。したがって,行列が相似変換によって対角化されることは,$\mathbb{C}^n$ の適当な基底を選ぶとき,行列による線形変換が基底の要素をそれぞれスカラー倍することになっていることと等しい。つまり,線形変換が (スカラー倍するという) 1 次元部分空間の線形変換の寄せ集めになるという構造が解明されることになる。この事情をつぎの例題で確かめる。

例題 5.3 行列

$$A = \begin{bmatrix} 7 & -3 & 1 \\ 5 & -1 & 1 \\ -5 & 3 & 1 \end{bmatrix}$$

を考える。A を $\mathbb{C}^3$ の線形変換と考え，$\mathbb{C}^3$ の基底 $\{x_1, x_2, x_3\}$ を

$$x_1 = \begin{bmatrix} 1 \\ 2 \\ 1 \end{bmatrix}, \quad x_2 = \begin{bmatrix} 2 \\ 3 \\ -1 \end{bmatrix}, \quad x_3 = \begin{bmatrix} -1 \\ -1 \\ 1 \end{bmatrix}$$

と与えるとき，この基底に関する行列表示を求めよ。

【解答】 $Ax_1 = 2x_1$, $Ax_2 = 2x_2$, $Ax_3 = 3x_3$ であるので，$T = [\, x_1 \ x_2 \ x_3 \,]$ とすると $T^{-1}AT = \mathrm{diag}\,\{2, 2, 3\}$ を得る。 ◇

例題 5.4 行列

$$A = \begin{bmatrix} 0 & 1 \\ 0 & 0 \end{bmatrix}$$

は，どのような相似変換によっても対角化できないことを示せ。

【解答】 正則行列 T によって $AT = TD$, $D = \mathrm{diag}\,\{d_1, d_2\}$ と書けたとする。$T = (t_{ij})$ とおけば，$i = 1, 2$ について $t_{2i} = d_i t_{1i}$ および $0 = d_i t_{2i}$ である。もし $d_i \neq 0$ とすれば，$t_{2i} = 0$ および $t_{1i} = 0$ を得るが，これは T が正則であることに反する。したがって，$d_1 = d_2 = 0$ となるが，これより $t_{21} = t_{22} = 0$ となり T の正則性に反する。つまり，A は相似変換によって対角化できない。 ◇

例題 5.4 は，行列は必ずしも相似変換によって対角化されるとは限らないことを示している。そこで，対角化できる行列はどのような特徴をもつかが問題となる。対角化できるための一つの十分条件として，固有値が相異なることが

挙げられる（**定理 5.7**）．つぎの定理は，それを示すための準備である．

【**定理 5.6**】 行列 $A \in \mathbb{C}^{n \times n}$ の相異なる固有値 $\lambda_1, \lambda_2, \cdots, \lambda_k$ に対する固有ベクトルの集合を $\{x_1, x_2, \cdots, x_k\}$ とすれば，それは一次独立である．

証明 一次結合を
$$\alpha_1 x_1 + \alpha_2 x_2 + \cdots + \alpha_k x_k = 0$$
とおく．ここで $i = 1, \cdots, k$ について
$$P_i(s) = (s - \lambda_1) \cdots (s - \lambda_{i-1})(s - \lambda_{i+1}) \cdots (s - \lambda_k)$$
と多項式 $P_i(s)$ を定義する．まず，$j = 1, \cdots, k$ として $(A - \lambda_i I)x_j = (\lambda_j - \lambda_i)x_j$ に注意する．特に，$j \neq i$ ならば $P_i(A)x_j = 0$ である．ゆえに
$$\begin{aligned}0 &= P_i(A)(\alpha_1 x_1 + \alpha_2 x_2 + \cdots + \alpha_k x_k) \\ &= \alpha_i (\lambda_i - \lambda_1) \cdots (\lambda_i - \lambda_{i-1})(\lambda_i - \lambda_{i+1}) \cdots (\lambda_i - \lambda_k)\end{aligned}$$
となり，固有値が相異なることより $\alpha_i = 0$ である．したがって，$\{x_1, x_2, \cdots, x_k\}$ は一次独立である． △

【**定理 5.7**】 行列 $A \in \mathbb{C}^{n \times n}$ が n 個の相異なる固有値をもてば，相似変換により対角化することができる．

証明 定理 5.6 より，A は n 個の一次独立な固有ベクトルをもつが，それらを並べた行列を T として，$AT = T \operatorname{diag}\{\lambda_1, \cdots, \lambda_n\}$ となる．T の列は一次独立であるので，T は正則である． △

行列 $A \in \mathbb{R}^{n \times n}$ が n 個の実数の相異なる固有値のみをもつ場合，**定理 5.7** の相似変換は，実数の正則行列として与えることができる．これは，行列 A の固有ベクトルを実数ベクトルとして与えることができるからである．

例題 5.5 例題 5.1 の行列 A を相似変換によって対角化せよ．

【**解答**】 定理 5.7 より固有ベクトルを計算すればよい．すでに**例題 5.1** で与えた

ように，固有値 -1 の固有ベクトルは $x_1 = [\,-5\ \ 3\,]^{\mathrm{T}}$ であり，固有値 7 の固有ベクトルは $x_2 = [\,1\ \ 1\,]^{\mathrm{T}}$ である．$T = [\,x_1\ \ x_2\,]$ とすれば，$T^{-1}AT = \mathrm{diag}\,\{-1, 7\}$ である． $\diamondsuit$

対角化と線形変換の関係を図 **5.1** で示す．行列 $A \in \mathbb{R}^{2 \times 2}$ による線形変換を考え，固有値が相異なる二つの実数値 λ_1, λ_2 であるとする．このとき，ベクトル x を A のそれぞれの固有空間の方向に分解して $x = x_1 + x_2$ とする．固有空間の上では，A を掛けることは固有値を掛けることに等しいので $Ax_1 = \lambda_1 x_1$，$Ax_2 = \lambda_2 x_2$ は固有空間の中に留まる．すると，$Ax = Ax_1 + Ax_2$ はそれらの和である．

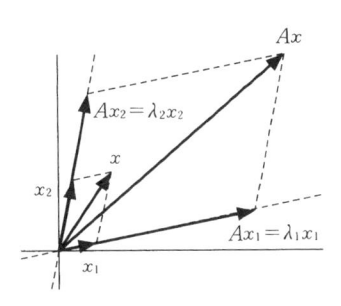

図 **5.1** 対角化された線形変換

5.3 不変部分空間と固有値

4.3 節で述べた不変部分空間と固有値の関係を調べてみる．有限次元線形空間 X の線形変換 M を与え，それが不変部分空間 $S \subset X$ をもつとする．これに対して，$M_1 : S \to S$ を $M_1 x = Mx$ で定義する．これを M の不変部分空間 S への**制限** (restriction of an operator) という．作用素の制限 M_1 は S の線形変換になる．したがって，M_1 の固有値を考えることができる．

【定理 5.8】 有限次元線形空間 X の上の線形変換 M の不変部分空間 $S \subset X$ を考えて，M_1 を M の S への制限とする．**定理 5.3** のように，S の基底を $\{x_1, \cdots, x_k\}$，X の基底をこれらを含んで $\{x_1, \cdots, x_n\}$ $(k \leq n)$ と選び，そのときの M の行列表示を

$$A = \begin{bmatrix} A_{11} & A_{12} \\ O & A_{22} \end{bmatrix}$$

とする．このとき，M_1 の固有値は A_{11} の固有値に一致する．

証明 定理 3.5 より，$A = (a_{ij})$ として $M_1 x_i = M x_i = a_{1j} x_1 + \cdots + a_{kj} x_k$ である．すると，再び**定理 3.5** を適用すれば，M_1 の基底 $\{x_1, \cdots, x_k\}$ に関する行列表示が A_{11} であることがわかる． △

定理 5.3 を適用すれば，線形変換 M の不変部分空間への制限 M_1 の固有値は，M の固有値の一部になっていることがわかる．

固有ベクトルの張る空間は不変部分空間である．5.2 節の結果をさらに不変部分空間の詳細な構造にまで立ち入ってみると，6 章でのジョルダン標準形という考えに至る．

──── コーヒーブレイク ────

不変部分空間とシステム制御理論のかかわりは大きい．固有ベクトルが張る空間は不変部分空間になるが，それ以外にも 4 章の演習問題【8】で見たように，可制御性や可観測性と結び付いた部分空間も不変空間になっている．このことを用いて，可制御部分や可観測部分に線形システムの状態空間を分ける正準構造分解が得られている．基本的な線形システムの教科書（例えば文献 13),22)）を参照されたい．

********** 演 習 問 題 **********

【1】 行列 $A \in \mathbb{C}^{m \times n}$, $B \in \mathbb{C}^{n \times m}$ を考える．このとき，AB と BA の零でない

固有値は一致することを示せ。

【2】 実行列 $A \in \mathbb{R}^{n \times n}$ が実数でない λ を固有値としてもつとき,以下のことを示せ。

(a) $\overline{\lambda}$ もまた固有値である。

(b) 固有値 λ に関する固有ベクトルを $x \in \mathbb{C}^n$ とすれば,$\overline{x}$ は固有値 $\overline{\lambda}$ に関する固有ベクトルである。

(c) (b) の固有ベクトルを $x = y + jz$ $(y, z \in \mathbb{R}^n)$ および $\lambda = \sigma + j\omega$ のように,それぞれ実部と虚部に分けるとき,$Ay = \sigma y - \omega z$ および $Az = \omega y + \sigma z$ が成り立つ。

【3】 定理 5.3 のブロック上三角行列 $A \in \mathbb{C}^{n \times n}$ を考えるとき,以下のことを示せ。

(a) λ が $A_{11} \in \mathbb{C}^{m \times m}$ の固有値,$x \in \mathbb{C}^m$ がその固有ベクトルとすれば,$\begin{bmatrix} x \\ 0 \end{bmatrix} \in \mathbb{C}^n$ は A の固有値 λ に対する固有ベクトルである。

(b) λ が $A_{22} \in \mathbb{C}^{(n-m) \times (n-m)}$ の固有値,$x \in \mathbb{C}^{n-m}$ がその固有ベクトルとし,さらに λ が A_{11} の固有値ではないとする。このとき $\begin{bmatrix} (\lambda I - A_{11})^{-1} A_{12} x \\ x \end{bmatrix} \in \mathbb{C}^n$ は,A の固有値 λ に対する固有ベクトルである。

【4】 行列
$$A = \begin{bmatrix} 0 & 0.5 & 1.5 \\ -1 & 1.5 & 1.5 \\ 1 & 0.5 & 0.5 \end{bmatrix}$$
の固有値と固有ベクトルを求めて,相似変換によって対角化せよ。対角化を利用して A^k ($k = 1, 2, \cdots$) を求めよ。

【5】 行列 $A \in \mathbb{C}^{n \times n}$, $B \in \mathbb{C}^{n \times m}$, $C \in \mathbb{C}^{\ell \times n}$ を考える。このとき $\mathrm{ran}\, B + \mathrm{ran}\, AB + \cdots + \mathrm{ran}\, A^{n-1} B = \mathbb{C}^n$ であるためには,$\mathrm{rank}[\, \lambda I_n - A \quad B \,] = n$ が,任意の $\lambda \in \mathbb{C}$ に関して成り立つことが必要十分であることを示せ。また,$\bigcap_{k=0}^{n-1} \ker CA^k = (0)$ であるためには,$\mathrm{rank} \begin{bmatrix} \lambda I_n - A \\ C \end{bmatrix} = n$ が任意の $\lambda \in \mathbb{C}$ に関して成り立つことが必要十分であることを示せ。これを可制御性,可観測性に対する**ポポフ・ベレビッチ・ハウタス条件** (Popov-Belevitch-Hautus test) という。

6 固 有 値 II

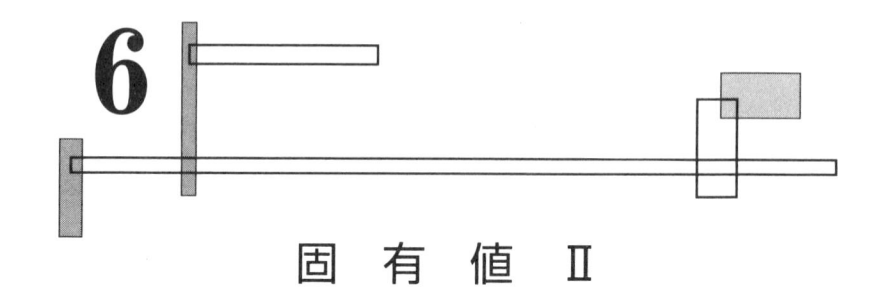

 固有値を持ち込むことによって，線形変換はより構造の簡単な変換の集まりとみなすことができる。基底を用いて行列表示するならば，このことは行列がジョルダン標準形へと変形できることに対応する。最後に，システム制御理論で重要な行列指数関数を含む考え方である行列関数をジョルダン標準形を用いて定義する。なおこの章の内容は，詳細な部分があるので，初読者は各節の結果のみを見てから次章以降に進み，後にこの章を精読してもよい。

6.1 最小多項式

 特性方程式が重複した根をもつときには，固有ベクトルを用いた対角化（定理 5.7）が一般には可能とはかぎらない。そのために固有空間を拡張した考え方である一般化固有空間が必要となる。一般化固有空間は，行列の最小多項式と密接な関係にある。一般化固有空間を用いると，任意の行列を対角成分が固有値を一つだけもつ行列であるブロック対角行列に相似変換することができる。

6.1.1 最大公約多項式とユークリッドの互除法

 この項では，多項式の既約性に関して述べる。複素係数の多項式の集合 $\mathbb{C}[s]$ は，例 2.3 で見たように，線形空間であるが，それ以外に要素どうしの積という演算をもっている。つまり $P(s) = p_0 s^m + p_1 s^{m-1} + \cdots + p_{m-1} s + p_m$,

$Q(s) = q_0 s^n + q_1 s^{n-1} + \cdots + q_{n-1} s + q_n$ として $r_k = \sum_{i=0}^{k} p_i q_{k-i}$ とすれば，積は $(PQ)(s) = r_0 s^{m+n} + r_1 s^{m+n-1} + \cdots + r_{m+n-1} s + r_{m+n}$ である．つまり $\mathbb{C}[s]$ は，加減乗の3則が定義されているが除法がない**可換環** (commutative ring) と呼ばれる代数系になっている．環については，3.1.3項の脚注を参照されたい．多項式のほかにも，整数の全体は可換環になっている．整数では，最大公約数や互いに素という考え方があったが，多項式にも同様な概念を導入することができる．

多項式 $P(s) = p_0 s^n + \cdots + p_{n-1} s + p_n$ （ただし $p_0 \neq 0$）を考える．このとき，$\deg P(s) = n$ を $P(s)$ の**次数** (degree) という．多項式 $Q(s)$ が，$\deg Q(s) \leq n$ を満たすならば，$P(s) = U(s)Q(s) + R(s)$, $\deg R(s) < \deg Q(s)$ となる多項式 $U(s)$ と $R(s)$ がある．$U(s)$ は，多項式の割算をしたときの**商** (integral quotient)，$R(s)$ は**余り** (remainder) である．$R(s) = 0$ となるとき，$Q(s)$ は $P(s)$ を**割り切る** ($Q(s)$ divides $P(s)$) という．

二つの多項式 $P(s)$ と $Q(s)$ を考える．多項式 $R(s)$ は $P(s)$ と $Q(s)$ の双方を割り切るならば，$P(s)$ と $Q(s)$ の**公約多項式** (common divisor) という．もし，$R(s)$ が $P(s)$ と $Q(s)$ の公約多項式であり，任意の公約多項式 $R'(s)$ が $R(s)$ を割り切るならば，$R(s)$ を $P(s)$ と $Q(s)$ の**最大公約多項式** (greatest common divisor) という．最大公約多項式は，0でない定数倍を除いて一意に定まる．

最大公約多項式は，多項式を次数1の多項式の積として因数分解することによって，具体的に与えることもできる．

$$P(s) = p_0 (s - \lambda_1)^{\mu_1} (s - \lambda_2)^{\mu_2} \cdots (s - \lambda_k)^{\mu_k} \qquad (p_0 \neq 0),$$
$$Q(s) = q_0 (s - \lambda_1)^{\nu_1} (s - \lambda_2)^{\nu_2} \cdots (s - \lambda_k)^{\nu_k} \qquad (q_0 \neq 0)$$

と因数分解する．ここで，$\mu_i \geq 0$, $\sum_{i=1}^{k} \mu_i = \deg P(s)$ であり，$\mu_i > 0$ のときには，λ_i の $P(s) = 0$ の根としての重複度を表している．ν_i についても同様である．このとき，$\sigma_i = \min\{\mu_i, \nu_i\}$ として

$$R(s) = (s - \lambda_1)^{\sigma_1} (s - \lambda_2)^{\sigma_2} \cdots (s - \lambda_k)^{\sigma_k}$$

とおくと，$R(s)$ は $P(s)$ および $Q(s)$ の最大公約多項式である。なお，本書ではこの証明は与えない。代数学の，例えば文献5),6) を参照されたい。

与えられた二つの多項式の最大公約多項式を，因数分解することなく求める方法に，以下に示す**ユークリッドの互除法**（Euclidean algorithm）がある。

【定理 6.1】 複素係数の多項式 $P(s), Q(s)$ を考えて，以下の手順を実行する。

手順 1. $k \leftarrow 1$ として $P_0(s) = P(s), \ P_1(s) = Q(s)$ とする。

手順 2. $P_{k-1}(s) = U_k(s)P_k(s) + P_{k+1}(s), \ \deg P_{k+1}(s) < \deg P_k(s)$ となる商 $U_k(s)$ と余り $P_{k+1}(s)$ を求める。

手順 3. $P_{k+1}(s) = 0$ ならば終了する。

手順 4. $k \leftarrow k+1$ として**手順** 2. に戻る。

このとき，この手順は有限回で終了し，終了したときの $P_k(s)$ は $P(s), Q(s)$ の最大公約多項式である。

証明 繰り返しごとに次数は必ず小さくなるので，このアルゴリズムは，必ず終了することに注意する。k 回目に余りが零多項式になったとしよう。最後の式より $P_k(s)$ は $P_{k-1}(s)$ を割り切る。これを一つ前の手順に戻ると $P_k(s)$ は $P_{k-2}(s)$ を割り切ることがわかる。以下順にたどると，$P_k(s)$ は $P_1(s) = Q(s)$ および $P_0(s) = P(s)$ を割り切るので，$P_k(s)$ は $P(s)$ と $Q(s)$ の公約多項式である，

つぎに $P_{i-1}(s)$ と $P_i(s)$ の公約多項式 $R(s)$ を考える。$P_{i+1}(s) = P_{i-1}(s) - U_i(s)P_i(s)$ より $R(s)$ は $P_{i+1}(s)$ も割り切る。したがって $P(s)$ と $Q(s)$ の任意の公約多項式は，$P_k(s)$ も割り切る。以上より $P_k(s)$ は $P(s)$ と $Q(s)$ の最大公約多項式である。 △

例題 6.1 $P(s) = s^2 - 1, \ Q(s) = s^3 + 3s^2 + 3s + 1$ として最大公約多項式を求めよ。

【解答】 定理 6.1 の手順をたどると $P_0(s) = P(s), \ P_1(s) = Q(s)$ として

$$U_1(s) = 0, \quad P_2(s) = s^2 - 1,$$
$$U_2(s) = s + 3, \quad P_3(s) = 4s + 4,$$
$$U_3(s) = 0.25s - 0.25, \quad P_4(s) = 0$$

を得る。$P_4(s) = 0$ となるので，$P_3(s) = 4s + 4$ が $P(s)$ と $Q(s)$ の最大公約多項式である。 ◇

$P(s)$ と $Q(s)$ の最大公約多項式が 1 であるとき，$P(s)$ と $Q(s)$ は**互いに素** (relatively prime) であるという。これは，方程式 $P(s) = 0$ と $Q(s) = 0$ が共通な根をもたないことと等価である。この条件は以下のようにも書くことができる。

【定理 6.2】 多項式 $P(s) = p_0 s^n + \cdots + p_{n-1} s + p_n$ および $Q(s) = q_0 s^m + \cdots + q_{m-1} s + q_m$ を考える。このとき以下のことは等価である。

(a) $P(s) = 0$ と $Q(s) = 0$ は共通の根をもたない。

(b) m 次未満の多項式 $X(s)$ と n 次未満の多項式 $Y(s)$ があって，$X(s)P(s) + Y(s)Q(s) = 1$ となる。

(c) $n + m$ 次の正方行列

$$S = \begin{bmatrix} p_0 & p_1 & \cdots & p_n & & & \\ & \ddots & \ddots & \ddots & \ddots & & \\ & & p_0 & p_1 & \cdots & p_n & \\ & & q_0 & \cdots & q_m & & \\ & & \cdots & \cdots & \cdots & & \\ & q_0 & \cdots & q_m & & & \\ q_0 & \cdots & q_m & & & & \end{bmatrix} \in \mathbb{C}^{(n+m)\times(n+m)}$$

(6.1)

は正則である。ここで，S は $P(s)$ の係数が m 行，$Q(s)$ の係数が n 行並んでいる。

証明 (b) ⇒ (a)　　共通根 ζ があるとすれば，どのような多項式 $X(s), Y(s)$ についても $X(\zeta)P(\zeta) + Y(\zeta)Q(\zeta) = 0$ だから，(b) のような多項式 $X(s), Y(s)$ は存在しない．

(a) ⇒ (b)　　一般性を失わずに $n \geq m$ とする．$P_0(s) = P(s)$, $P_1(s) = Q(s)$ としてユークリッドの互除法（**定理 6.1**）を実行する．ユークリッドの互除法は $P_k(s) = 1$ となって終了したとする．このとき，互除法の式で $P_{i+1}(s) = P_{i-1}(s) - U_i(s)P_i(s)$ を上から順に代入することにより，$X'(s)P(s) + Y'(s)Q(s) = 1$ となる多項式 $X'(s), Y'(s)$ があることがわかる．そこで，$Y'(s) = C(s)P(s) + Y(s)$ ($\deg Y(s) < n$) の商 $C(s)$ と余り $Y(s)$ を求め，$X(s) = X'(s) + C(s)Q(s)$ とおく．このとき，$X(s)P(s) + Y(s)Q(s) = 1$ であり，さらに $\deg X(s)P(s) < n+m$ より $\deg X(s) < m$ であることがわかる．

(b) ⇔ (c)　　(b) の必要十分条件は，任意の $n+m-1$ 次以下の多項式 $R(s)$ に対して，$X_R(s)P(s) + Y_R(s)Q(s) = R(s)$ となる $\deg X_R(s) < m$, $\deg Y_R(s) < n$ を満たす多項式 $X_R(s), Y_R(s)$ があることであることに注意する．この十分性は，$R(s) = 1$ とおけば明らかである．そこで，必要性を示すために，(b) で得られた $X(s)$ と $Y(s)$ を用いて，$Y_R(s)$ を，$Y(s)R(s)$ を $P(s)$ で割った余り，すなわち $Y(s)R(s) = C(s)P(s) + Y_R(s)$ ($\deg Y_R(s) < n$) を満たす多項式とし，$X_R(s) = X(s)R(s) + C(s)Q(s)$ とおく．このとき，$X_R(s)P(s) + Y_R(s)Q(s) = R(s)$ であって $\deg X_R(s)P(s) < n+m$ より $\deg X_R(s) < m$ であるので，必要性が示された．

つぎに，このことが行列 S の正則性と等価であることを示す．そのために，$m-1$ 次以下の多項式と $n-1$ 次以下の多項式を $(X(s), Y(s))$ のように並べた線形空間 Z を考える．線形写像 $M : Z \to \mathbb{C}_{n+m+1}[s]$ を

$$M(X(s), Y(s)) = X(s)P(s) + Y(s)Q(s)$$

で定める．先に述べた (b) の必要十分条件は，M が全射であることと言い換えることができる．Z は $n+m$ 次元空間であり，一つの基底として

$$\left\{\left(s^{m-1}, 0\right), \cdots, (s, 0), (1, 0), (0, 1), (0, s), \cdots, \left(0, s^{n-1}\right)\right\}$$

をとることができる．また，$\mathbb{C}_{n+m-1}[s]$ の基底を $\left\{s^{n+m-1}, \cdots, s, 1\right\}$ と選ぶ．これらの基底に関する M の行列表示は，S^{T} である．すると，**定理 4.4** より，(b) の必要十分条件は S^{T} が行最大階数をもつことであるが，S は正方行列なので，このことは S^{T} が正則であることと等価である．**定理 1.2** を適用すれば，これはさらに S が正則であることに等価である．　△

条件 (b) の式 $X(s)P(s) + Y(s)Q(s) = 1$ を**ベズー式** (Bezout identity) と

いう．また，式 (6.1) の行列 S を**シルベスターの行列** (Sylvester matrix)，$\det S$ のことを**シルベスターの終結式** (Sylvester resultant) という．

6.1.2 零化多項式と最小多項式

複素係数の多項式 $P(s) = p_0 s^m + \cdots + p_{m-1} s + p_m \in \mathbb{C}[s]$ が，行列 $A \in \mathbb{C}^{n \times n}$ について $P(A) = p_0 A^m + \cdots + p_{m-1} A + p_m I = O$ を満たすとき，$P(s)$ を A の**零化多項式** (annihilating polynomial) という．つぎの**ケーリー・ハミルトンの定理** (Cayley-Hamilton theorem) が示すように，特性多項式は零化多項式である．

【定理 6.3】 行列 $A \in \mathbb{C}^{n \times n}$ の特性多項式 $P(s) = \det(sI - A)$ を考える．このとき $P(A) = O_{n \times n}$ である．

証明 まず，A の固有値がすべて相異なる場合を考える．**定理 5.7** より，相似変換により，$T^{-1} A T = \mathrm{diag}\{\lambda_1, \cdots, \lambda_n\}$ である．すると

$$P(A) = T P\left(\mathrm{diag}\{\lambda_1, \cdots, \lambda_n\}\right) T^{-1}$$
$$= T \,\mathrm{diag}\{P(\lambda_1), \cdots, P(\lambda_n)\} T^{-1} = O$$

である．つぎに A の固有値が重複する場合を考える．特性多項式の係数は，行列の要素の積和であり，多項式の根は係数に連続的に依存する．特性多項式が重複した根をもつ必要十分条件は，特性多項式とその微分した多項式が共通した根をもつことであり，それは**定理 6.2** より，それらの終結式が 0 となることと等価である．終結式は A の要素の積和となるので，行列の列 $\{A_k\} \subset \mathbb{C}^{n \times n}$ を，A_k に対する終結式は 0 ではなく，かつ $A_k \to A$ となるように選ぶことができる（この詳細な議論は省略するが，$A \in \mathbb{C}^{n \times n}$ について上記の終結式は，**ジェネリック** (generic) に 0 にならないという性質から，このような選択が可能である）．A_k は，**定理 6.2** より相異なる固有値をもつことに注意する．A_k の特性多項式を $P_k(s)$ とすれば，特性多項式の係数は行列に連続的に依存するので，$P_k(s)$ の係数は $P(s)$ の係数に収束する．すると，$O = P_k(A_k) \to P(A)$ となるので，定理の証明が完了する． △

零でない零化多項式の中で，次数が最小の多項式を**最小多項式** (minimal polynomial) という。最小多項式は，最高次の係数を 1 にすれば唯一に定まる。このことは，行列 $A \in \mathbb{C}^{n \times n}$ の零化多項式の全体が，$\mathbb{C}[s]$ において，つぎの性質をもっていること（簡単であるから各自確かめられたい。演習問題【1】）から示すことができる。

1. $P_1(s), P_2(s)$ が零化多項式ならば $P_1(s) \pm P_2(s)$ もまた零化多項式である。
2. $P(s)$ を零化多項式とすれば，任意の多項式 $Q(s)$ について $P(s)Q(s)$ もまた零化多項式である。

この性質をもった多項式の部分集合を**イデアル** (ideal) という[†]。最高次の係数が 1 である最小多項式が唯一決まることを確認しておこう。次数最小の零化多項式が $P_1(s), P_2(s)$ と二つあれば，$P_1(s) = U(s)P_2(s) + R(s)$, $\deg R(s) < \deg P_2(s)$ となる多項式 $U(s), R(s)$ がある（実際には $U(s)$ は定数である）。$R(s) = P_1(s) - U(s)P_2(s)$ は零化多項式であるが，$\deg R(s) < \deg P_2(s)$ より $R(s) = 0$ である。よって，$P_1(s)$ と $P_2(s)$ は定数倍の違いしかない。

また，最小多項式は，すべての零化多項式の最大公約多項式になっていることがわかる（演習問題【2】）。したがって，**定理 6.3** より，行列 $A \in \mathbb{C}^{n \times n}$ の相異なる固有値を $\lambda_1, \cdots, \lambda_r$ として特性多項式を $P(s) = (s - \lambda_1)^{\nu_1} \cdots (s - \lambda_r)^{\nu_r}$ とすると，最小多項式は $P(s)$ を割り切るので，$i = 1, \cdots, r$ について $\sigma_i \leqq \nu_i$ となる整数 σ_i があって，$P_m(s) = (s - \lambda_1)^{\sigma_1} \cdots (s - \lambda_r)^{\sigma_r}$ という形になる。実際には，$i = 1, \cdots, r$ について $\sigma_i > 0$ となり，最小多項式はすべての因子 $(s - \lambda_i)$ を含むことを 6.1.3 項で明らかにする（**定理 6.5**，**定理 6.6**）。また，最小多項式は，**定理 5.4** の証明で示された特性多項式に関する性質と同じ性質をもっていることがわかる。

[†] 例えば，整数を可換環とするとき，3 の倍数の集まりは加法に関して閉じており，3 の倍数と任意の整数を掛けると 3 の倍数になる。つまり，イデアルになっている。このとき，このイデアルは 3 によって生成されている。零化多項式の集合もイデアルであり，生成する多項式が存在することを示すことができる。それが最小多項式であるが，本文中ではより直接的に最小多項式の存在を示した。

6.1 最小多項式

【定理 6.4】 行列 $A \in \mathbb{C}^{n \times n}$ の最小多項式を $P_m(s)$ とする。このとき，つぎのことが成り立つ。

(a) 正則行列 $T \in \mathbb{C}^{n \times n}$ を与えるとき，相似変換した行列 TAT^{-1} の最小多項式は $P_m(s)$ である。

(b) 転置行列 A^{T} の最小多項式は $P_m(s)$ である。

証明 容易であるので，演習とする（演習問題【3】）。 △

定理 6.4 より，相似変換は特性多項式だけではなく，最小多項式も不変にすることがわかった。このことから，最小多項式の等しい二つの行列は互いに相似変換で結ばれるのかという疑問が生じるが，答えは否定的である。二つの行列が相似変換で結ばれるための必要十分条件のためには，多項式行列の**単因子** (elementary divisor) という概念を必要とするが，これは本書の範囲外である。しかしながら，部分的な解答を 6.2 節のジョルダン標準形で与えることにする。

例題 6.2 つぎの行列に関して，以下の問に答えよ。

$$A_1 = \begin{bmatrix} 5 & 9 \\ -1 & -1 \end{bmatrix}, \quad A_2 = \begin{bmatrix} 2 & 0 \\ 0 & 2 \end{bmatrix}.$$

(a) 特性多項式と最小多項式を求めよ。
(b) 固有値と固有空間を求めよ。

【解答】 (a) 直接計算により，特性多項式は $\det(sI - A_1) = \det(sI - A_2) = (s-2)^2$ である。最小多項式は，特性多項式を割り切るので，$(s-2)$ かまたは $(s-2)^2$ でなければならないが，代入により A_1 については $(s-2)^2$，A_2 については $(s-2)$ が最小多項式であることがわかる。

(b) 固有値は A_1 および A_2 ともに 2 のみである。固有空間を求める。

$$(2I - A_1)x = \begin{bmatrix} -3 & -9 \\ 1 & 3 \end{bmatrix} \begin{bmatrix} \xi_1 \\ \xi_2 \end{bmatrix} = \begin{bmatrix} 0 \\ 0 \end{bmatrix}$$

より $\xi_1 + 3\xi_2 = 0$ を得るので,固有ベクトルはすべて $x_1 = [\,-3\ 1\,]^\mathrm{T}$ に一次従属となっている。つまり,$\ker(2I - A_1) = \mathrm{span}\{x_1\}$ である。また,$A_2 = 2I$ より $\ker(2I - A_2) = \mathbb{C}^2$ である。 $\diamond$

6.1.3 最小多項式と一般化固有空間の直和分割

線形空間の k 個の部分空間 $S_1, \cdots, S_k$ の和 $S = S_1 + \cdots + S_k$ を考える(部分空間の和については 2.4.1 項 参照)。ここで $i = 1, \cdots, k$ について $x_i \in S_i$ とするとき,$0 = x_1 + \cdots + x_k$ となるのは $x_1 = \cdots = x_k = 0$ のときに限られるならば,S は部分空間 $S_1, \cdots, S_k$ の直和であるという。そのとき,$S = S_1 \oplus S_2 \oplus \cdots \oplus S_k = \bigoplus_{i=1}^{k} S_i$ と表す。

行列 $A \in \mathbb{C}^{n \times n}$ の相異なる固有値を $\lambda_1, \cdots, \lambda_k$ (ただし $k \leqq n$) として,$i = 1, \cdots, k$ について固有空間 $\ker(\lambda_i I - A)$ を考える。**定理 5.6** より,これらの固有空間の和は直和になることに注意する。そこで,$S = \ker(\lambda_1 I - A) \oplus \cdots \oplus \ker(\lambda_k I - A)$ とおく。このとき $S = \mathbb{C}^n$ となるかに興味がある。しかし,**例題 6.2** の行列 A_1 は $S \neq \mathbb{C}^n$ となる行列の例である。つまり,固有ベクトルを集めただけでは,全空間の基底をそろえることのできない行列がある。

行列 $A \in \mathbb{C}^{n \times n}$ を与えるとき,固有空間の考え方をゆるめることにより,固有ベクトルを含んで基底をそろえることができる。そのために,**例題 6.2** の行列 A_1 について考えると,$(2I - A_1)^2 = O$ であるから $\ker(2I - A_1) \subset \ker(2I - A_1)^2 = \mathbb{C}^2$ であることに注意する。このことを一般化することを考える。まず,零空間の性質から,明らかに行列 $A \in \mathbb{C}^{n \times n}$ について

$$(0) \subset \ker(\lambda I - A) \subset \ker(\lambda I - A)^2 \subset \cdots \subset \ker(\lambda I - A)^k \subset \cdots \tag{6.2}$$

である。この包含関係がどこまで真に広がって行くかを観察すればよい。

【**定理 6.5**】 行列 $A \in \mathbb{C}^{n \times n}$ の固有値である λ を考え,整数 σ を $\ker(\lambda I - A)^\sigma = \ker(\lambda I - A)^{\sigma+1}$ を満たす最小の数とする。このとき,σ

6.1 最小多項式　85

は有限な正整数として定まり，つぎの性質を満たす．

(a) もし $k \geqq \sigma$ ならば $\ker(\lambda I - A)^k = \ker(\lambda I - A)^\sigma$ である．
(b) もし $0 < k \leqq \sigma$ ならば $\ker(\lambda I - A)^{k-1} \subsetneq \ker(\lambda I - A)^k$ である．

証明　全体の空間の次元は n なので，包含関係 (6.2) より，ある $0 < \sigma \leqq n$ において等号が成り立つ．つぎに，$k > \sigma$ として $x \in \ker(\lambda I - A)^k$ とする．$(\lambda I - A)^{k-1-\sigma} x \in \ker(\lambda I - A)^{\sigma+1} = \ker(\lambda I - A)^\sigma$ より $x \in \ker(\lambda I - A)^{k-1}$ である．これで帰納的に (a) が証明された．最後に，(b) は σ の定義から成り立つ．　△

空間 $\ker(\lambda I - A)^\sigma$ は A の固有値 λ に対する**一般化固有空間** (generalized eigenspace) と呼ばれる．**例題 4.5** からもわかるように，一般化固有空間は A 不変部分空間になっている．

【定理 6.6】　行列 $A \in \mathbb{C}^{n \times n}$ の相異なる固有値を $\lambda_1, \cdots, \lambda_r$ とする．各固有値 λ_i に対して，σ_i を $\ker(\lambda_i I - A)^{\sigma_i} = \ker(\lambda_i I - A)^{\sigma_i+1}$ を満たす最小の整数と定める．このとき，$\mathbb{C}^n$ は，$\mathbb{C}^n = \ker(\lambda_1 I - A)^{\sigma_1} \oplus \cdots \oplus \ker(\lambda_r I - A)^{\sigma_r}$ と A 不変部分空間の直和に分割される．さらに，A の最小多項式は $P_m(s) = (s - \lambda_1)^{\sigma_1} \cdots (s - \lambda_r)^{\sigma_r}$ である．

証明　$S_i = \ker(\lambda_i I - A)^{\sigma_i}$ とおく．λ_i の特性多項式での重複度を ν_i とし，$\mu_i = \max\{\nu_i, \sigma_i\}$，$P_i(s) = (\lambda_i - s)^{\mu_i}$ とおく．$\mu_i \geqq \sigma_i$ だから，**定理 6.5** より $S_i = \ker P_i(A)$ である．多項式の集合 $\left\{\prod_{j \neq i} P_j(s) : i = 1, \cdots, r\right\}$ の最大公約多項式は 1 であるので，**定理 6.2** を繰り返し適用すれば $\sum_{i=1}^{r} \left(Q_i(s) \prod_{j \neq i} P_j(s)\right) = 1$ となる多項式 $Q_i(s)$ がある．すると，任意の $x \in \mathbb{C}^n$ について $x_i = Q_i(A) \prod_{j \neq i} P_j(A)x$ とおくと，**定理 6.3** より $(\lambda_i I - A)^{\mu_i} x_i = Q_i(A) \prod_{j=1}^{k} P_j(A) x_i = 0$ であるから，$x_i \in S_i$ である．また，$x = \sum_{i=1}^{r} x_i$ なので $\mathbb{C}^n = S_1 + \cdots + S_r$ であることがわかる．

つぎに，これが直和であることを見るために，すべてが 0 ではない $x_i \in S_i$ $(i = 1, \cdots, r)$ を用いて $\sum_{i=1}^{r} x_i = 0$ とする．仮に $x_1 \neq 0$ とする．$\left\{P_1(s), \prod_{i=2}^{r} P_i(s)\right\}$ の最大公約多項式は 1 なので，**定理 6.2** より $Q(s)P_1(s) +$

$R(s)\prod_{i=2}^r P_i(s) = 1$ を満たす多項式 $Q(s), R(s)$ がある。$x_1 = -\sum_{j=2}^r x_j$ より $\prod_{i=2}^r P_i(A)x_1 = 0$ である。したがって，$x_1 = \bigl(Q(A)P_1(A) + R(A)\prod_{i=2}^r P_i(A)\bigr)x_1 = 0$ となり矛盾する。これより，$\mathbb{C}^n = S_1 \oplus \cdots \oplus S_r$ である。

最後に，$P_m(s)$ が最小多項式であることを示す。任意の $x \in \mathbb{C}^n$ について，$x_i \in S_i$ を用いて $x = \sum_{i=1}^r x_i$ と書けるので，$P_m(A)x = \prod_{i=1}^r P_i(A)\sum_{i=1}^r x_i = 0$ である。これは，$P_m(s)$ が零化多項式であることをいっている。そこで，$P_m(s)$ が最小多項式でないとすれば，ある j について $P_j'(s) = (\lambda_j - s)^{\sigma_j - 1}$ とおいて $P'(s) = P_j'(s)\prod_{i \neq j} P_i(s)$ が零化多項式になる。ここで，$\bigl\{(\lambda_j - s), \prod_{i \neq j} P_i(s)\bigr\}$ の最大公約多項式は 1 だから，**定理 6.2** より

$$Q'(s)(\lambda_j - s) + R'(s)\prod_{i \neq j} P_i(s) = 1 \tag{6.3}$$

となる多項式 $Q'(s)$ と $R'(s)$ がある。ここで，$x \in \ker(\lambda_j I - A)^{\sigma_j} \setminus \ker(\lambda_j I - A)^{\sigma_j - 1}$ を選ぶ。すると，$P_j(A)x = 0$ および $P_j'(A)x \neq 0$ である。式 (6.3) より，$x = Q'(A)(\lambda_j I - A)x + R'(A)\prod_{i \neq j} P_i(A)x$ であるが，両辺に $P_j'(A)$ を掛けると $0 \neq P_j'(A)x = Q'(A)P_j(A)x + R'(A)P'(A)x = 0$ となって矛盾である。 △

図 6.1 に**定理 6.6** の内容を直観的に示す。固有空間 $\ker(\lambda_i I - A)$ を $i = 1, \cdots, r$ について集めただけでは全体空間 $\mathbb{C}^n$ にならないことがある。それぞれの固有値で $\ker(\lambda_i I - A)^k = \ker(\lambda_i I - A)^{k+1}$ となる最小の整数が，最小多項式での λ_i の重複度である。そして，$i = 1, \cdots, r$ についての一般化固有空間 $\ker(\lambda_i I - A)^{\sigma_i}$ を直和で集めると，全体空間 $\mathbb{C}^n$ になっている。

$$\overbrace{}^{\mathbb{C}^n}$$

$\ker(\lambda_1 I - A)^{\sigma_1}$			$\ker(\lambda_r I - A)^{\sigma_r}$
$\cup$			$\cup$
	$\ker(\lambda_2 I - A)^{\sigma_2}$		$\vdots$
$\vdots$	$\cup$		
	$\vdots$		
$\ker(\lambda_1 I - A)^2$	$\ker(\lambda_2 I - A)^2$	$\cdots$	$\ker(\lambda_r I - A)^2$
$\cup$	$\cup$		$\cup$
$\ker(\lambda_1 I - A)$	$\ker(\lambda_2 I - A)$	$\cdots$	$\ker(\lambda_r I - A)$

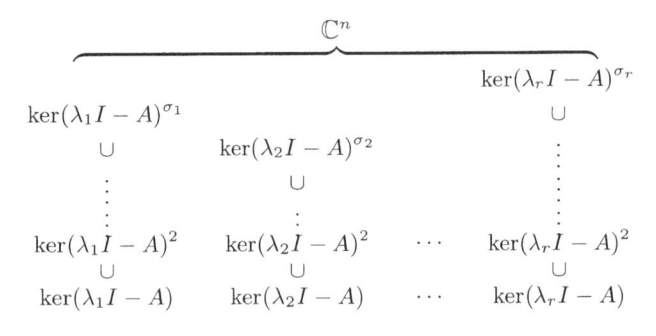

図 6.1 一般化固有空間による $\mathbb{C}^n$ の直和分割

6.1 最小多項式

ところで,**定理 6.6** から,$\mathbb{C}^{n\times n}$ の行列は相似変換を用いてブロック対角化することができること,そのとき各対角ブロックの行列はただ一つの固有値しかもたないことがわかる。このことをつぎの定理で示す。

【定理 6.7】 行列 $A \in \mathbb{C}^{n\times n}$ について,σ_i を**定理 6.6** のようにとり,$S_i = \ker(\lambda_i I - A)^{\sigma_i}$ とする。S_1 の基底から S_r の基底までを順に並べて $\mathbb{C}^n$ の基底 $\{x_1, \cdots, x_n\}$ をとり,正則行列 $T = [\, x_1 \;\; x_2 \;\; \cdots \;\; x_n \,] \in \mathbb{C}^{n\times n}$ をつくれば,T による相似変換によって

$$T^{-1}AT = \begin{bmatrix} A_{11} & O & \cdots & O \\ O & A_{22} & \ddots & \vdots \\ \vdots & \ddots & \ddots & O \\ O & \cdots & O & A_{rr} \end{bmatrix} \quad (6.4)$$

とブロック対角になる。ここで,ブロック対角成分の行列 A_{ii} は固有値 λ_i のみをもつ。

証明 S_i は A 不変空間なので (**例題 4.5**),$S'_k = \bigoplus_{i=1}^{k} S_i$ および $S''_k = \bigoplus_{i=k+1}^{r} S_i$ もまた A 不変である。ここで,**定理 4.8** を適用すれば,S'_k の不変性より A_{kk} より左下のブロックが零行列であること,S''_k の不変性より A_{kk} より右上のブロックが零行列であることがわかる。これを $k = 1, \cdots, r-1$ について考えると,$T^{-1}AT$ はブロック対角行列であることがわかる。

行列 A_{ii} は,A 不変空間 S_i の線形変換 $M \in L(S_i)$ を $Mx = Ax$ と定めたときの行列表示である。行列 A_{ii} が λ_i のみに固有値をもつことを示すためには,$\lambda \neq \lambda_i$ として $\lambda I - M$ が逆写像をもつことをいえばよい。多項式 $\{\lambda - s, (\lambda_i - s)^{\sigma_i}\}$ の最大公約多項式は 1 だから,**定理 6.2** より $Q_1(s)(\lambda - s) + Q_2(s)(\lambda_i - s)^{\sigma_i} = 1$ となる多項式 $Q_1(s)$ と $Q_2(s)$ がある。任意の $x \in S_i$ について $x = Q_1(A)(\lambda I - A)x + Q_2(A)(\lambda_i I - A)^{\sigma_i}x = Q_1(A)(\lambda I - A)x$ であるので,$\lambda I - M$ は全射である。その行列表現 $\lambda I - A_{ii}$ は,行最大階数をもつので正則行列である。つまり,$\lambda \neq \lambda_i$ は A_{ii} の固有値ではない。特性方程式は,少なくとも一つ根をもつので,λ_i のみが A_{ii} の固有値である。 △

6.2 ジョルダン標準形

ジョルダン標準形は,行列を相似変換したときに得られる一つの標準形である。行列の固有値および固有ベクトルなどの情報を表した形になっており,システム制御理論で用いられる行列指数関数の定性的な理解のために重要である(このことは 6.3 節 参照)。しかしながら,ジョルダン標準形は,行列の微小な変化によっても大きく形が変わることがあるので,数値計算で求めることは困難であることに注意する。

6.2.1 一般化固有空間とジョルダンブロック

定理 6.6 は,一般化固有空間 $\ker(\lambda I - A)^\sigma$ が重要な役割を果たしていることを述べている。ジョルダン標準形では,ジョルダンブロックと呼ばれる行列が登場するが,これは,一般化固有空間からベクトルをある規則によって選び出すことによって自然に現れる。

【**定理 6.8**】 行列 $A \in \mathbb{C}^{n \times n}$ の一つの固有値を λ として,整数 σ を,$\ker(\lambda I - A)^\sigma = \ker(\lambda I - A)^{\sigma+1}$ を満たす最小の数とする。このとき,整数 k が $0 < k \leq \sigma$ を満たすとすれば,$x_k \in \ker(\lambda I - A)^k \setminus \ker(\lambda I - A)^{k-1}$ を選ぶことができる。さらに,$i = k-1, \cdots, 1$ について,帰納的に $x_i = Ax_{i+1} - \lambda x_{i+1}$ とすれば $\{x_1, \cdots, x_k\}$ は一次独立である。また,$S = \mathrm{span}\{x_1, \cdots, x_k\}$ として S の線形変換 $M \in L(S)$ を $Mx = Ax$ と定めるとき,基底 $\{x_1, \cdots, x_k\}$ に関する M の行列表示は行列 $J \in \mathbb{C}^{k \times k}$

$$J = \begin{bmatrix} \lambda & 1 & \cdots & 0 \\ 0 & \lambda & \ddots & \vdots \\ \vdots & \ddots & \ddots & 1 \\ 0 & \cdots & 0 & \lambda \end{bmatrix} \tag{6.5}$$

で与えられる。

証明 定理 6.5 より，x_k を選ぶことができる。つぎに，$x_i = Ax_{i+1} - \lambda_i x_{i+1}$ は $x_i \in \ker(\lambda I - A)^i \setminus \ker(\lambda I - A)^{i-1}$ を満たすことを示す。定義より，$x_i = (A - \lambda I)^{k-i} x_k$ である。$x_k \in \ker(\lambda I - A)^k$ より，$x_i \in \ker(\lambda I - A)^i$ である。また，$x_k \notin \ker(\lambda I - A)^{k-1}$ より $x_i \notin \ker(\lambda I - A)^{i-1}$ である。複素数 α_i を用いて，$\alpha_1 x_1 + \cdots + \alpha_k x_k = 0$ とおく。ここで，もし $\alpha_k \neq 0$ であったとするならば $x_k = -(\alpha_1 x_1 + \cdots + \alpha_{k-1} x_{k-1})/\alpha_k$ であり，この右辺は $\ker(\lambda I - A)^{k-1}$ に含まれるので，$x_k \notin \ker(\lambda I - A)^{k-1}$ に矛盾する。以下，帰納的に $\alpha_{k-1} = \cdots = \alpha_1 = 0$ を得るので，$\{x_1, \cdots, x_k\}$ は一次独立である。行列表示 J は，等式 $Ax_{i+1} = \lambda x_{i+1} + x_i$ $(i = 1, \cdots, k-1)$ と $Ax_1 = \lambda x_1$ の結果である。 △

式 (6.5) の行列 J を**ジョルダンブロック** (Jordan block) という。ジョルダンブロックは，固有値 λ と次数を決めると定まる。

6.2.2 ジョルダン標準形

定理 6.7 では，一般化固有空間への直和分割に応じて，任意の行列を対角ブロックが単一固有値のみをもつ行列となるように相似変換した。ここで一般化固有空間の基底の選択を適当に行えば，**ジョルダン標準形** (Jordan form) になる。基底選択の基本的な考え方はすでに**定理 6.8** で与えている。

【定理 6.9】 行列 $A \in \mathbb{C}^{n \times n}$ の相異なる固有値を $\lambda_1, \cdots, \lambda_r$ とする。各固有値 λ_i に対して整数の列を

$$d_{ik} = \dim \ker(\lambda_i I - A)^k \quad (i = 1, \cdots, r,\ k = 0, 1, 2, \cdots),$$

$$c_{ik} = d_{ik} - d_{i(k-1)} \quad (i = 1, \cdots, r,\ k = 1, 2, \cdots)$$

と定義すると，$\{d_{ik}\}$ は単調非減少列，$\{c_{ik}\}$ は単調非増大列である。このとき，正則行列 T があって

$$J = T^{-1}AT = \begin{bmatrix} A_{11} & 0 & \cdots & 0 \\ 0 & A_{22} & \ddots & \vdots \\ \vdots & \ddots & \ddots & 0 \\ 0 & \cdots & 0 & A_{rr} \end{bmatrix} \qquad (6.6)$$

$$A_{ii} = \begin{bmatrix} J_{i1} & 0 & \cdots & 0 \\ 0 & J_{i2} & \ddots & \vdots \\ \vdots & \ddots & \ddots & 0 \\ 0 & \cdots & 0 & J_{id_{i1}} \end{bmatrix}$$

と相似変換することができる。ただし, $i = 1, \cdots, r$, $j = 1, \cdots, d_{i1}$ について, J_{ij} は固有値 λ_i をもつジョルダンブロックである。また, 各 $i = 1, \cdots, r$ について, k 次の J_{ij} は $c_{ik} - c_{i(k+1)}$ 個ある。

|証明| 定理 6.7 より, ブロック対角化した式 (6.4) での各ブロック A_{ii} は, 単一固有値をもっている。そこで, A_{ii} ごとに相似変換をして, ジョルダン標準形を得られることを示せばよい。したがって, 以後証明の中では, 固有値を識別する添字を省略する。まず, $\{d_k\}$ が単調非減少であることは, 定理 6.5 の部分空間の包含関係よりわかる。これより $c_k \geqq 0$ である。つぎに, $\{c_k\}$ が単調非増加であることを示す。$\ker(\lambda I - A)^{k+1}$ での $\ker(\lambda I - A)^k$ の補空間の次元が c_{k+1} である。その補空間の基底を $\{x_1, \cdots, x_{c_{k+1}}\}$ とする。このとき, $\{(\lambda I - A)x_1, \cdots, (\lambda I - A)x_{c_{k+1}}\}$ は, $\ker(\lambda I - A)^k$ での $\ker(\lambda I - A)^{k-1}$ の一つの補空間の一次独立な集合になっている。$(\lambda I - A)x_j \in \ker(\lambda I - A)^k \setminus \ker(\lambda I - A)^{k-1}$ は明らかである。もし $\sum_{j=1}^{c_{k+1}} \alpha_j (\lambda I - A) x_j = 0$ となれば

$$\sum_{j=1}^{c_{k+1}} \alpha_j x_j \in \ker(\lambda I - A) \subset \ker(\lambda I - A)^k$$

であるが, $\sum_{j=1}^{c_{k+1}} \alpha_j x_j$ は $\ker(\lambda I - A)^k$ の補空間の元であるので, $\sum_{j=1}^{c_{k+1}} \alpha_j x_j = 0$ であり, これより $\alpha_j = 0$ となる。したがって, $c_k \geqq c_{k+1}$ である。

ここで, 一般化固有空間 $\ker(\lambda I - A)^\sigma$ の基底の手順的構成を与える。

手順 1. 一般化固有空間 $\ker(\lambda I - A)^\sigma$ の中で $\ker(\lambda I - A)^{\sigma-1}$ のある補空間の基底を $\{x_{j,\sigma} : 1 \leqq j \leqq c_\sigma\}$ とする。さらに, $k \leftarrow \sigma - 1$ とする。

手順 2. $k > 0$ ならば以下の手順を繰り返す。$k = 0$ ならば終了する。

手順 3. $j=1,\cdots,c_{k+1}$ について $x_{j,k} = -\lambda x_{j,k+1} + Ax_{j,k+1}$ とおく。これに $x_{j,k}$ $(j=c_{k+1}+1,\cdots,c_k)$ を加えて，$\{x_{j,k} : 1 \leqq j \leqq c_k\}$ が $\ker(\lambda I - A)^k$ の中で $\ker(\lambda I - A)^{k-1}$ のある補空間の基底となるようにする。

手順 4. $k \leftarrow k-1$ として**手順 2.** へ戻る。

ここで**手順 3.** が可能であることは，列 $\{c_k\}$ の単調非増大性のところで述べた。以上より，得られた一般化固有空間の基底 $\{x_{j,k} : k=1,\cdots,\sigma, j=1,\cdots,c_k\}$ を (j,k) の辞書式 $((j,k) < (j',k')$ を $j<j'$ または $j=j'$，$k<k'$ と定める順序)に並べて正則行列 T をつくる。$j=1,\cdots,c_1$ について，同じ指標 j をもつベクトル $x_{j,k}$ の本数 n_j は，**手順 1.**，**手順 3.** より $n_j = \max\{k : j \leqq c_k\}$ を満たす整数として定まる。得られた基底の一部 $\{x_{j,1},\cdots,x_{j,n_j}\}$ を取り出し，それらが張る一般化固有空間の部分空間を考える。そのうえで行列 A の定める線形変換の行列表示をこの基底に関して求めると，**定理 6.8** より次数 n_j のジョルダンブロックになる。すべての $j=1,\cdots,c_1=d_1$ について上の変換を行えば，$AT=TJ$ が成り立つ。 △

ジョルダン標準形で固有値 λ_j に対するジョルダンブロックの最大の次数が，最小多項式での固有値 λ_i の重複度に等しいことに注意する。指標 d_k が相似変換に対して不変であるので，ジョルダン標準形は相似変換について不変である(ただし，固有値の並べ方と同じ固有値をもつジョルダンブロックの並べ方の自由度はある)。また，逆に二つの行列が同じジョルダン標準形をもつならば，それらは相似変換で結ばれる。

図 6.2 に，**定理 6.9** での一般化固有空間の基底選択を直観的に示す。これは，**図 6.1** で示した $\mathbb{C}^n$ の分割のうち，一つの固有値に対する一般化固有空間が分割され

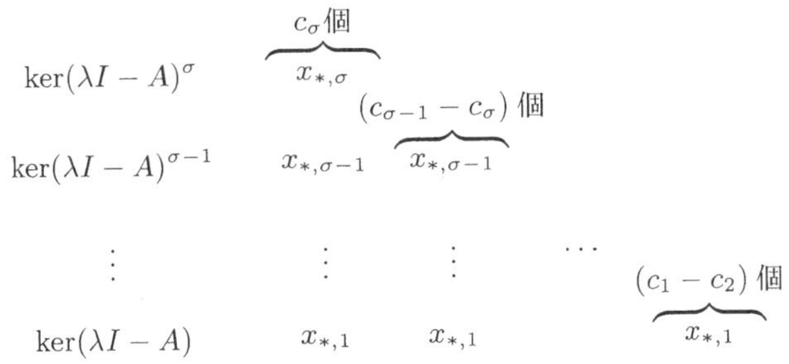

```
                          c_σ 個
                         ⌜―――⌝
  ker(λI − A)^σ           x_{*,σ}
                                  (c_{σ−1} − c_σ) 個
                                  ⌜―――――――⌝
  ker(λI − A)^{σ−1}       x_{*,σ−1}  x_{*,σ−1}

       ⋮                  ⋮          ⋮       ⋯
                                              (c_1 − c_2) 個
                                              ⌜―――――⌝
  ker(λI − A)              x_{*,1}    x_{*,1}    x_{*,1}
```

図 6.2 一般化固有空間の基底の選択

る様子を示したものである．例えば，$\ker(\lambda I - A)^\sigma$ には $\ker(\lambda I - A)^{\sigma-1}$ の補空間に c_σ 個の一次独立な要素があるので，それらを $x_{*,\sigma}$ と並べる（ここでそれらを識別する添字を省略して $*$ で表している）．つぎの段階で，$\ker(\lambda I - A)^{\sigma-1}$ には $\ker(\lambda I - A)^{\sigma-2}$ の補空間に $c_{\sigma-1} - c_\sigma$ 個の一次独立な要素があるので，それらを $x_{*,\sigma}$ と並べる．以下，これを繰り返すと $\ker(\lambda I - A)^\sigma$ の基底が構成される．このとき，縦に見たベクトルを集めた部分空間が，一つのジョルダンブロックを構成している．

定理 6.9 の証明中に現れた $x_{i,j,k}$（ただし $i = 1, \cdots, r$，$j = 1, \cdots, c_{i1}$，$k = 1, \cdots, n_{ij}$（固有値に関する添字 i を復活しており，n_{ij} は固有値 λ_i に対して定義されていることなどに注意））は，$Ax_{i,1,k} = \lambda_i x_{i,1,k}$ を満たす．つまり，行列 A の固有値 λ_i には $c_{i1} = d_{i1} = \dim \ker(\lambda_i I - A)$ 本の一次独立な固有ベクトルがある．一方，特性多項式 $\det(sI - A)$ の λ_i の重複度は $\sum_{j=1}^{c_{i1}} n_{ij} = d_{i\sigma_i}$ である．固有値 λ_i について，一次独立な固有ベクトルの数 d_{i1} を**幾何学的重複度**（geometric multiplicity），特性多項式での重複度 $d_{i\sigma_i}$ を**代数的重複度**（algebraic multiplicity）という．

例題 6.3 行列
$$A = \begin{bmatrix} 0.5 & -1.0 & -1.5 & -2.0 \\ -2.5 & -1.0 & 1.5 & 2.0 \\ -3.5 & 2.0 & -0.5 & 4.0 \\ 2.5 & -1.0 & -1.5 & -4.0 \end{bmatrix}$$
の ジョルダン標準形を求めよ．

【解答】まず，特性方程式を求めると $\det(sI - A) = s^4 + 5s^3 + 6s^2 - 4s - 8 = (s+2)^3(s-1)$ であるので，固有値は $\lambda_1 = -2$ と $\lambda_2 = 1$ である．次元を計算して，$d_{11} = \dim\ker(-2I - A) = 2$（$k \geq 2$）について $d_{1k} = \dim\ker(-2I - A)^k = 3$，$k \geq 1$ について $d_{2k} = \dim\ker(I - A)^k = 1$ である．これから，$c_{11} = 2$，$c_{12} = 1$（$k \geq 3$）について $c_{1k} = 3$，$c_{21} = 1$（$k \geq 2$）について $c_{2k} = 0$ を得る．そこで

$$x_{1,1,2} = [\,0\ \ 1\ \ 1\ \ -1\,]^{\mathrm{T}} \in \ker{(-2I-A)}^2 \setminus \ker{(-2I-A)},$$
$$x_{1,1,1} = (A+2I)\,x_{1,1,2} = [\,-0.5\ \ 0.5\ \ -0.5\ \ -0.5\,]^{\mathrm{T}}$$

とすれば，$x_{1,1,1} \in \ker{(-2I-A)}$ である。$d_{11}=2$ なので，$x_{1,1,1}$ と一次独立になる $x_{1,2,1} = [\,1\ \ 1\ \ 1\ \ 0\,]^{\mathrm{T}}$ を選ぶと，$\mathrm{span}\{x_{1,1,1}, x_{1,2,1}\} = \ker{(-2I-A)}$ である。固有値 1 については $k \geqq 1$ について $d_{2k}=1$ なので，一般化固有空間を考える必要はなく，$x_{2,1,1} = [\,-1\ \ 1\ \ 1\ \ -1\,]^{\mathrm{T}}$ とすると $\mathrm{span}\{x_{2,1,1}\} = \ker{(I-A)}$ である。そこで，正則行列を $T = [\,x_{1,1,1}\ \ x_{1,1,2}\ \ x_{1,2,1}\ \ x_{2,1,1}\,]$ として $J = T^{-1}AT$ とおくと，ジョルダンの標準形

$$J = \begin{bmatrix} -2 & 1 & 0 & 0 \\ 0 & -2 & 0 & 0 \\ 0 & 0 & -2 & 0 \\ 0 & 0 & 0 & 1 \end{bmatrix}$$

を得る。ついでながら，固有値 -2 については，ジョルダンブロックは二つであり，そのうち 2 次と 1 次がそれぞれ一つである。また固有値 1 については，1 次のジョルダンブロックが一つである。 ◇

6.3 行 列 関 数

多項式 $P(s)$ が与えられたときの行列 $P(A)$ は，変数 s の代わりに行列 A を形式的に代入することによって定義された。必ずしも多項式ではない正則な複素関数 $f(s)$ に対しても，$f(A)$ を定めることができる（正則関数について詳しくは「システム制御のための数学 (2)-関数解析編」を参照されたい）。例えば，制御工学では行列指数関数 e^{At} をよく用いる。ここでは，ジョルダン標準形を用いて行列関数を定義し，その性質を明らかにする。

6.3.1 ジョルダン標準形を用いた行列関数の定義

複素関数 $f(s)$ が $s = \lambda$ で正則[†] であるとき，まず n 次のジョルダンブロッ

[†] 複素関数として微分可能であることをいう。そのとき，$|s-\lambda|$ が十分小さければ（これを s は λ の近傍にあるという），$f(s) = \sum_{k=0}^{\infty}(s-\lambda)^k f^{(k)}(\lambda)/k!$ と**テイラー級数** (Taylor series) に展開できる。

ク（式 (6.5)）の**行列関数** (matrix function) $f(J)$ を定義する（ここでは固有値を識別するための添字 i を省略しておく）。そのために，$J' = J - \lambda I$

$$J' = \begin{bmatrix} 0 & 1 & \cdots & 0 \\ 0 & 0 & \ddots & \vdots \\ \vdots & \ddots & \ddots & 1 \\ 0 & \cdots & 0 & 0 \end{bmatrix}$$

とおく。J' は対角線より一つ右上の位置に 1 が並んだ，固有値 0 のジョルダンブロックになっている。直接計算より，J'^2 は対角線より二つ右上の位置に 1 が並ぶ行列であり，以下順に 1 の並ぶ位置が右上へと上がっていく。$J'^{(n-1)}$ では，$(1,n)$ 成分のみ 1 で，残りの要素はすべて 0 になる。そして，$k \geqq n$ ならば $J'^k = O$ である。そこで，ジョルダンブロック J の行列関数 $f(J)$ を

$$\begin{aligned} f(J) &= f(\lambda)I_n + f'(\lambda)J' + \frac{f''(\lambda)}{2!}J'^2 + \cdots + \frac{f^{(n-1)}(\lambda)}{(n-1)!}J'^{(n-1)} \\ &= \begin{bmatrix} f(\lambda) & f'(\lambda) & \cdots & \frac{1}{(n-1)!}f^{(n-1)}(\lambda) \\ 0 & f(\lambda) & f'(\lambda) & \ddots \\ \vdots & \ddots & \ddots & \ddots \\ 0 & \cdots & 0 & f(\lambda) \end{bmatrix} \end{aligned} \quad (6.7)$$

と定める。これは，$f(s)$ の $s = \lambda$ でのテイラー級数を考えて，$(s - \lambda)$ の n 次以降の項を無視して形式的に J を代入した形に等しいことに注意する。

つぎに，一般の行列 A については，まずジョルダン標準形 $J = T^{-1}AT$ を式 (6.6) で与える。そして，A の固有値の各点で，正則な複素関数 $f(s)$ の行列関数 $f(A)$ を

$$f(A) = Tf(J)T^{-1} = T \begin{bmatrix} f(A_{11}) & 0 & \cdots & 0 \\ 0 & f(A_{22}) & \ddots & \vdots \\ \vdots & \ddots & \ddots & 0 \\ 0 & \cdots & 0 & f(A_{rr}) \end{bmatrix} T^{-1}$$

$$f(A_{ii}) = \begin{bmatrix} f(J_{i1}) & 0 & \cdots & 0 \\ 0 & f(J_{i2}) & \ddots & \vdots \\ \vdots & \ddots & \ddots & 0 \\ 0 & \cdots & 0 & f(J_{id_{i1}}) \end{bmatrix} \qquad (6.8)$$

で定める。ただし，各ジョルダンブロックの行列関数 $f(J_{ij})$ は，式 (6.7) で定める。

6.3.2 行列関数の性質

式 (6.8) の行列関数の定義は，関数 $f(s)$ が多項式であれば，従来の形式的な代入に一致する。正確には，つぎの性質を示すことができる。

【定理 6.10】 行列 $A \in \mathbb{C}^{n \times n}$ の最小多項式を

$$P_m(s) = (s - \lambda_1)^{\sigma_1} \cdots (s - \lambda_r)^{\sigma_r}$$

とする。固有値 λ_i $(i = 1, \cdots, r)$ で正則な複素関数 $f(s), g(s)$ を考える。このとき，行列関数について以下のことが成り立つ。

(a) 関数 f が多項式，つまり $f(s) = P(s) = p_0 s^m + p_1 s^{m-1} + \cdots + p_m$ であれば，$f(A) = P(A) = p_0 A^m + p_1 A^{m-1} + \cdots + p_m I$ と $f(A)$ は多項式への代入に一致する。

(b) $s = \lambda_i$ $(i = 1, \cdots, r)$ において，関数 $f(s)$ を $\sigma_i - 1$ 位の微係数まで補間する多項式を $Q(s)$ とする。このとき，$f(A) = Q(A)$ である。

(c) $f(A)$ の固有値は $f(\lambda_i)$ $(i = 1, \cdots, r)$ である。

(d) $h(s) = f(s) \pm g(s)$ とすれば，$h(A) = f(A) \pm g(A)$ である。

(e) $h(s) = f(s)g(s)$ とすれば，$h(A) = f(A)g(A)$ である。

証明 (a) (b) の特別な場合である。

(b) 多項式 $Q_1(s)$ と $Q_2(s)$ がともに補間条件を満たせば，$Q_1(s) - Q_2(s) = R(s)P_m(s)$ を満たす多項式 $R(s)$ がある。$P_m(A) = O$ なので，$Q_1(A) - Q_2(A) = R(A)P_m(A) = O$ を得る。したがって，多項式の選び方には $Q(A)$ は依存しな

い。固有値 λ_i に対応した次数が高々 σ_i であるジョルダンブロックの一つを J_{ij} とする。$s = \lambda_i$ で $(\sigma_i - 1)$ 階微分まで $f(s)$ と一致する多項式 $Q_i(s)$

$$Q_i(s) = f(\lambda_i) + f'(\lambda_i)(s - \lambda_i) + \frac{1}{2!}f''(\lambda_i)(s - \lambda_i)^2$$
$$+ \cdots + \frac{1}{(\sigma_i - 1)!}f^{(\sigma_i - 1)}(\lambda_i)(s - \lambda_i)^{\sigma_i - 1}$$

は，先に述べた理由により $Q(J_{ij}) = Q_i(J_{ij})$ を満たす。一方，式 (6.7) と比較すると $Q_i(J_{ij}) = f(J_{ij})$ である。したがって，各対角ブロックを比較することにより $Q(A) = f(A)$ を得る。

(c) 上三角行列 $f(J)$ の対角成分が $f(\lambda_i)$ $(i = 1, \cdots, r)$ であることから成り立つ。

(d) $Q_f(s)$ および $Q_g(s)$ を，それぞれ関数 $f(s)$ と $g(s)$ について (b) のように補間条件を満たす多項式とする。このとき，$Q(s) = Q_f(s) \pm Q_g(s)$ とおくと，$Q(s)$ は関数 $h(s)$ について補間条件を満たす多項式である。ゆえに，$h(A) = Q(A) = Q_f(A) \pm Q_g(A) = f(A) \pm g(A)$ である。

(e) $Q_f(s)$ および $Q_g(s)$ を (d) と同様にとると，$Q(s) = Q_f(s)Q_g(s)$ は $h(s) = f(s)g(s)$ について補間条件を満たす。ゆえに，$h(A) = Q(A) = Q_f(A)Q_g(A) = f(A)g(A)$ である。 △

定理 6.10 (c) は，多項式だけではなく，正則な関数 f に対する行列関数 $f(A)$ についても，スペクトル写像定理が成り立つことを述べている。

例題 6.4 例題 6.3 の行列 A について行列指数関数 e^{At} を求めよ。

【解答】 ここでは，定理 6.10 (b) に従って計算してみる。A の最小多項式は，例題 6.3 の計算からわかるように $P_m(s) = (s-2)^2(s+1)$ である。関数 $f(s) = \mathrm{e}^{st}$ は $f(-2) = \mathrm{e}^{-2t}$, $f'(-2) = t\mathrm{e}^{-2t}$, $f(1) = \mathrm{e}^t$ を満たす。これらの値を $s = -2$ および $s = 1$ で補間する多項式の一つは

$$Q(s) = \frac{\mathrm{e}^t}{9}(s+2)^2 - \left(\frac{\mathrm{e}^{-2t}}{9} + \frac{t\mathrm{e}^{-2t}}{3}\right)(s+2)(s-1) - \frac{\mathrm{e}^{-2t}}{3}(s-1)$$

であるので

$$\mathrm{e}^{At} = Q(A) = K_1 \mathrm{e}^t + K_2 \mathrm{e}^{-2t} + K_3 t\mathrm{e}^{-2t}$$

ただし，K_1, K_2, K_3 はそれぞれ

$$K_1 = \begin{bmatrix} 1 & -0.5 & -0.5 & -1 \\ -1 & 0.5 & 0.5 & 1 \\ -1 & 0.5 & 0.5 & 1 \\ 1 & -0.5 & -0.5 & -1 \end{bmatrix}, \quad K_2 = \begin{bmatrix} 0 & 0.5 & 0.5 & 1 \\ -1 & 0.5 & -0.5 & -1 \\ 1 & -0.5 & 0.5 & -1 \\ -1 & 0.5 & 0.5 & 2 \end{bmatrix},$$

$$K_3 = \begin{bmatrix} -0.5 & 0.5 & 0 & 1 \\ 0.5 & -0.5 & 0 & -1 \\ -0.5 & 0.5 & 0 & 1 \\ -0.5 & 0.5 & 0 & 1 \end{bmatrix}$$

である．ジョルダン標準形を用いた計算は各自で確かめられたい（演習問題【7】）．

$\diamond$

行列指数関数についてのいくつかの重要な公式を 14.2 節にまとめているので，参考にされたい．

―――― コーヒーブレイク ――――

行列指数関数の計算については，「行列指数関数を計算するあやしい 19 の方法」という題目の論文[21]があるように，制御工学でたいへん重要なものであり，頻繁に用いられているにもかかわらず決定的な方法はないようである．定数係数の線形微分方程式という構造をもちながら，常微分方程式の一般的な数値解法までその 19 の方法の中に入っているほどである．ジョルダン標準形を用いた説明は，固有値によって $e^{\lambda t}$ や $te^{\lambda t}$ といったモードが現れるので，行列指数関数の定性的な理解のためには重要である．しかし，ジョルダン標準形自身の計算は数値的には難しい．

########## 演 習 問 題 ##########

【1】 行列 $A \in \mathbb{C}^{n \times n}$ を与えるとき，A の零化多項式の全体は $\mathbb{C}[s]$ のイデアルであることを確認せよ（6.1.2 項の 2 条件を確認せよ）．

【2】 最小多項式 $P_m(s)$ は，任意の零化多項式 $P(s)$ を割り切ることを示せ．

【3】 定理 6.4 を証明せよ．

【4】 行列 $A \in \mathbb{C}^{n \times n}$ の相異なる固有値を $\lambda_1, \cdots, \lambda_r$ とする．A が相似変換によっ

て対角化されるためには，A の最小多項式が，$P_m(s) = (s-\lambda_1)\cdots(s-\lambda_r)$ のように，一次式の積になることが必要十分であることを示せ．

【5】 行列 $A \in \mathbb{C}^{n \times n}$ を考える．$x \in \mathbb{C}^n$ に対して，$P_x(s)$ を $P_x(A)x = 0$ となる最小次数の多項式と定める．このとき，以下のことを証明せよ．

(a) 行列 A の最小多項式 $P_m(s)$ を考えると，$P_x(s)$ は $P_m(s)$ を割り切る．

(b) $\mathbb{C}^n$ の A 不変空間 S, T が $S \cap T = (0)$ を満たしているとする．このとき，$u \in S,\ v \in T,\ w = u + v$ とするとき，$P_w(s)$ は $P_u(s)$ と $P_v(s)$ の最小公倍多項式に等しいことを示せ．

【6】 行列 $A \in \mathbb{C}^{n \times n}$ を考える．このとき，$\mathrm{span}\{b, Ab, \cdots, A^{n-1}b\} = \mathbb{C}^n$ となる $b \in \mathbb{C}^n$ が存在するためには，A の最小多項式と特性多項式が一致することが必要十分であることを示せ．

【7】 例題 6.4 で，e^{At} をジョルダン標準形を用いて計算せよ．

【8】 行列 $A \in \mathbb{C}^{n \times n}$ の固有値で正則な複素関数 $f(s)$ について，$f(A)A = Af(A)$ であることを示せ．

【9】 行列 $A \in \mathbb{C}^{n \times n}$ の固有値で正則な複素関数 $f(s)$ と $g(s)$ を考える．A の固有値を $\lambda_i\ (i = 1, \cdots, r)$，その最小多項式での重複度を σ_i とする．もし $i = 1, \cdots, r$ について

$$f(\lambda_i)g(\lambda_i) = 1, \qquad \left.\frac{d^k}{ds^k}(f(s)g(s))\right|_{s=\lambda_i} = 0 \quad (1 \leq k \leq \sigma_i - 1)$$

を満たすならば，$f(A)$ および $g(A)$ は正則行列であり，$f(A)^{-1} = g(A)$ であることを示せ．この特別な場合として，A を正則行列とするとき，関数 $f(s) = 1/s$ について $f(A) = A^{-1}$ であることがわかる．

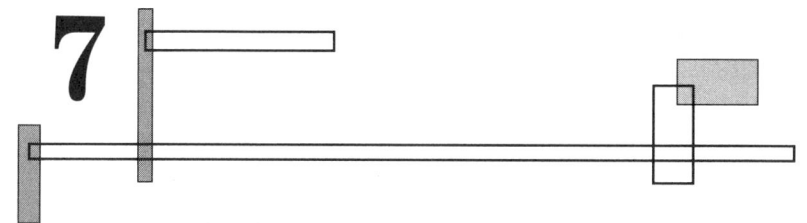

7 内積をもった線形空間

前章までは，和とスカラー倍の観点のみから線形空間を眺めてきた．これ以外の概念を線形空間に与えることにより，さらに多様な議論が可能となってくる．ここでは，内積という考え方を与えてみる．これにより，直交性という重要な性質が線形空間に加わることになる．

7.1 内積の定義と基本的性質

平面上の 2 本のベクトルに対して定義されていた内積を一般化することにより，線形空間に内積をもたせることにする．一般化された内積は，線形空間の 2 要素に複素数を割り当てる規則である．内積を用いて要素の大きさ（ノルム）を決めることができる．

7.1.1 内積の定義と具体例

平面上のベクトルの内積は，二つのベクトル $\vec{x}, \vec{y}$ の長さ $|\vec{x}|, |\vec{y}|$ と，それらのなす角度 θ を用いて $\langle \vec{x}, \vec{y} \rangle = |\vec{x}| |\vec{y}| \cos\theta$ と定めた．線形空間での内積は，この考え方を一般化したものである．

複素線形空間（または実線形空間）X の 2 要素に，複素数（または実数）を対応させる写像が以下の性質を満たすとき，**内積** (inner product) であるという．ただし，$x, y, z \in X$ および $\alpha, \beta \in \mathbb{C}$ （または $\alpha, \beta \in \mathbb{R}$）とする．

(a) $\langle \alpha x + \beta y, z \rangle = \alpha \langle x, z \rangle + \beta \langle y, z \rangle$.
(b) $\langle x, \alpha y + \beta z \rangle = \overline{\alpha} \langle x, y \rangle + \overline{\beta} \langle x, z \rangle$.
(c) $\langle x, x \rangle \geqq 0$ であり,等号が成り立つのは $x = 0$ のときに限る.
(d) $\langle x, y \rangle = \overline{\langle y, x \rangle}$.

すなわち,(a) より,$\langle x, y \rangle$ は前の変数について線形であり,(b) より,後ろの変数について共役線形である[†]。また実線形空間の場合には,(d) において共役複素数をとる操作は不要であり,単に $\langle x, y \rangle = \langle y, x \rangle$ であればよい。なお,内積を考えるために,これ以後の線形空間については,任意の体を考えることはせずに複素線形空間かまたは実線形空間とする。

内積をもった線形空間のいくつかの例を挙げておく。以下の例が,内積の 4 性質を満たしていることを各自確かめてほしい(演習問題【1】)。

例 7.1　n 次の実数ベクトル

n 個の実数を要素にもつベクトルの集合 $\mathbb{R}^n$ は,$\langle x, y \rangle = y^{\mathrm{T}} x$ と定めると内積をもった空間になる。

例 7.2　n 次の複素数ベクトル

n 個の複素数を要素にもつベクトルの集合 $\mathbb{C}^n$ は,$\langle x, y \rangle = y^{\mathrm{H}} x$ と定めると内積をもった空間になる。

例 7.3　連 続 関 数

区間 $[0, 1]$ 上の連続関数の全体 $C([0, 1])$ は

$$\langle f, g \rangle = \int_0^1 \overline{g(t)} f(t) dt$$

として定めると内積をもった空間になる。

[†] 文献によっては,前の変数に関して共役線形,後ろの変数に関して線形となっているものもある。適当に読み換えれば差はない。

線形空間 $\mathbb{R}^n$ や $\mathbb{C}^n$ には，**例 7.1**，**例 7.2** 以外の内積も考えることができる (9.3 節 参照)．しかし，以下では特に断らないかぎり，$\mathbb{R}^n$ や $\mathbb{C}^n$ の内積を**例 7.1**，**例 7.2** で与えているものとする．

7.1.2　内積から定まるノルム

内積をもった線形空間 X の要素 $x \in X$ に対して，**ノルム** (norm) を

$$\|x\| = \sqrt{\langle x, x \rangle} \tag{7.1}$$

と定めると，$\|x\|$ は x の大きさと考えることができる．実際，$\|x\|$ は 12 章で述べる線形空間のノルムとなる．例えば，$\mathbb{R}^2$ では，$x = [\,\xi_1\ \xi_2\,]^{\mathrm{T}}$ についてそのノルムは $\|x\| = \sqrt{\xi_1^2 + \xi_2^2}$ となり，平面上のベクトルの長さと一致している．

内積をもつ線形空間 X の点列 $\{x_k\} \subset X$ を考える．この点列に対して，$x \in X$ が $\lim_{k \to \infty} \|x_k - x\| = 0$ を満たすならば，$\{x_k\}$ は x に**収束する** (converge) といい，$\lim_{k \to \infty} x_k = x$ と書く．例えば，$\mathbb{R}^n$ や $\mathbb{C}^n$ では，この収束は成分ごとの実数または複素数での収束に一致している．

7.1.3　基本的性質

内積をもった線形空間 X のノルムを式 (7.1) によって与えるとき，そのノルムは内積の性質から派生する以下の性質を満たしている．

【定理 7.1】 内積をもった線形空間 X を考えるとき，つぎの性質が成り立つ．

(a)　$|\langle x, y \rangle| \leq \|x\| \|y\|$．
(b)　$\|x - y\|^2 + \|x + y\|^2 = 2\left(\|x\|^2 + \|y\|^2\right)$．

証明　(a)　もし $y = 0$ であれば，不等式は自明に成り立つので，以下 $y \neq 0$ とする．複素数 (または実数) α をパラメータとして，内積の公理より

$$\langle x - \alpha y, x - \alpha y \rangle$$
$$= \|x\|^2 - \overline{\alpha} \langle x, y \rangle - \alpha \langle y, x \rangle + |\alpha|^2 \|y\|^2$$

$$= \|x\|^2 - 2\operatorname{Re}(\alpha \langle y,x \rangle) + |\alpha|^2 \|y\|^2 \geqq 0$$

である†。ここで、$\alpha = re^{j\theta}$ と $r \in \mathbb{R}$, $\theta \in \mathbb{R}$ を用いて極座標表示する。角度 θ を

$$\operatorname{Re}(\alpha \langle y,x \rangle) = r|\langle y,x \rangle|$$

となるように選ぶ（実線形空間の場合には、内積は実数値をとるので、$\alpha = r$ または $\alpha = -r$ ととればよい）。すると、任意の実数 r について

$$\|x\|^2 - 2r|\langle y,x \rangle| + r^2\|y\|^2 \geqq 0$$

である。ここで、$r = |\langle y,x \rangle| / \|y\|^2$ とおけば (a) の不等式を得る。

(b) ノルムの定義より

$$\|x-y\|^2 + \|x+y\|^2$$
$$= \langle x-y, x-y \rangle + \langle x+y, x+y \rangle$$
$$= \langle x,x \rangle - \langle x,y \rangle - \langle y,x \rangle + \langle y,y \rangle + \langle x,x \rangle + \langle x,y \rangle + \langle y,x \rangle + \langle y,y \rangle$$
$$= 2\left(\|x\|^2 + \|y\|^2\right)$$

となるので、(b) が成り立っている。　　　　　　　　　　　　　△

定理 7.1 (a) の不等式を、**コーシー・ブニャコフスキ・シュワルツの不等式** (Cauchy-Bunyakowsky-Schwarz inequality)、または単に**シュワルツの不等式** (Schwarz inequality) という。**定理 7.1** (b) を**中線定理** (parallelogram law) という。後者を示したものが、図 7.1 である。平行四辺形の対角線の長さの自乗和が、辺の長さの自乗和に等しいことを表している。

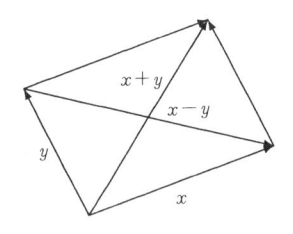

図 7.1　中 線 定 理

---

†　$\operatorname{Re} s$ で複素数 s の実部を表す。

7.1 内積の定義と基本的性質

内積をもった線形空間 X の有限個の要素からなる集合 $\{x_1, \cdots, x_m\}$ を考える。この集合からつぎの $\mathbb{C}^{m \times m}$ 行列をつくる。

$$G = \begin{bmatrix} \langle x_1, x_1 \rangle & \langle x_2, x_1 \rangle & \cdots & \langle x_m, x_1 \rangle \\ \langle x_1, x_2 \rangle & \langle x_2, x_2 \rangle & \cdots & \langle x_m, x_2 \rangle \\ \vdots & \vdots & \cdots & \vdots \\ \langle x_1, x_m \rangle & \langle x_2, x_m \rangle & \cdots & \langle x_m, x_m \rangle \end{bmatrix}. \tag{7.2}$$

行列 G を**グラム行列** (Gramian, Gram matrix) という。集合 $\{x_1, \cdots, x_m\}$ の一次独立性は,グラム行列の正則性と等価である。

【定理 7.2】 内積をもった線形空間 X の有限個の要素 $R = \{x_1, \cdots, x_m\}$ が一次独立であるためには,グラム行列 $G \in \mathbb{C}^{m \times m}$ が正則行列になることが必要十分である。さらに,R が一次独立であれば,$y \in \mathrm{span}\, R$ を $y = \sum_{i=1}^m \xi_i x_i$ と唯一に一次結合として表すとき,その係数は

$$\begin{bmatrix} \xi_1 \\ \vdots \\ \xi_m \end{bmatrix} = G^{-1} \begin{bmatrix} \langle y, x_1 \rangle \\ \vdots \\ \langle y, x_m \rangle \end{bmatrix}$$

によって与えられる。

証明 一次結合 $y = \sum_{i=1}^m \xi_i x_i$ を考える。$\xi \in \mathbb{C}^m$ を第 i 成分が ξ_i であるベクトルとする。このとき,内積の性質 (a) より

$$\langle y, x_j \rangle = \left\langle \sum_{i=1}^m \xi_i x_i, x_j \right\rangle = \sum_{i=1}^m \xi_i \langle x_i, x_j \rangle$$

である。これより

$$\begin{bmatrix} \langle y, x_1 \rangle \\ \vdots \\ \langle y, x_m \rangle \end{bmatrix} = G\xi \tag{7.3}$$

および $\langle y, y \rangle = \xi^\mathrm{H} G \xi$ であることがわかる。ここで,$\{x_1, \cdots, x_m\}$ が一次従属とすれば,ある $\xi \neq 0$ によって $y = 0$ とできるので,$G\xi = 0$ である。これは G

が正則行列ではないことをいっている。逆に，G が正則でないとすれば，$G\xi = 0$ を満たす $\xi \neq 0$ がある。それを用いて y を定めると，$\langle y, y \rangle = \xi^{\mathrm{H}} G \xi = 0$ より $y = 0$ である。したがって，$\{x_1, \cdots, x_m\}$ は一次従属である。後半は，式 (7.3) よりただちに得られる。 △

例題 7.1 線形空間 $\mathbb{R}^3$ の部分集合 $\{x_1, x_2, x_3\}$

$$x_1 = \begin{bmatrix} 1 \\ 0 \\ -2 \end{bmatrix}, \quad x_2 = \begin{bmatrix} 1 \\ -1 \\ 0 \end{bmatrix}, \quad x_3 = \begin{bmatrix} 0 \\ -3 \\ 1 \end{bmatrix}$$

についてグラム行列をつくり，この部分集合が一次独立であることを確かめよ。また，$y = \begin{bmatrix} 4 & -2 & 1 \end{bmatrix}^{\mathrm{T}}$ を x_1, x_2, x_3 の一次結合で表せ。

【解答】 グラム行列を計算すると

$$G = \begin{bmatrix} \langle x_1, x_1 \rangle & \langle x_2, x_1 \rangle & \langle x_3, x_1 \rangle \\ \langle x_1, x_2 \rangle & \langle x_2, x_2 \rangle & \langle x_3, x_2 \rangle \\ \langle x_1, x_3 \rangle & \langle x_2, x_3 \rangle & \langle x_3, x_3 \rangle \end{bmatrix} = \begin{bmatrix} 5 & 1 & -2 \\ 1 & 2 & 3 \\ -2 & 3 & 10 \end{bmatrix}$$

であり，$\det G = 25 \neq 0$ より G は正則行列である。すると，**定理 7.2** より $\{x_1, x_2, x_3\}$ は一次独立である。つぎに

$$G^{-1} \begin{bmatrix} \langle y, x_1 \rangle \\ \langle y, x_2 \rangle \\ \langle y, x_3 \rangle \end{bmatrix} = \frac{1}{25} \begin{bmatrix} 11 & -16 & 7 \\ -16 & 46 & -17 \\ 7 & -17 & 9 \end{bmatrix} \begin{bmatrix} 2 \\ 6 \\ 7 \end{bmatrix} = \begin{bmatrix} -1 \\ 5 \\ -1 \end{bmatrix}$$

となるので，**定理 7.2** を適用すると $y = -x_1 + 5x_2 - x_3$ であることがわかる。◇

7.2 直 交 性

内積をもった線形空間では，2 要素間に直交するという関係を考えることができる。正規直交基底は，互いに直交しかつ大きさが 1 に規格化された基底である。

7.2.1 定義

平面上の二つのベクトル $\vec{x}, \vec{y}$ が互いに直交していると,それらのなす角度は 90 度であるので,$\langle \vec{x}, \vec{y} \rangle = |\vec{x}| |\vec{y}| \cos(\pi/2) = 0$ となって内積が 0 になる.

そこで,7.1.1 項の一般化された内積を考える場合にも,直交という考えをもち込むことにする.内積をもった線形空間 X の二つの要素 x, y が $\langle x, y \rangle = 0$ を満たすとき,これらは**直交** (orthogonal) しているという.このとき,$x \perp y$ と書くこともある.$x \perp y$ は「x と y は直交する」と読む.

【定理 7.3】 内積をもった線形空間 X の二つの要素 x, y が,$x \perp y$ であるならば $\|x+y\|^2 = \|x\|^2 + \|y\|^2$ である.

証明 $\|x+y\|^2 = \langle x+y, x+y \rangle = \langle x, x \rangle + \langle x, y \rangle + \langle y, x \rangle + \langle y, y \rangle = \langle x, x \rangle + \langle y, y \rangle = \|x\|^2 + \|y\|^2$ である. △

定理 7.3 を**ピタゴラスの定理** (Pythagorean theorem) という.これは,直角三角形の斜辺の長さの自乗は,他の 2 辺の長さの自乗の和に等しいという幾何学的な性質を述べたものである.

7.2.2 正規直交基底

内積をもった有限次元線形空間 X の基底 $\{x_1, \cdots, x_n\}$ が

$$\langle x_j, x_i \rangle = \begin{cases} 1 & (i = j) \\ 0 & (i \neq j) \end{cases} \tag{7.4}$$

を満たすならば,基底 $\{x_1, \cdots, x_n\}$ は**正規直交基底** (orthonormal basis) であるという.つまり,$\{x_1, \cdots, x_n\}$ は,互いに直交するノルムが 1 の要素からなる基底である.正規直交基底を用いるとき,基底を用いた表現がつぎのように簡単に求まる.

【定理 7.4】 内積をもった線形空間 X の正規直交基底 $\{x_1, \cdots, x_n\}$ が与えらるとき,任意の $y \in X$ は

$$y = \langle y, x_1 \rangle x_1 + \cdots + \langle y, x_n \rangle x_n$$

と表される。

証明 正規直交基底 $\{x_1, \cdots, x_n\}$ については，グラム行列が単位行列になる。ここで**定理 7.2** を適用すれば結果を得る。 △

基底が与えられたときに，それから正規直交基底をつくる方法に**グラム・シュミットの直交化** (Gram-Schmidt orthogonalization) という手続きがある。

【**定理 7.5**】 内積をもった線形空間 X の基底 $\{y_1, \cdots, y_n\}$ を与える。このとき，つぎの手順で得られる $\{x_1, \cdots, x_n\}$ は正規直交基底となる。

手順 1. $k = 1$ とおく。

手順 2. $y'_k = y_k - \sum_{j=1}^{k-1} \langle y_k, x_j \rangle x_j$.

手順 3. $x_k = \dfrac{y'_k}{\|y'_k\|}$.

手順 4. $k < n$ ならば $k \leftarrow k+1$ として**手順 2.** に戻る。

さらに，このとき $1 \leq k \leq n$ について

$$\mathrm{span}\{x_1, \cdots, x_k\} = \mathrm{span}\{y_1, \cdots, y_k\} \tag{7.5}$$

が成り立つ。

証明 正整数 k を与えるとき，$i \leq k$ と $j \leq k$ を満たす (i,j) について，式 (7.4) および式 (7.5) が成り立っているものとする（これは $k = 1$ のときは明らかに正しい）。すると，$\{y_1, \cdots, y_{k+1}\}$ が一次独立だから $y'_{k+1} \neq 0$ であり，**手順 3.** より $\langle x_{k+1}, x_{k+1} \rangle = 1$ となる。そこで，$i \leq k$ として

$$\langle x_{k+1}, x_i \rangle = \frac{1}{\|y'_{k+1}\|} \left(\langle y_{k+1}, x_i \rangle - \sum_{j=1}^{k} \langle y_{k+1}, x_j \rangle \langle x_j, x_i \rangle \right)$$

$$= \frac{1}{\|y'_{k+1}\|} \left(\langle y_{k+1}, x_i \rangle - \langle y_{k+1}, x_i \rangle \right) = 0$$

である。内積の性質 (d) より $\langle x_i, x_{k+1} \rangle = 0$ も成り立つ。ここで，構成方法から $\mathrm{span}\{y_1, \cdots, y_{k+1}\} \subset \mathrm{span}\{x_1, \cdots, x_{k+1}\}$ であるが，両者はともに一次独立な

ので，次元を数えることによって等号が成り立つことがわかる。ゆえに，k に関する帰納法により定理が成り立つ。 △

ただちに見てとれるように，グラム・シュミットの直交化は，与える基底 $\{y_1, \cdots, y_n\}$ の並べる順序に依存している。

例題 7.2 線形空間 $\mathbb{R}^3$ の基底 $\{y_1, y_2, y_3\}$ を

$$y_1 = \begin{bmatrix} 1 \\ 2 \\ 2 \end{bmatrix}, \quad y_2 = \begin{bmatrix} 1 \\ 0 \\ 1 \end{bmatrix}, \quad y_3 = \begin{bmatrix} 0 \\ 2 \\ -2 \end{bmatrix}$$

と与えるとき，グラム・シュミットの直交化によって正規直交基底を求めよ。その正規直交基底の一次結合として，$z = \begin{bmatrix} 3 & -1 & 1 \end{bmatrix}^\mathrm{T}$ を表せ。

【解答】 手順により計算すると，$x_1 = y_1/\|y_1\| = y_1/3$, $y_2' = y_2 - \langle y_2, x_1 \rangle x_1 = y_2 - x_1$, $x_2 = y_2'/\|y_2'\| = y_2'$, $y_3' = y_3 - \langle y_3, x_1 \rangle x_1 - \langle y_3, x_2 \rangle x_2 = y_3 + 2x_2$, $x_3 = y_3'/\|y_3'\| = y_3'/2$ となるので

$$x_1 = \frac{1}{3}\begin{bmatrix} 1 \\ 2 \\ 2 \end{bmatrix}, \quad x_2 = \frac{1}{3}\begin{bmatrix} 2 \\ -2 \\ 1 \end{bmatrix}, \quad x_3 = \frac{1}{3}\begin{bmatrix} 2 \\ 1 \\ -2 \end{bmatrix}$$

を得る。これに**定理 7.4** を適用すると，$z = \langle z, x_1 \rangle x_1 + \langle z, x_2 \rangle x_2 + \langle z, x_3 \rangle x_3 = x_1 + 3x_2 + x_3$ であることがわかる。 ◇

7.3 直交補空間

有限次元線形空間の部分空間は，補空間をもつことをすでに見てきた。内積のある線形空間の部分空間は，直交補空間と呼ばれる特別な補空間をもつ。直交補空間は，部分空間に対して唯一定まり，さまざまな解析で重要な役目を果たす。

7.3.1 直交補空間の定義

内積をもった線形空間 X の部分空間 S が与えられたとき

$$S^\perp = \{x : \langle x, y \rangle = 0, \ y \in S\} \tag{7.6}$$

で定義される集合を S の**直交補空間** (orthogonal complement) という。式 (7.6) で定義される $S^\perp$ が部分空間であることは演習とする (演習問題【3】)。

図 **7.2** に直交補空間の考え方を説明する。部分空間 S のすべての要素に直交する元の全体が $S^\perp$ である。直交補空間は，2.4.2 項に述べた意味で補空間の一つである (**定理 7.6**)。内積をもった線形空間 X の部分空間 S, T が，任意の $x \in S$, $y \in T$ について $\langle x, y \rangle = 0$ を満たすとき，S と T は直交するといい，$S \perp T$ と書くことにする。

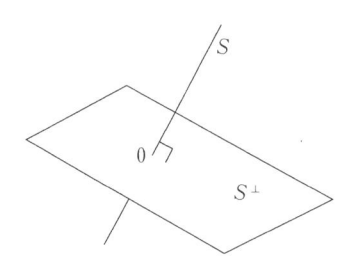

図 **7.2** 直 交 補 空 間

【**定理 7.6**】 内積をもつ有限次元線形空間 X の部分空間 S を与える。部分空間 T が $T = S^\perp$ であるためには，つぎの 2 条件を満たすことが必要十分である。

(a) $S \perp T$.
(b) $S + T = X$, $S \cap T = (0)$.

|証明| **必要性** (a) については，定義式 (7.6) より自明である。(b) を示すために $T = S^\perp$ とする。$x \in S \cap T$ とすれば，$x \perp x$ より $\langle x, x \rangle = 0$ なので，$x = 0$ である。S の正規直交基底を $\{x_1, \cdots, x_r\}$ とする。$x \in X$ を任

意に与えるとき, $x_S = \langle x, x_1 \rangle x_1 + \cdots + \langle x, x_r \rangle x_r$ とおく。$x_S \in S$ および $x = x_S + (x - x_S)$ は明らかである。正規直交性を用いると, $i = 1, \cdots, r$ について $\langle x_S, x_i \rangle = \langle x, x_1 \rangle \langle x_1, x_i \rangle + \cdots + \langle x, x_r \rangle \langle x_r, x_i \rangle = \langle x, x_i \rangle$ となるので, $\langle x - x_S, x_i \rangle = \langle x, x_i \rangle - \langle x_S, x_i \rangle = 0$ である。つまり $x - x_S \in S^\perp$ である。

十分性 S と T の正規直交基底をそれぞれ $\{x_1, \cdots, x_r\}$, $\{x_{r+1}, \cdots, x_n\}$ とする。(b) より, 2 章の演習問題【7】を用いると, $\{x_1, \cdots, x_n\}$ は X の基底であることがわかる。また, (a) より, $i = 1, \cdots, r$ と $j = r+1, \cdots, n$ について $\langle x_i, x_j \rangle = 0$ である。まず, $x \in T$ ならば $x \in S^\perp$ であることは明らかである。逆に $x \in S^\perp$ とする。$x = \xi_1 x_1 + \cdots + \xi_n x_n$ と書くとき, $i = 1, \cdots, r$ について $\langle x, x_i \rangle = \xi_i = 0$ となるので, $x \in T$ である。 △

定理 7.6 の 2 条件は, 実際には (a) と $S + T = X$ のみでよい。**定理 7.6** では, 直交補空間も一つの補空間であることを述べるために, 冗長な書き方をした。

例題 7.3 例題 7.2 で与えた $y_1, y_2 \in \mathbb{R}^3$ を考え, $S = \text{span}\{y_1, y_2\}$ とする。直交補空間 $S^\perp$ を求めよ。

【解答】 例題 7.2 の解答の $x_3 \in \mathbb{R}^3$ を用いて $T = \text{span}\{x_3\}$ とおく。$\langle y_1, x_3 \rangle = \langle y_2, x_3 \rangle = 0$ より $S \perp T$ である。また, $\{y_1, y_2, x_3\}$ は一次独立であるので, $S + T = \mathbb{R}^3$ である。したがって, $S \cap T = (0)$ であるので, **定理 7.6** より $T = S^\perp$ である。 ◇

7.3.2 直交補空間の基本的性質

部分空間の和や共通集合の操作を考えると, 直交補空間をとることに関してつぎのような性質がある。

【定理 7.7】 内積をもった有限次元線形空間 X の部分空間 S と T について, 以下が成り立つ。
(a) $S^{\perp\perp} = S$.
(b) $(S + T)^\perp = S^\perp \cap T^\perp$.

(c)　$(S \cap T)^\perp = S^\perp + T^\perp$.

証明　(a) 定理 7.6 の証明で示したように，X の正規直交基底 $\{x_1, \cdots, x_n\}$ を $S = \operatorname{span}\{x_1, \cdots, x_r\}$，$S^\perp = \operatorname{span}\{x_{r+1}, \cdots, x_n\}$ であるように選ぶことができる．したがって，$S^{\perp\perp} = \operatorname{span}\{x_1, \cdots, x_r\} = S$ である．

(b) $x \in (S+T)^\perp$ とする．$S \subset S+T$ だから $x \in S^\perp$ である．同様に，$T \subset S+T$ より $x \in T^\perp$ を得るので，$x \in S^\perp \cap T^\perp$ である．逆に $x \in S^\perp \cap T^\perp$ とする．$y \in S+T$ とすれば，$y = u+v$ となる $u \in S$ と $v \in T$ があるので，$\langle x, y \rangle = \langle x, u \rangle + \langle x, v \rangle = 0$ である．つまり $x \in (S+T)^\perp$ である．

(c) (a) と (b) を繰り返し用いて
$$S^\perp + T^\perp = \left(S^\perp + T^\perp\right)^{\perp\perp} = \left(S^{\perp\perp} \cap T^{\perp\perp}\right)^\perp = (S \cap T)^\perp$$
を得る．　　　　　　　　　　　　　　　　　　　　　　　　　　　　　△

直交補空間を用いると，実数（または複素数）の行列 A による線形写像の像および零空間は，転置行列 A^T （または共役転置行列 A^H）の像および零空間と関係づけられることがわかる．

【定理 7.8】　行列 $A \in \mathbb{R}^{m \times n}$ （または $A \in \mathbb{C}^{m \times n}$）について以下の関係が成り立つ．

(a)　$(\operatorname{ran} A)^\perp = \operatorname{ker} A^T$　　（または $(\operatorname{ran} A)^\perp = \operatorname{ker} A^H$）．
(b)　$(\operatorname{ker} A)^\perp = \operatorname{ran} A^T$　　（または $(\operatorname{ker} A)^\perp = \operatorname{ran} A^H$）．

証明　証明は複素行列の場合について与える．

(a) もし $y \in \operatorname{ker} A^H$ であれば，任意の x について $y^H(Ax) = \left(A^H y\right)^H x = 0$ であるので，$y \in (\operatorname{ran} A)^\perp$ である．逆に $y \in (\operatorname{ran} A)^\perp$ であるとすれば，任意の x について $y^H(Ax) = \left(A^H y\right)^H x = 0$ であるから $A^H y = 0$ であり，$y \in \operatorname{ker} A^H$ となる．

(b) A^H について同じ議論を適用し，部分空間について $S^{\perp\perp} = S$ （**定理 7.7** (a)）を利用すればよい．　　　　　　　　　　　　　　　　　　　　　△

例題 7.4　例題 4.1 の行列 $A \in \mathbb{R}^{3 \times 4}$ について，定理 7.8 の各項を確か

めよ．

【解答】 例題 4.1 の解答で，$\operatorname{ran} A, \ker A, \operatorname{ran} A^{\mathrm{T}}, \ker A^{\mathrm{T}}$ はすでに求めた．$i=1,2$ について，$\left\langle Se_i, \left(S^{-1}\right)^{\mathrm{T}} e_3 \right\rangle = e_3^{\mathrm{T}} S^{-1} S e_i = 0$ なので，$\operatorname{ran} A \perp \ker A^{\mathrm{T}}$ である．また，$\operatorname{ran} A \cap \ker A^{\mathrm{T}} = (0)$，$\operatorname{ran} A + \ker A^{\mathrm{T}} = \mathbb{R}^3$ であることも確認できる．**定理 7.6** を適用すれば $(\operatorname{ran} A)^{\perp} = \ker A^{\mathrm{T}}$ を得る．$\left(\operatorname{ran} A^{\mathrm{T}}\right)^{\perp} = \ker A$ については同様であるので省略する． ◇

********** 演 習 問 題 **********

【1】 7.1.1 項の例 7.1 ～例 7.3 について，それぞれ内積の性質を満たしていることを確かめよ．

【2】 **定理 7.2** で，グラム行列の逆行列を $G^{-1} = H = (h_{ij})$ として，$z_j = \sum_{i=1}^{m} \overline{h_{ji}} x_i$ $(j=1,\cdots,m)$ とする．このとき，$y \in \operatorname{span} R$ は $y = \langle y, z_1 \rangle x_1 + \cdots \langle y, z_m \rangle x_m$ のように与えられることを示せ（注意：$\{x_1, \cdots, x_m\}$ が X の基底であるとき，このようにしてつくられた $\{z_1, \cdots, z_m\}$ を**相反系** (reciprocal system) という．特に，$X = \mathbb{R}^3$ のときの相反系は，ベクトルの内積と外積を用いて表現でき，物理学で利用されている）．

【3】 式 (7.6) の $S^{\perp}$ は部分空間であることを示せ．

【4】 例題 7.2 で与えた $y_1, y_2 \in \mathbb{R}^3$ を考え，$S = \operatorname{span}\{y_1\}$，$T = \operatorname{span}\{y_2\}$ とする．このとき，$S^{\perp\perp}$，$(S+T)^{\perp}$，$(S \cap T)^{\perp}$ を計算して，**定理 7.7** の各項が成り立っていることを確認せよ．

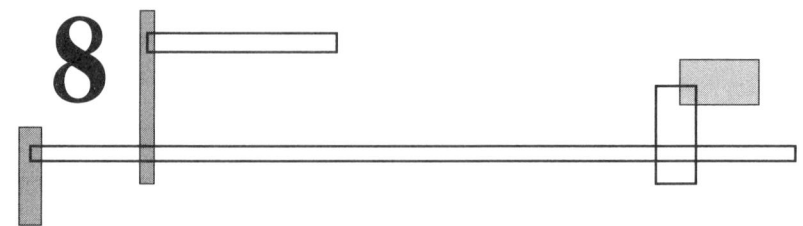

8 正規行列とその固有値

　正規行列は，実対称行列，エルミート行列，直交行列，ユニタリ行列といったシステム制御理論において重要なクラスの行列を含んだ正方行列である．正規行列に特有な固有値および固有ベクトルの性質を利用して，いくつかの有用な結果が導かれる．中でも，正規行列の固有ベクトルが互いに直交することは重要である．

8.1　正規行列の固有ベクトル

　正規行列は，固有ベクトルの構造に特徴がある．そのことから，ユニタリ変換（または直交変換）という相似変換の特殊なクラスを用いて対角化できることが明らかになる．

8.1.1　定義と具体例

　複素行列 $A \in \mathbb{C}^{n \times n}$（または実行列 $A \in \mathbb{R}^{n \times n}$）は，$A^\mathrm{H} A = A A^\mathrm{H}$（実行列の場合には $A^\mathrm{T} A = A A^\mathrm{T}$）を満たすならば**正規行列**（normal matrix）という．正規行列の特別なクラスとして，エルミート行列（実数行列の場合は実対称行列）やユニタリ行列（実数行列の場合は直交行列）などがある．これらは，つぎのようなクラスである．

例 8.1 エルミート行列

複素行列 $A \in \mathbb{C}^{n \times n}$ が $A^{\mathrm{H}} = A$ を満たすならば,**エルミート行列** (Hermitian matrix) という。

例 8.2 実対称行列

実行列 $A \in \mathbb{R}^{n \times n}$ が $A^{\mathrm{T}} = A$ を満たすならば,**実対称行列** (symmetric matrix) という。

例 8.3 ユニタリ行列

複素行列 $A \in \mathbb{C}^{n \times n}$ が $A^{\mathrm{H}}A = AA^{\mathrm{H}} = I$ を満たすならば,**ユニタリ行列** (unitary matrix) という。

例 8.4 直交行列

実行列 $A \in \mathbb{R}^{n \times n}$ が $A^{\mathrm{T}}A = AA^{\mathrm{T}} = I$ を満たすならば,**直交行列** (orthogonal matrix) という。

例 8.5 歪対称行列

実行列 $A \in \mathbb{R}^{n \times n}$ が $A^{\mathrm{T}} = -A$ を満たすならば,**歪対称行列** (skew symmetric matrix) という。

ユニタリ行列 $A \in \mathbb{C}^{n \times n}$ は正則行列であり,$A^{-1} = A^{\mathrm{H}}$ であることはただちにわかる。また,A の各列を $\mathbb{C}^n$ のベクトルが n 本並んでいると考えるならば,それらが $\mathbb{C}^n$ の正規直交基底になっていることもわかる(確認せよ)。同様なことが,直交行列についても成り立っている。

8.1.2 正規行列の固有ベクトル

正規行列の相異なる固有値に対する固有ベクトルは，互いに直交するという性質をもっている．

【定理 8.1】 正規行列 $A \in \mathbb{C}^{n \times n}$ を考える．このとき以下のことが成り立つ．

(a) 固有値 λ とそれに対する固有ベクトルを x とすれば，x は A^{H} の $\overline{\lambda}$ に対する固有ベクトルである．

(b) 相異なる固有値 λ, σ ($\lambda \neq \sigma$) に対する固有ベクトルをそれぞれ x および y とすれば，$y^{\mathrm{H}} x = 0$ である．

証明 (a) $A^{\mathrm{H}} A = A A^{\mathrm{H}}$ および $Ax = \lambda x$ を用いて

$$\begin{aligned}
0 &= (Ax - \lambda x)^{\mathrm{H}} (Ax - \lambda x) \\
&= |\lambda|^2 x^{\mathrm{H}} x - \lambda x^{\mathrm{H}} A^{\mathrm{H}} x - \overline{\lambda} x^{\mathrm{H}} A x + x^{\mathrm{H}} A^{\mathrm{H}} A x \\
&= \left(A^{\mathrm{H}} x - \overline{\lambda} x\right)^{\mathrm{H}} \left(A^{\mathrm{H}} x - \overline{\lambda} x\right)
\end{aligned}$$

より，$A^{\mathrm{H}} x = \overline{\lambda} x$ を得る．

(b) $\lambda y^{\mathrm{H}} x = y^{\mathrm{H}} A x = \left(A^{\mathrm{H}} y\right)^{\mathrm{H}} x = \sigma y^{\mathrm{H}} x$ より，$\lambda \neq \sigma$ ならば $y^{\mathrm{H}} x = 0$ である． △

例題 8.1 行列

$$A = \begin{bmatrix} 5 + 7j & -6 \\ 6 & 5 - 2j \end{bmatrix}$$

は正規行列であることを確かめたのち，**定理 8.1** の各項を実際に計算して確認せよ．

【解答】 $A^{\mathrm{H}} A = A A^{\mathrm{H}}$ については，各自で計算されたい．特性方程式は $s^2 - (10 + 5j)s + 75 + 25j = 0$ であるので，固有値は $\lambda_1 = 5 + 10j$, $\lambda_2 = 5 - 5j$ である．それぞれの固有値に対する固有ベクトルを x_1, x_2 とすると

8.1 正規行列の固有ベクトル

$$x_1 = \begin{bmatrix} 2 \\ -j \end{bmatrix}, \quad x_2 = \begin{bmatrix} -j \\ 2 \end{bmatrix}$$

である．すると

$$A^{\mathrm{H}} x_1 = \begin{bmatrix} 10 - 20j \\ -10 - 5j \end{bmatrix} = \overline{\lambda}_1 x_1, \quad A^{\mathrm{H}} x_2 = \begin{bmatrix} 5 - 5j \\ 10 + 10j \end{bmatrix} = \overline{\lambda}_2 x_2$$

より (a) が確認できる．(b) は，$x_2^{\mathrm{H}} x_1 = 0$ であることから確認できる． ◇

もし正規行列の固有値がすべて相異なるときには，**定理 5.7** を適用すれば相似変換によって対角化可能であるが，**定理 8.1** より，正規行列の相異なる固有値に対する固有ベクトルは直交するので，相似変換としてユニタリ行列を用いることができる (**定理 5.7** の証明に注意されたい)．実は，正規行列の固有値が相異なることは仮定せずともよく，より強いつぎの結果を得ることができる．

【**定理 8.2**】 正規行列 $A \in \mathbb{C}^{n \times n}$ は，ユニタリ行列 $U \in \mathbb{C}^{n \times n}$ を用いた相似変換によって $U^{\mathrm{H}} A U = \mathrm{diag}\{\lambda_1, \lambda_2, \cdots, \lambda_n\}$ と対角化できる．逆に，A がユニタリ行列を用いた相似変換で対角化されるならば，A は正規行列である．

証明　行列 A の一つの固有値を λ，それに対する固有ベクトルを v とする．$\|v\| = 1$ に正規化してあるとしてよい．$u_2, \cdots, u_n$ を適当に選んで $\{v, u_2, \cdots, u_n\}$ が正規直交基底となるようにする (**定理 2.4，定理 7.5**)．$U_1 = [v\ u_2\ \cdots\ u_n]$ とおけば，これは $U_1^{\mathrm{H}} U_1 = I$ を満たすので，ユニタリ行列である．

$$U_1^{\mathrm{H}} A U_1 = \begin{bmatrix} a_{00} & A_{01} \\ A_{10} & A_1 \end{bmatrix}$$

とおく．$Av = \lambda v$ より $a_{00} = \lambda$，$A_{10} = O$ である．また，**定理 8.1** より $v^{\mathrm{H}} A = \lambda v^{\mathrm{H}}$ であるが，これより $A_{01} = O$ である．すると，$A^{\mathrm{H}} A = A A^{\mathrm{H}}$ より $A_1^{\mathrm{H}} A_1 = A_1 A_1^{\mathrm{H}}$ である．これは A_1 が正規行列であることを述べている．以下，A_1 に順次同じ議論を適用することによりユニタリ行列 $U_2, \cdots, U_{n-1}$ が求まり，$U = U_1 U_2 \cdots U_{n-1}$ とすれば U もユニタリ行列で，$U^{\mathrm{H}} A U$ は対角行列になる．逆に，ユニタリ行列 U を用いて $U^{\mathrm{H}} A U = \mathrm{diag}\{\lambda_1, \cdots, \lambda_n\}$ と対角化できたとすると

$$AA^{\mathrm{H}} = U\operatorname{diag}\{\lambda_1,\cdots,\lambda_n\}U^{\mathrm{H}}U\operatorname{diag}\{\overline{\lambda_1},\cdots,\overline{\lambda_n}\}U^{\mathrm{H}}$$
$$= U\operatorname{diag}\{|\lambda_1|^2,\cdots,|\lambda_n|^2\}U^{\mathrm{H}}$$
$$= U\operatorname{diag}\{\overline{\lambda_1},\cdots,\overline{\lambda_n}\}U^{\mathrm{H}}U\operatorname{diag}\{\lambda_1,\cdots,\lambda_n\}U^{\mathrm{H}} = A^{\mathrm{H}}A$$

であるから，A は正規行列である。　　　　　　　　　　　　　　　　△

定理 8.2 において，対角化された対角成分 $\lambda_1,\lambda_2,\cdots,\lambda_n$ は A の固有値であり，ユニタリ行列 U の各列は A の固有ベクトルになる。ここで，A が実行列であったとしても，固有値は実数とは限らないので，**定理 8.2** において，相似変換はユニタリ行列のクラスから選ばなければならない。

例題 8.2 行列
$$A = \begin{bmatrix} 0 & 2 \\ -2 & 0 \end{bmatrix}$$
は正規行列であることを確認したのち，ユニタリ行列を用いた相似変換で対角化せよ。

【解答】 $A^{\mathrm{T}} = -A$ なので，A は歪対称行列であり，したがって正規行列である。実際に固有ベクトルを計算することにより
$$\begin{bmatrix} \frac{\sqrt{2}}{2} & -\frac{\sqrt{2}}{2}j \\ \frac{\sqrt{2}}{2} & \frac{\sqrt{2}}{2}j \end{bmatrix} A \begin{bmatrix} \frac{\sqrt{2}}{2} & \frac{\sqrt{2}}{2} \\ \frac{\sqrt{2}}{2}j & -\frac{\sqrt{2}}{2}j \end{bmatrix} = \begin{bmatrix} 2j & 0 \\ 0 & -2j \end{bmatrix}$$
と対角化することができる。　　　　　　　　　　　　　　　　　　◇

定理 8.2 を用いると，つぎのことがわかる。

例題 8.3 正規行列 $A \in \mathbb{C}^{n\times n}$ の固有値を λ とする。特性多項式での λ の重複度を σ とすれば，$\sigma = n - \operatorname{rank}(\lambda I - A) = \dim\ker(\lambda I - A)$ であることを示せ。正規行列という仮定をおかなければ，このことは成り立たないことを例を用いて示せ。

【解答】 **定理 8.2** より，正規行列 A は対角行列に相似変換される。このとき，λ

でない対角成分の数は $n-\sigma$ であることに注意する.一方,この数は $\mathrm{rank}(\lambda I - A)$ に等しいので,これより示したい等式を得る(後ろ側の等式は**定理 4.2** の結果である).正規行列の仮定がない場合,**例題 5.4** の行列 A について,固有値 0 の特性方程式での重複度は 2 であるが,$2 - \mathrm{rank}(-A) = 1$ である. $\diamondsuit$

8.2　直交行列とユニタリ行列

直交行列およびユニタリ行列は,重要な正規行列のサブクラスである.これらの行列の固有値は,絶対値が 1 となる.線形変換として見たとき,内積を変化させない変換を与える.

8.2.1　固有値の存在領域

直交行列とユニタリ行列の固有値に関して,つぎの定理が成り立つ.

【定理 8.3】 ユニタリ行列 $A \in \mathbb{C}^{n \times n}$ (または直交行列 $A \in \mathbb{R}^{n \times n}$) の固有値の絶対値は 1 である.逆に,すべての固有値の絶対値が 1 である正規行列 $A \in \mathbb{C}^{n \times n}$ (または $A \in \mathbb{R}^{n \times n}$) は,ユニタリ行列(または直交行列)である.

証明　行列 A の固有値を λ,それに対する固有ベクトルを x とすれば,$x^{\mathrm{H}} A^{\mathrm{H}} A x = |\lambda|^2 x^{\mathrm{H}} x = x^{\mathrm{H}} x$ である.これより $|\lambda|^2 = 1$ を得る.逆に,正規行列 A の固有値の絶対値がすべて 1 であるとする.**定理 8.2** により,ユニタリ行列 U を用いて $U^{\mathrm{H}} A U = \Lambda = \mathrm{diag}\{\lambda_1, \cdots, \lambda_n\}$ と対角化する.固有値の絶対値が 1 なので,$\Lambda^{\mathrm{H}} \Lambda = \Lambda \Lambda^{\mathrm{H}} = I$ である.ゆえに,$A^{\mathrm{H}} A = U \Lambda^{\mathrm{H}} U^{\mathrm{H}} U \Lambda U^{\mathrm{H}} = I$,$A A^{\mathrm{H}} = U \Lambda U^{\mathrm{H}} U \Lambda^{\mathrm{H}} U^{\mathrm{H}} = I$ が成り立つが,これは A がユニタリ行列(実数行列の場合は直交行列)であることを示している.　△

ここで,A が直交行列であったとしても,固有値は実数とは限らないことに注意しておく.したがって,直交行列を用いるのみでは直交行列を対角化でき

るとは限らない。また，**定理 8.3** の後半で正規行列の仮定がおかれない場合は，固有値の絶対値がすべて 1 であったとしても，ユニタリ行列であるとは結論できないことに注意する。

例題 8.4 実数 θ を考えるとき，行列
$$A = \begin{bmatrix} \cos\theta & -\sin\theta \\ \sin\theta & \cos\theta \end{bmatrix}$$
は直交行列であることを確かめて，さらに固有値を求めよ。また，ユニタリ行列を用いて対角化せよ。

【解答】 実際に計算すると $A^\mathrm{T} A = A A^\mathrm{T} = I$ である。特性方程式は $s^2 - 2s\cos\theta + 1 = 0$ なので，固有値は $\cos\theta \pm j\sin\theta$ である。そこで
$$U = \begin{bmatrix} \frac{\sqrt{2}}{2} & \frac{\sqrt{2}}{2}j \\ -\frac{\sqrt{2}}{2}j & -\frac{\sqrt{2}}{2} \end{bmatrix}$$
とおく。$U^\mathrm{H} U = I$ および $U^\mathrm{H} A U = \mathrm{diag}\{\cos\theta + j\sin\theta, \cos\theta - j\sin\theta\}$ を満たすので，A はユニタリ行列 U によって対角化される。　　　　◇

8.2.2　線形変換としてのユニタリ行列と直交行列

ユニタリ行列または直交行列を線形変換として見るならば，内積を保存することがわかる。そのために，数値計算にとって好ましいことが多く，8.2.3 項で述べるようにいくつかの変換に利用されている。

【**定理 8.4**】 線形空間 $\mathbb{C}^n$ に内積 $\langle x, y \rangle = y^\mathrm{H} x$ （または $\mathbb{R}^n$ に内積 $\langle x, y \rangle = y^\mathrm{T} x$ ）を与える。ユニタリ行列 $A \in \mathbb{C}^{n \times n}$ （または直交行列 $A \in \mathbb{R}^{n \times n}$）を考える。このとき，$x, y \in \mathbb{C}^n$ （または $x, y \in \mathbb{R}^n$）に対して $\langle Ax, Ay \rangle = \langle x, y \rangle$ が成り立つ。

証明　任意の $x, y \in \mathbb{C}^n$ について，$\langle Ax, Ay \rangle = (Ay)^\mathrm{H}(Ax) = y^\mathrm{H} A^\mathrm{H} A x = y^\mathrm{H} x = \langle x, y \rangle$ である。　　　　△

内積を変えないことから，$\|x\| = \|Ax\|$ であることにも注意しておく。さらに，U は正方であるので，逆行列をもち $U^{-1} = U^{\mathrm{H}}$ である。したがって，ユニタリ行列による $\mathbb{C}^n$ の線形変換は，内積を保存する正則な変換である。

例題 8.5 例題 8.4 の行列 A をベクトル $x = [\,1\ 0\,]^{\mathrm{T}}$, $y = [\,1\ 1\,]^{\mathrm{T}}$ に乗じるとき，内積とノルムがそれぞれ保存されていることを確かめよ。

【解答】 実際に計算すれば
$$Ax = \begin{bmatrix} \cos\theta \\ \sin\theta \end{bmatrix},\quad Ay = \begin{bmatrix} \sqrt{2}\cos\left(\theta + \frac{\pi}{4}\right) \\ \sqrt{2}\sin\left(\theta + \frac{\pi}{4}\right) \end{bmatrix}$$
だから，$\|x\| = \|Ax\| = 1$, $\|y\| = \|Ay\| = \sqrt{2}$, $\langle x, y \rangle = \langle Ax, Ay \rangle = 1$ となる。
$\diamond$

8.2.3 ユニタリ行列と直交行列による相似変換

ユニタリ行列を用いて，任意の正方行列を上三角行列に相似変換することが可能である。**定理 8.5** に示すこのような変換を**シューア分解** (Schur decomposition) という。

【**定理 8.5**】 行列 $A \in \mathbb{C}^{n \times n}$ を考える。このときあるユニタリ行列 $U \in \mathbb{C}^{n \times n}$ によって
$$U^{\mathrm{H}}AU = \begin{bmatrix} d_{11} & d_{12} & \cdots & d_{1n} \\ 0 & d_{22} & \cdots & d_{2n} \\ \vdots & \ddots & \ddots & \vdots \\ 0 & \cdots & 0 & d_{nn} \end{bmatrix}$$
と，上三角行列に相似変換することができる。

[証明] 定理 8.2 の証明と同じく，ユニタリ行列 U_1 を用いて

$$U_1^{\mathrm{H}} A U_1 = \begin{bmatrix} a_{00} & A_{01} \\ O & A_1 \end{bmatrix}$$

と変換できる．ここで，$A_1 \in \mathbb{C}^{(n-1)\times(n-1)}$ に同じ議論をすることにより，ユニタリ行列 U_2 があって，A_1 の 1 列目を第 1 成分を除いて 0 にできる．このとき，A_{01} も変化を受けるが，ブロック三角行列の構造は変化しない．以下，順次同じ議論を用いてユニタリ行列 $U_3, \cdots, U_{n-1}$ を求め，$U = U_1 U_2 \cdots U_{n-1}$ とすれば U もユニタリ行列で，$U^{\mathrm{H}} A U$ は上三角行列になっている． △

定理 8.5 で，対角成分は行列 A の固有値になる．A が実数行列である場合でも，上三角行列にするためにはユニタリ行列を必要とすることに注意する．直交行列の範囲で変換をする場合，つぎに述べる**実シューア形** (real Schur form) までにしか変形できない．つまり，$A \in \mathbb{R}^{n \times n}$ に対してある直交行列 $U \in \mathbb{R}^{n \times n}$ を

$$U^{\mathrm{T}} A U = \begin{bmatrix} D_{11} & D_{12} & \cdots & D_{1m} \\ 0 & D_{22} & \cdots & D_{2m} \\ \vdots & \ddots & \ddots & \vdots \\ 0 & \cdots & 0 & D_{mm} \end{bmatrix}$$

と選ぶことができる．ただし，$D_{ii} \in \mathbb{R}^{1 \times 1}$ または $D_{ii} \in \mathbb{R}^{2 \times 2}$ であり，$D_{ii} \in \mathbb{R}^{2 \times 2}$ のときは，D_{ii} は A の共役対である複素固有値をもつ．

シューア分解の計算のためには，QR 分解と呼ばれる方法を用いるが[19]，そのためには計算の効率化のため**ヘッセンベルグ形** (Hessenberg form) にまず変形する（ヘッセンベルグ形については，**定理 8.6** を参照）．この変形には，**ハウスホールダ行列** (Householder matrix) と呼ばれる行列を用いた線形変換を利用する．ベクトル $v \in \mathbb{R}^m$ ($v \neq 0$) について

$$U = I - \frac{2vv^{\mathrm{T}}}{v^{\mathrm{T}} v} \tag{8.1}$$

とおく．U をハウスホールダ行列という．$U \in \mathbb{R}^{m \times m}$ は直交行列であり，$U = U^{\mathrm{T}}$ および $U^2 = I$ を満たしている．この行列による線形変換の幾何学的意味を考える．$x \in \mathbb{R}^m$ として $Ux = x - 2\left(v^{\mathrm{T}} x / v^{\mathrm{T}} v\right) v$ であるが，この第 2 項は x の v 方向の成分を表していることに注意する．したがって，Ux は，x を

$(\mathrm{span}\,\{v\})^\perp$ に関して対称な位置に写していることになる。これを図 8.1 に示す。さらに，$b \in \mathbb{R}^m$ について

$$v = b \pm \|b\|\, e_1 \tag{8.2}$$

として，ハウスホールダ行列 U を式 (8.1) のようにつくれば，$Ub = \mp \|b\|\, e_1$ である。ただし，$e_1 \in \mathbb{R}^m$ は第 1 成分のみ 1 である単位ベクトルである。つまり U によって，b は第 1 成分のみが非零であるベクトルへと写される。

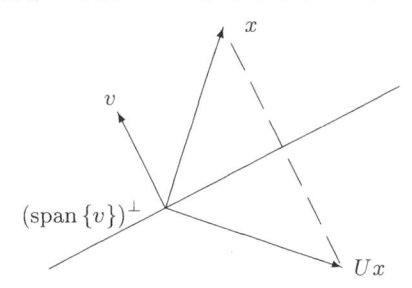

図 8.1 ハウスホールダ行列による線形変換の幾何学的意味

【定理 8.6】 行列 $A \in \mathbb{R}^{n \times n}$ を考える。このときある直交行列 $U \in \mathbb{R}^{n \times n}$ によって

$$U^\mathrm{T} A U = \begin{bmatrix} h_{11} & h_{12} & \cdots & h_{1n} \\ h_{21} & h_{22} & \cdots & h_{2n} \\ & \ddots & \ddots & \vdots \\ O & & h_{nn-1} & h_{nn} \end{bmatrix}$$

とヘッセンベルグ形に相似変換される。

証明 ハウスホールダ行列を $n-2$ 回前後から掛けることにより，ヘッセンベルグ形に相似変換されることを示す。k 回目に

$$A_k = \begin{bmatrix} H_k & C_k \\ O\ b_k & D_k \end{bmatrix} \in \mathbb{R}^{n \times n} \quad (k = 1, \cdots, n-2) \tag{8.3}$$

という形まで変換されているとする。ただし，$H_k \in \mathbb{R}^{k \times k}$ は k 次のヘッセンベルグ形行列であり，$C_k \in \mathbb{R}^{k \times (n-k)}$, $b_k \in \mathbb{R}^{n-k}$, $D_k \in \mathbb{R}^{(n-k) \times (n-k)}$ とする。また $A_1 = A$ とする。ここで，ハウスホールダ行列 $\tilde{U}_k \in \mathbb{R}^{(n-k) \times (n-k)}$ は，b_k に対して式 (8.2) のようにとる。そして

$$U_k = \begin{bmatrix} I & O \\ O & \tilde{U}_k \end{bmatrix}$$

とおく。ここで

$$U_k A_k U_k = \begin{bmatrix} H_k & C_k \tilde{U}_k \\ O & \tilde{U}_k b_k & \tilde{U}_k D_k \tilde{U}_k \end{bmatrix}$$

なので，式 (8.2) の選択から，$U_k A_k U_k$ の第 k 列の $k+2$ 行以降は 0 になる。そこで $A_{k+1} = U_k A_k U_k$ とおけば，式 (8.3) の形になっていることがわかる。$U = U_1 U_2 \cdots U_{n-2}$ とおくと，U は直交行列であり，$A_{n-1} = U^T A U$ はヘッセンベルグ形になる。 △

ここで，$A \in \mathbb{R}^{n \times n}$ が実対称行列ならば，**定理 8.6** の手順は対角線と対角線より上下に一つ離れた位置のみが 0 でない行列を与える。このような行列を**三重対角行列** (tridiagonal matrix) という。三重対角行列は実対称行列の固有値計算に利用されている[19]。

8.3 実対称行列とエルミート行列

実対称行列およびエルミート行列は，正規行列の重要なサブクラスである。これらの行列の固有値は実数になる。実対称行列およびエルミート行列は，9章で述べる二次形式で中心的な役割を果たす。

8.3.1 固有値の存在領域
実対称行列とエルミート行列の固有値に関して，つぎの定理が成り立つ。

【定理 8.7】 エルミート行列 $A \in \mathbb{C}^{n \times n}$（または実対称行列 $A \in \mathbb{R}^{n \times n}$）の固有値は実数である。

8.3 実対称行列とエルミート行列

証明 行列 A の固有値を λ, それに対する固有ベクトルを $x \neq 0$ とすれば, 定理 8.1 より $x^{\mathrm{H}} A x = \lambda x^{\mathrm{H}} x = \overline{\lambda} x^{\mathrm{H}} x$ を得る。これより, $\lambda = \overline{\lambda}$ となるので, 固有値は実数である。   △

特に, A が実対称行列の場合には, その固有ベクトルは実ベクトルとして選ぶことができる。したがって, **定理 8.2** の対角化は, 直交行列によって可能であることに注意したい。一般のエルミート行列に関しては, 固有値は実数であるが, 対角化するためにはユニタリ行列が必要であることは言うまでもない。

例題 8.6 行列
$$A = \begin{bmatrix} 1 & 1 & 0 \\ 1 & 1 & -\sqrt{3} \\ 0 & -\sqrt{3} & 1 \end{bmatrix}$$
について, 固有値を求め, 直交行列によって対角化せよ。

【解答】 特性方程式は, $s^3 - 3s^2 - s + 3 = 0$ であり, これより, 固有値は $3, 1, -1$ である。
$$U = \begin{bmatrix} \frac{\sqrt{2}}{4} & \frac{\sqrt{3}}{2} & \frac{\sqrt{2}}{4} \\ \frac{\sqrt{2}}{2} & 0 & \frac{\sqrt{2}}{2} \\ -\frac{\sqrt{6}}{4} & \frac{1}{2} & \frac{\sqrt{6}}{4} \end{bmatrix}$$
とおくと, $U^{\mathrm{T}} U = I$, $U^{\mathrm{T}} A U = \mathrm{diag}\{3, 1, -1\}$ である。   ◇

8.3.2 ミニマックス定理とその帰結

定理 8.7 は, エルミート行列 (または実対称行列) の固有値はすべて実数であることを述べているが, すると固有値を大きさの順に並べることができることに注意しよう (任意の 2 実数 α, β は, $\alpha < \beta$ または $\alpha > \beta$ のいずれかを満たす)。エルミート行列 (または実対称行列) の固有値は, ミニマックス型の特徴づけが可能である。これをつぎの**クーラン・フィッシャーのミニマックス定**

理 (Courant-Fischer minimax theorem) で示す．

【定理 8.8】 エルミート行列 $A \in \mathbb{C}^{n \times n}$（または実対称行列 $A \in \mathbb{R}^{n \times n}$）の固有値を大きい順に $\lambda_1 \geqq \lambda_2 \geqq \cdots \geqq \lambda_n$ と並べる．ただし，重複固有値も重複回数だけ数え上げる．このとき

$$\lambda_k = \min_{\dim S \leqq k-1} \max_{x \in S^\perp, \|x\|=1} x^{\mathrm{H}} A x \tag{8.4}$$

である．ただし，$S \subset \mathbb{C}^n$（または $S \subset \mathbb{R}^n$）は部分空間である．

証明 定理 8.7 より，ユニタリ行列 U を用いて，A は $U^{\mathrm{H}} A U = \mathrm{diag}\{\lambda_1, \cdots, \lambda_n\}$ と対角化できる．U の i 番目の列ベクトル（これは固有値 λ_i の正規化された固有ベクトルである）を u_i とする．U はユニタリ行列だから $\{u_1, \cdots, u_n\}$ は $\mathbb{C}^n$ の正規直交基底になっている．まず，$S = \mathrm{span}\{u_1, \cdots, u_{k-1}\}$ とおく．$S^\perp = \mathrm{span}\{u_k, \cdots, u_n\}$ である．$x \in S^\perp$，$\|x\| = 1$ であるためには，$x = \sum_{i=k}^n \xi_i u_i$，$\sum_{i=k}^n |\xi_i|^2 = 1$ と記述されることが必要十分であるので

$$\max\left\{x^{\mathrm{H}} A x : x \in S^\perp, \|x\| = 1\right\} = \max\left\{\sum_{i=k}^n \lambda_i |\xi_i|^2 : \sum_{i=k}^n |\xi_i|^2 = 1\right\}$$

である．右辺は，$\xi_k = 1$ のときに最大化され，その値は λ_k である．したがって，$\lambda_k \geqq$ (式 (8.4) の右辺) である．

一方，S を $k-1$ 次元部分空間とすれば，$\dim S^\perp = n - k + 1$ である．k 次元部分空間 $S' = \mathrm{span}\{u_1, \cdots, u_k\}$ を考えると，**定理 2.7** を適用して

$$\dim\left(S^\perp \cap S'\right) = \dim S^\perp + \dim S' - \dim\left(S^\perp + S'\right)$$
$$\geqq (n - k + 1) + k - n = 1$$

であるので，$S^\perp \cap S' \neq (0)$ である．そこで $x \in S^\perp \cap S'$，$\|x\| = 1$ とすれば，$x = \sum_{i=1}^k \xi_i u_i$，$\sum_{i=1}^k |\xi_i|^2 = 1$ と書けるので

$$x^{\mathrm{H}} A x = \sum_{i=1}^k \lambda_i |\xi_i|^2 \geqq \lambda_k \sum_{i=1}^k |\xi_i|^2 = \lambda_k$$

である．これより $\lambda_k \leqq$ (式 (8.4) の右辺) である． △

定理 8.8 の証明よりわかるように，式 (8.4) において最小化を達成する部分空間 S と，その直交補空間の中の大きさ 1 の最大化を達成するベクトル $x \in S^\perp$

があることに注意したい。つまり，λ_k に関しては，$\lambda_1,\cdots,\lambda_{k-1}$ に対する固有ベクトルで張られる部分空間を S とし，λ_k に対する固有ベクトルを大きさ 1 に規格化したベクトルを x とすればよい。

【例題 8.7】 例題 8.6 の行列 A について，式 (8.4) を達成する部分空間とベクトルを求めよ。

【解答】 例題 8.6 の解答の行列 U の列ベクトルを，第 1 列目から順に x_1, x_2, x_3 とする。λ_1 については，$S = (0)$, $x = x_1$ となる。λ_2 については，$S = \text{span}\{x_1\}$, $x = x_2$ となる。λ_3 については，$S = \text{span}\{x_1, x_2\}$, $x = x_3$ となる。 ◇

つぎの定理は，ミニマックス定理から容易に帰結されるが，しばしば用いられるので定理として書いておく。ここで，エルミート行列 A の最大実固有値を $\lambda_{\max}(A)$, 最小実固有値を $\lambda_{\min}(A)$ で表す。

【定理 8.9】 エルミート行列 $A \in \mathbb{C}^{n\times n}$（または実対称行列 $A \in \mathbb{R}^{n\times n}$）の最大実固有値を $\lambda_{\max}$, 最小実固有値を $\lambda_{\min}$ とする。このとき任意の $x \in \mathbb{C}^n$（または $x \in \mathbb{R}^n$）に対して

$$\lambda_{\min}(A) x^{\mathrm{H}} x \leq x^{\mathrm{H}} A x \leq \lambda_{\max}(A) x^{\mathrm{H}} x$$

が成り立つ（ただし，$\mathbb{R}^n$ のときは共役転置を転置で置き換える）。さらに，これらの上界および下界を達成する $x \neq 0$ がある。

証明 定理 8.8 で，$k = 1$ の場合を考えると上界が得られる。下界は A の代わりに $-A$ を考えればよい。 △

ここで，$x^{\mathrm{H}} A x$ は二次形式と呼ばれるが，これについては 9 章で述べる。つぎの**分離定理**（separation theorem）もミニマックス定理から導くことができる。

【定理 8.10】 エルミート行列 $A \in \mathbb{C}^{n\times n}$ と $W^{\mathrm{H}} W = I_{n-1}$ を満たす行

列 $W \in \mathbb{C}^{n \times (n-1)}$ を考え，$B = W^{\mathrm{H}} A W \in \mathbb{C}^{(n-1) \times (n-1)}$ とする．A の固有値を大きい順に $\lambda_1 \geq \lambda_2 \geq \cdots \geq \lambda_n$ と並べ，B の固有値を大きい順に $\mu_1 \geq \mu_2 \geq \cdots \geq \mu_{n-1}$ とする．ただし，重複固有値も重複回数だけ数え上げる．このとき，$\lambda_1 \geq \mu_1 \geq \lambda_2 \geq \mu_2 \geq \cdots \geq \mu_{n-1} \geq \lambda_n$ が成り立つ．

証明 W は，$y \in \mathbb{C}^{n-1}$ について $\|y\| = \|Wy\|$ を満たす（これを $\mathbb{C}^{n-1}$ から $\mathbb{C}^n$ への等長写像という）．特に，列最大階数をもつので，一対一写像となる．このことから，S を $\mathbb{C}^{n-1}$ の $k-1$ 次元部分空間とすれば，$W(S^{\perp})$ は $\mathbb{C}^n$ の $n-k$ 次元部分空間である．$S' = (W(S^{\perp}))^{\perp}$ とおくと $\dim S' = k$ である．そこで，**定理 8.8** を適用して

$$\lambda_{k+1} \leq \max \{x^{\mathrm{H}} A x : x \in S'^{\perp}, \ \|x\| = 1\}$$
$$= \max \{x^{\mathrm{H}} A x : x = Wy, \ y \in S^{\perp}, \ \|y\| = 1\}$$
$$= \max \{y^{\mathrm{H}} B y : y \in S^{\perp}, \ \|y\| = 1\}$$

である．ここで，右辺を $\mathbb{C}^{n-1}$ の $k-1$ 次元部分空間 S にわたって最小化すれば，**定理 8.8** より $\lambda_{k+1} \leq \mu_k$ を得る．

一方，エルミート行列 B に**定理 8.7** を適用して，$V^{\mathrm{H}} B V = \mathrm{diag}\{\mu_1, \cdots, \mu_{n-1}\}$ のようにユニタリ行列 V を用いて対角化する．V の i 番目の列ベクトルを v_i とする．$S' = \mathrm{span}\{Wv_1, \cdots, Wv_k\}$ とすれば，W は列最大階数だから $\dim S' = k$ である．すると，$\dim S = k-1$ となる部分空間 $S \subset \mathbb{C}^n$ について，$\dim (S^{\perp} \cap S') \geq \dim S^{\perp} + \dim S' - n = 1$ なので $S^{\perp} \cap S' \neq (0)$ である．したがって，$x \in S^{\perp} \cap S'$, $\|x\| = 1$ は，$x = \sum_{i=1}^{k} \xi Wv_i$, $\sum_{i=1}^{k} |\xi_i|^2 = 1$ と書ける．ゆえに

$$x^{\mathrm{H}} A x = \sum_{i=1}^{k} \mu_i |\xi_i|^2 \geq \mu_k \sum_{i=1}^{k} |\xi_i|^2 = \mu_k$$

である．左辺を $\dim S = k-1$ となる部分空間 $S \subset \mathbb{C}^n$ について最小化すれば，**定理 8.8** より $\lambda_k \geq \mu_k$ を得る． △

定理 8.10 は，実対称行列 $A \in \mathbb{R}^{n \times n}$ の場合にも同様の結果が成り立つ．また，通例，この分離定理はつぎのような状況で述べられている．$\mathbb{C}^n$ の自然な基底 $\{e_1, \cdots, e_n\}$ から e_j を 1 本抜き去り，それらを並べた行列を W とする．このとき，B は A より j 行と j 列を抜き去った $n-1$ 次のエルミート行列と

例題 8.8 実対称行列
$$A = \begin{bmatrix} 2 & 2 & 1 \\ 2 & 1 & 2 \\ 1 & 2 & 2 \end{bmatrix}$$
について，B を A の 3 行目と 3 列目を抜き去った行列とするとき，**定理 8.10** を確認せよ．

【解答】 A の固有値は $-1, 1, 5$ である．一方
$$B = \begin{bmatrix} 2 & 2 \\ 2 & 1 \end{bmatrix}$$
の固有値は $(3 \pm \sqrt{17})/2$ であり，**定理 8.10** の不等式が成り立っている． ◇

********** 演 習 問 題 **********

【1】 歪対称行列 $A \in \mathbb{R}^{n \times n}$ の固有値の実部は 0 であることを示せ．もし n が奇数であれば，歪対称行列は正則でないことを示せ．

【2】 定理 8.5 のシューア分解において，行列 $A \in \mathbb{C}^{n \times n}$ が正規行列であれば，$U^{\mathrm{H}} A U$ は対角行列となることを示せ．したがって，この場合は固有値と固有ベクトルがシューア分解によって与えられる．

【3】 行列
$$A = \begin{bmatrix} -1 & 4 & -1 \\ 1 & 2 & 4 \\ 3 & -3 & 4 \end{bmatrix}$$
に対して，ハウスホールダ行列を求めてヘッセンベルグ形に変形せよ．また，A の実シューア形およびシューア分解を求めよ．

【4】 エルミート行列 A を与えるときに
$$U = (jA - I)(jA + I)^{-1}$$

は，ユニタリ行列になることを示せ．つぎにユニタリ行列 U を与える．U の固有値ではない複素数 γ を $|\gamma|=1$ であるようにとるとき

$$A = j(\gamma I + U)(\gamma I - U)^{-1}$$

は，エルミート行列になることを示せ．

【5】 実対称行列 $A \in \mathbb{R}^{n \times n}$ を考える．このとき，任意の $x \in \mathbb{R}^n$ について，$x^T A x = 0$ であれば $A = O$ であることを示せ．もし A が実対称行列であるという仮定がなければ，このことは正しくないことを例で示せ．

【6】 実対称な三重対角行列 $A \in \mathbb{R}^{n \times n}$ の対角線の上下の成分がすべて非零であるとする．このとき**定理 8.10** の固有値の不等号関係が厳密に（等号がない形で）成り立つことを示せ（ヒント：$k = 1, \cdots, n$ について，$A_k \in \mathbb{R}^{k \times k}$ を A の 1 から k 行および 1 から k 列でつくられる k 次の正方行列として，$P_k(s)$ をその特性多項式 $P_k(s) = \det(sI - A_k)$ とする．また $P_0(s) = 1$ とおく．このとき，$P_k(s)$ に関する漸化式を考えよ）．

【7】 実対称行列

$$A = \begin{bmatrix} 4 & 1 & 1 \\ 1 & 2 & 3 \\ 1 & 3 & 2 \end{bmatrix}$$

について，式 (8.4) の最小化を達成する部分空間を求めて，**定理 8.8** を確認せよ．

9

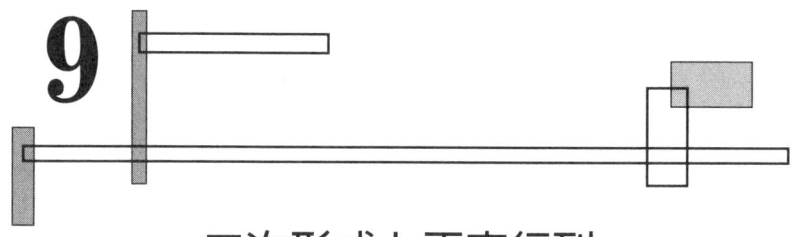

二次形式と正定行列

　二次形式は，システム制御理論では広く用いられる考え方である。例えば，線形系の安定性の解析には，二次形式のリアプノフ関数が用いられる。ここでは，二次形式を実対称行列（またはエルミート行列）に結び付けて議論し，符号という考え方を導入する。特に，正定値の二次形式，およびそれを与える正定行列について，それらの性質を明らかにする。

9.1　二次形式の定義と符号

　二次形式を実対称行列（またはエルミート行列）を用いて定義したのち，座標変換に対して不変な量である符号について述べる。最後に，幾何学的な意味づけを明らかにするために，二次曲線との関係を述べる。

9.1.1　二次形式とエルミート行列

　実対称行列 $A \in \mathbb{R}^{n \times n}$ を考えるとき，$x^\mathrm{T} A x$ で表される $\mathbb{R}^n$ から $\mathbb{R}$ への関数を，実二次形式あるいは**二次形式** (quadratic form) という。エルミート行列 $A \in \mathbb{C}^{n \times n}$ を考えるとき，$x^\mathrm{H} A x$ で表される $\mathbb{C}^n$ から $\mathbb{R}$ への関数を，**エルミート形式** (Hermitian form) という。エルミート形式が実数値をとることは，各自で確かめられたい。

　n 次元実線形空間 X での二次形式は，X での基底を考えることにより，$\mathbb{R}^n$

での二次形式を用いて定義することができる[†]．2.3.2項で考えたように，基底 $\{x_1,\cdots,x_n\}$ を考えると X は $\mathbb{R}^n$ と対応づけられるのであった．そこで，$x \in X$ を $x = \xi_1 x_1 + \cdots + \xi_n x_n$ と基底を用いて表すとき，$\xi = [\,\xi_1\ \cdots\ \xi_n\,]^\mathrm{T} \in \mathbb{R}^n$ とおくことにより，X での二次形式を実対称行列 $A \in \mathbb{R}^{n\times n}$ を用いて $\xi^\mathrm{T} A \xi$ と与えることができる．ただし，この値が $x \in X$ に対して決まっていなければならない．そこで，新しい基底を $\{x'_1,\cdots,x'_n\}$ と選ぶとき，二次形式を与える実対称行列が受ける変換を明らかにしておこう．新しい基底に関して $x = \xi'_1 x'_1 + \cdots + \xi'_n x'_n$ であれば，$\xi' = [\,\xi'_1\ \cdots\ \xi'_n\,]^\mathrm{T}$ について $\xi = T\xi'$ となる正則行列 $T \in \mathbb{R}^{n\times n}$ がある．このとき，二次形式が基底のとり方によらず $x \in X$ に対して値が決まるためには，$\xi^\mathrm{T} A \xi = \xi'^\mathrm{T} T^\mathrm{T} A T \xi'$ でなければならない．つまり，二次形式を表す実対称行列は，A から $T^\mathrm{T} A T$ へと変換される．この変換を**合同変換** (congruent transformation) という．

複素線形空間の場合にも，エルミート形式は，基底を考えることにより $\mathbb{C}^n$ でのエルミート形式を用いて定義することができる．このとき，実線形空間の場合と同様なことが成り立つ．例えば，エルミート形式を与えるエルミート行列 $A \in \mathbb{C}^{n\times n}$ は，基底を取り換えるとき，ある正則行列 $T \in \mathbb{C}^{n\times n}$ によって $T^\mathrm{H} A T$ と合同変換を受ける．

例題 9.1 実対称行列

$$A = \begin{bmatrix} 0 & 0.25 \\ 0.25 & 0.25 \end{bmatrix}$$

の定める二次形式は，区間 $[0,1]$ の連続関数の空間 $C([0,1])$ の部分空間 $X = \mathrm{span}\,\{1,t\}$ において，$x \in X$ に

$$\int_{1/2}^{1} |x(t)|^2\,dt - \int_{0}^{1/2} |x(t)|^2\,dt$$

を対応させる写像を，基底 $\{1,t\}$ を用いて表したときの二次形式になって

[†] 本来，座標を使わずに，線形空間に**双一次形式** (bilinear form) や**共役双一次形式** (sesquilinear form) を導入して二次形式やエルミート形式を定義することができる．本書では，理解を容易にするために基底を用いた定義を与えた．基底を用いない取り扱いについては，例えば文献 2) などを参照されたい．

いることを示せ。基底を $\{1-t, 1+t\}$ にとるとき，二次形式を表す実対称行列はどのように変化するだろうか。

【解答】 $x \in X$ を $x(t) = \xi_1 + \xi_2 t$, $\xi = [\,\xi_1\ \xi_2\,]^{\mathrm{T}}$ とすれば，直接計算により
$$\int_{1/2}^{1} |x(t)|^2\, dt - \int_{0}^{1/2} |x(t)|^2\, dt = \frac{\xi_1 \xi_2}{2} + \frac{\xi_2^2}{4} = \xi^{\mathrm{T}} A \xi$$
となる。つぎに，$1 = (1-t)/2 + (1+t)/2$, $t = -(1-t)/2 + (1+t)/2$ であるので，$x(t) = \xi_1'(1-t) + \xi_2'(1+t)$, $\xi' = [\,\xi_1'\ \xi_2'\,]^{\mathrm{T}}$ とおくとき
$$\xi = \begin{bmatrix} 1 & 1 \\ -1 & 1 \end{bmatrix} \xi'$$
が成り立つ。したがって
$$\begin{bmatrix} 1 & -1 \\ 1 & 1 \end{bmatrix} A \begin{bmatrix} 1 & 1 \\ -1 & 1 \end{bmatrix} = \begin{bmatrix} -0.25 & -0.25 \\ -0.25 & 0.75 \end{bmatrix}$$
が新しい基底に対する二次形式を表す実対称行列になる。 ◇

9.1.2 二次形式の符号

合同変換は相似変換ではないので，二次形式（またはエルミート形式）を与える実対称行列（またはエルミート行列）A と，合同変換された $T^{\mathrm{T}} A T$ （または $T^{\mathrm{H}} A T$）の固有値は一般には異なる。しかしながら，合同変換によって固有値の符号は保存されることが，つぎの定理からわかる。これを**シルベスターの慣性法則** (Sylvester's law of inertia) という。なお，**定理 8.7** に示したように，実対称行列（またはエルミート行列）の固有値は実数であることに注意する。

【定理 9.1】 エルミート行列 $A \in \mathbb{C}^{n \times n}$ （または実対称行列 $A \in \mathbb{R}^{n \times n}$）の正，負，零の固有値の数は，合同変換について不変である。ただし，重複固有値については，重複度を含めて数えることとする。

証明 正則行列 T は，固有値 0 をもたないので，対数行列 $W = \log T \in \mathbb{C}^{n \times n}$

をもっている (6.3 節 参照)。ここで $\mathrm{e}^W = T$ に注意する。そこで，$0 \leqq t \leqq 1$ での関数 $B(t) = \mathrm{e}^{W^\mathrm{H} t} A \mathrm{e}^{Wt}$ を考える。$B(t)$ はつぎの性質を満たす。(1) t の連続関数である，(2) 任意の t についてエルミート行列で階数は一定である（行列指数関数 e^{Wt} は正則行列なので，**定理 4.6** を適用する），(3) $B(0) = A$, $B(1) = T^\mathrm{H} A T$ である。階数が一定であることから，エルミート行列 $B(t)$ の 0 固有値の特性方程式の根としての重複度は，$0 \leqq t \leqq 1$ によらず一定である（**例題 8.3**）。**定理 8.7** より，エルミート行列の固有値は実数であり，行列の固有値は行列の要素の連続関数になっているので，t が 0 より大きくなっていくときに $Q(0)$ の正（負）の固有値はいったん 0 にならなければ負（正）に変わることはできない。ところが，0 固有値の重複度は $0 \leqq t \leqq 1$ で不変だから，$B(1)$ は $B(0)$ と同じ数の正（負）の固有値をもつ。 △

エルミート行列 $A \in \mathbb{C}^{n \times n}$ の正の固有値数を p，負の固有値数を q とするとき，整数の組 (p,q) を A の符号といい $\mathrm{sgn}\, A$ で表す。ただし，整数 $p - q$ を符号と定めている文献もあることに注意されたい。**定理 9.1** より，合同変換は符号を不変にする。これらのことは，実対称行列 $A \in \mathbb{R}^{n \times n}$ についても成り立つ。

例題 9.2 例題 9.1 の場合について，二次形式を表す実対称行列の固有値を求めて，シルベスターの慣性法則の成り立つことを確かめよ。

【解答】 A の固有値は $\left(1 \pm \sqrt{5}\right)/8$ であり，合同変換された後の固有値は $\left(1 \pm \sqrt{5}\right)/4$ である。符号はともに $(1,1)$ である。 ◇

9.1.3 二 次 曲 面

二次形式のもっている幾何学的な意味を知るために，実対称行列 $A \in \mathbb{R}^{n \times n}$ とベクトル $b \in \mathbb{R}^n$，および $c \in \mathbb{R}$ について

$$x^\mathrm{T} A x + 2 b^\mathrm{T} x + c = 0 \tag{9.1}$$

を満たす $x \in \mathbb{R}^n$ の集合を考えてみる。これを**二次曲面** (quadric) という。

9.1 二次形式の定義と符号

$$\tilde{A} = \begin{bmatrix} c & b^{\mathrm{T}} \\ b & A \end{bmatrix}, \quad \tilde{x} = \begin{bmatrix} 1 \\ x \end{bmatrix}$$

とおけば，式 (9.1) は $\tilde{x}^{\mathrm{T}} \tilde{A} \tilde{x} = 0$ とも書ける．$\tilde{A}$ もまた実対称行列であり，$\operatorname{rank} A \leqq \operatorname{rank} \tilde{A} \leqq \operatorname{rank} A + 2$ を満たしている．

以下では，あらましを知るために 2 次元 ($n = 2$) の場合に限定して話を進める．このときには，式 (9.1) を満たす $\mathbb{R}^2$ の部分集合を二次曲線と呼ぶ．典型的な場合を考えるために，$\operatorname{rank} \tilde{A} = 3$ であると仮定する．このとき，$\operatorname{rank} A = 1$ または 2 である．

初めに，$\operatorname{rank} A = 2$ のときを考える．このとき A は正則である．直交行列 U を $U^{\mathrm{T}} A U = \operatorname{diag}\{\lambda_1, \lambda_2\}$ となるようにとり (8.3 節 参照)

$$\tilde{T} = \begin{bmatrix} 1 & 0 \\ -A^{-1} b & U \end{bmatrix}, \quad \tilde{x}' = \tilde{T}^{-1} \tilde{x} = \begin{bmatrix} 1 \\ x' \end{bmatrix}, \quad x' = \begin{bmatrix} \xi'_1 \\ \xi'_2 \end{bmatrix}$$

とおく．すると

$$\tilde{T}^{\mathrm{T}} \tilde{A} \tilde{T} = \begin{bmatrix} c - b^{\mathrm{T}} A^{-1} b & 0 \\ 0 & U^{\mathrm{T}} A U \end{bmatrix}$$

となる．ここで，$\det U = \pm 1$，$\det \tilde{T} = \det U$ を用いると $c - b^{\mathrm{T}} A^{-1} b = \det \tilde{A} / \det A$ であることに注意する．このとき，式 (9.1) は

$$\lambda_1 \xi'^2_1 + \lambda_2 \xi'^2_2 + \frac{\det \tilde{A}}{\det A} = 0 \tag{9.2}$$

となっている．式 (9.2) は，$\operatorname{sgn} A = (2, 0)$，$\det \tilde{A} / \det A < 0$ または $\operatorname{sgn} A = (0, 2)$，$\det \tilde{A} / \det A > 0$ であれば楕円を表し，$\operatorname{sgn} A = (1, 1)$ であれば双曲線を表す．図 **9.1** に楕円と双曲線の例を示す．

つぎに $\operatorname{rank} A = 1$ のときを考える．このとき，直交行列 U を $U^{\mathrm{T}} A U = \operatorname{diag}\{\lambda, 0\}$ となるようにとり，$U^{\mathrm{T}} b = [\, b'_1 \ \ b'_2 \,]^{\mathrm{T}}$，$x'_0 = [\, -b'_1/\lambda \ \ 0 \,]^{\mathrm{T}}$ として

$$\tilde{T} = \begin{bmatrix} 1 & 0 \\ U x'_0 & U \end{bmatrix}, \quad \tilde{x}' = \tilde{T}^{-1} \tilde{x} = \begin{bmatrix} 1 \\ x' \end{bmatrix}, \quad x' = \begin{bmatrix} \xi'_1 \\ \xi'_2 \end{bmatrix}$$

とおく．すると

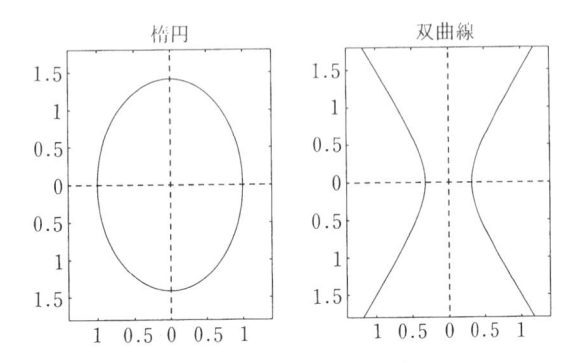

図9.1 二次曲線・楕円と双曲線

$$\tilde{T}^{\mathrm{T}} \tilde{A} \tilde{T} = \begin{bmatrix} c - \dfrac{b_1^{'2}}{\lambda} & 0 & b_2' \\ 0 & \lambda & 0 \\ b_2' & 0 & 0 \end{bmatrix}$$

となる。ここで, rank $\tilde{A} = 3$ より $b_2' \neq 0$ に注意する。このとき, 式 (9.1) は

$$\lambda \xi_1^{'2} + 2b_2' \xi_2' + c - \dfrac{b_1^{'2}}{\lambda} = 0 \tag{9.3}$$

となっている。式 (9.3) は放物線を表す。

9.2 正定行列

正定行列は, 実対称行列 (またはエルミート行列) の重要なサブクラスである。正定行列の決める二次形式 (またはエルミート形式) は, 変数がすべて零である場合を除いて正となる。実対称行列 (またはエルミート行列) が正定であるためには, その固有値がすべて正であることが必要十分である。

9.2.1 正定行列の定義

実対称行列 $A \in \mathbb{R}^{n \times n}$ (またはエルミート行列 $A \in \mathbb{C}^{n \times n}$) に対応する二次形式 (またはエルミート形式) が, $0 \neq x \in \mathbb{R}^n$ ならば $x^{\mathrm{T}} A x > 0$ (または $0 \neq x \in \mathbb{C}^n$ ならば $x^{\mathrm{H}} A x > 0$) を満たすならば, A は**正定行列** (positive definite matrix) であるという. 任意の $x \in \mathbb{R}^n$ について, $x^{\mathrm{T}}Ax \geqq 0$ (または $x \in \mathbb{C}^n$ について $x^{\mathrm{H}}Ax \geqq 0$) を満たすならば, A は**準正定行列** (positive semi definite matrix) であるという. 実対称行列 $A \in \mathbb{R}^{n \times n}$ (またはエルミート行列 $A \in \mathbb{C}^{n \times n}$) が**負定行列** (negative definite matrix) である, または**準負定行列** (negative semi definite matrix) であるとは, それぞれ$-A$ が正定行列または準正定行列であることをいう.

なお, $A > O$ で A はエルミート行列 (または実対称行列) であって正定行列であることを, 同様に $A \geqq O$ で A はエルミート行列 (または実対称行列) であって準正定行列であることを表す. また, $A < O$ および $A \leqq O$ は, それぞれ負定行列および準負定行列を表す. エルミート行列 $A, B \in \mathbb{C}^{n \times n}$ (または実対称行列) について, $A > B$ は $A - B > O$ であること, $A \geqq B$ は $A - B \geqq O$ であることをそれぞれ示す.

例題 9.3 複素行列 $C \in \mathbb{C}^{m \times n}$ を考えるとき, $C^{\mathrm{H}}C \in \mathbb{C}^{n \times n}$ は準正定行列であることを示せ. 行列 $A \in \mathbb{C}^{n \times n}$ が正定行列, $B \in \mathbb{C}^{n \times n}$ が準正定行列であるとき, $A + B$ は正定行列, $k > 0$ とするとき kA は正定行列であることを示せ.

【解答】 まず, $x \in \mathbb{C}^n$ とすれば $x^{\mathrm{H}}C^{\mathrm{H}}Cx = (Cx)^{\mathrm{H}}(Cx) \geqq 0$ なので, $C^{\mathrm{H}}C$ は準正定行列である. また, $0 \neq x \in \mathbb{C}^n$ とするとき $x^{\mathrm{H}}(A + B)x = x^{\mathrm{H}}Ax + x^{\mathrm{H}}Bx > 0$ なので, $A + B$ は正定である. $kA > O$ の証明も同様である. ◇

エルミート行列 $A \in \mathbb{C}^{n \times n}$ (または実対称行列 $A \in \mathbb{R}^{n \times n}$) が正定行列であれば, A は正則であり, かつ A^{-1} も正定行列である (演習問題【2】).

9.2.2 正定行列の性質

正定行列のもついくつかの基本的な性質を調べることにする. まず, 正定行列 (または準正定行列) の固有値に関してである. 実対称行列 (またはエルミート行列) の固有値は, すべて実数であった (**定理 8.7**). 正定行列 (または準正

定行列）は，固有値がすべて正（または非負）という性質をもつ。

【定理 9.2】 エルミート行列 $A \in \mathbb{C}^{n \times n}$（または実対称行列 $A \in \mathbb{R}^{n \times n}$）が正定行列であるためには，$A$ の固有値がすべて正であることが必要十分である。準正定行列であるためには，A の固有値がすべて非負であることが必要十分である。

|証明| 定理 8.9 の特別な場合である。　　　　　　　　　　　　　△

ブロック構造をしたエルミート行列（または実対称行列）の正定性は，シューア補元を用いて，より小さなサイズの行列の正定性をもとに判定することができる。これを**定理 9.4** で示すことにするが，まずはそのための予備的な結果を導く。

【定理 9.3】 正定行列 $A \in \mathbb{C}^{n \times n}$（または $A \in \mathbb{R}^{n \times n}$）と最大列階数をもつ行列 $W \in \mathbb{C}^{n \times m}$（または $W \in \mathbb{R}^{n \times m}$）を与える。このとき，$W^{\mathrm{H}} A W$（または $W^{\mathrm{T}} A W$）は正定行列である。

|証明| ベクトル $0 \neq z \in \mathbb{C}^m$ を考えると，W が列最大階数をもつことから $Wz \neq 0$ である（**定理 4.4**）。すると，A の正定性より $(Wz)^{\mathrm{H}} A W z > 0$ となるが，これは $W^{\mathrm{H}} A W$ が正定行列であることを述べている。　　　△

【定理 9.4】 エルミート行列 $A \in \mathbb{C}^{n \times n}$ が

$$A = \begin{bmatrix} A_{11} & A_{12} \\ A_{12}^{\mathrm{H}} & A_{22} \end{bmatrix},$$

$A_{11} \in \mathbb{C}^{n_1 \times n_1}, \quad A_{12} \in \mathbb{C}^{n_1 \times n_2}, \quad A_{22} \in \mathbb{C}^{n_2 \times n_2}$

とブロック構造をしているものとする。ただし $n_1 + n_2 = n$ である。このとき，以下の条件は等価である。

(a) A は正定行列である。

(b) A_{11} と $A_{22} - A_{12}^{\mathrm{H}} A_{11}^{-1} A_{12}$ は，ともに正定行列である。

(c) A_{22} と $A_{11} - A_{12} A_{22}^{-1} A_{12}^{\mathrm{H}}$ は，ともに正定行列である。

実対称行列 $A \in \mathbb{R}^{n \times n}$ についても，共役複素転置行列を転置行列に変えるなど，適当な変更のもとに同じ結果が成り立つ。

証明 (b) と (c) は，ブロックの上下の違いのみであるので，(b) が，A が正定行列であるために必要十分であることを示せばよい。A_{11} が正則であるときには

$$T = \begin{bmatrix} I & -A_{11}^{-1} A_{12} \\ O & I \end{bmatrix} \in \mathbb{C}^{n \times n} \tag{9.4}$$

とおく。このとき

$$T^{\mathrm{H}} A T = \mathrm{diag}\left\{ A_{11}, A_{22} - A_{12}^{\mathrm{H}} A_{11}^{-1} A_{12} \right\} \tag{9.5}$$

であることに注意する。まず $A > O$ とすれば，**定理 9.3** より $A_{11} > O$ であるので，正則である（演習問題【2】）。T は正則行列であるので，**定理 9.3** より $T^{\mathrm{H}} A T > O$ である。すると，再び**定理 9.3** より，$A_{22} - A_{12}^{\mathrm{H}} A_{11}^{-1} A_{12} > O$ が成り立つ。逆に (b) が成り立つとする。このとき，式 (9.5) の右辺は正定行列なので，**定理 9.3** より $A = T^{-\mathrm{H}} \mathrm{diag}\left\{ A_{11}, A_{22} - A_{12}^{\mathrm{H}} A_{11}^{-1} A_{12} \right\} T^{-1} > O$ である。 △

ブロック構造をしたエルミート行列 A において，A_{11}（または A_{22}）が正則であるとき，行列 $A_{22} - A_{12}^{\mathrm{H}} A_{11}^{-1} A_{12}$（または $A_{11} - A_{12} A_{22}^{-1} A_{12}^{\mathrm{H}}$）を**シューア補元** (Schur complement) という。

例題 9.4 行列

$$A = \begin{bmatrix} 4 & 2 & 1 \\ 2 & 3 & 2 \\ 1 & 2 & 12 \end{bmatrix}$$

について，$n_1 = 1$, $n_2 = 2$ として，シューア補元を求めて A が正定行列であるかを判定せよ。

【解答】 $(1,1)$ ブロックに関するシューア補元は

9. 二次形式と正定行列

$$A_{22} - A_{12}^{\mathrm{H}} A_{11}^{-1} A_{12} = \begin{bmatrix} 3 & 2 \\ 2 & 12 \end{bmatrix} - \frac{1}{4} \begin{bmatrix} 2 \\ 1 \end{bmatrix} \begin{bmatrix} 2 & 1 \end{bmatrix} = \begin{bmatrix} 2 & \frac{3}{2} \\ \frac{3}{2} & \frac{47}{4} \end{bmatrix}$$

となる。この固有値は $(55 \pm 3\sqrt{185})/8 > 0$ なので、シューア補元は**定理 9.2** より正定である。$A_{11} = 4 > 0$ なので、**定理 9.4** (b) より A は正定である。なお、$(2,2)$ ブロックに関するシューア補元からも（当然ではあるが）同じ結論を得ることができる。シューア補元は

$$A_{11} - A_{12} A_{22}^{-1} A_{12}^{\mathrm{H}} = 4 - \begin{bmatrix} 2 & 1 \end{bmatrix} \begin{bmatrix} 3 & 2 \\ 2 & 12 \end{bmatrix}^{-1} \begin{bmatrix} 2 \\ 1 \end{bmatrix} = \frac{85}{32} > 0$$

である。また、A_{22} の固有値は、$(15 \pm \sqrt{97})/2 > 0$ なので、**定理 9.2** より正定である。したがって、**定理 9.4** (c) より A は正定である。 ◇

エルミート行列（または実対称行列）が正定であるかを判定するためには、固有値を計算する必要はなく、いくつかの行列式を計算すればよい。具体的には**定理 9.5** にそのことを示すが、その準備として以下の定義を必要とする。

エルミート行列 $A \in \mathbb{C}^{n \times n}$ （または実対称行列 $A \in \mathbb{R}^{n \times n}$）を考える。整数 $1 \leqq k \leqq n$ に対して、整数の組 $\{i_1, \cdots, i_k\}$ を $1 \leqq i_1 < i_2 < \cdots < i_k \leqq n$ であるように選ぶとき、$\mathbb{C}^n$ （または $\mathbb{R}^n$）の単位ベクトルを k 個並べて

$$W_{i_1,\cdots,i_k} = \begin{bmatrix} e_{i_1} & e_{i_2} & \cdots & e_{i_k} \end{bmatrix} \in \mathbb{C}^{n \times k}$$

とおく。そして

$$A_{i_1,\cdots,i_k} = W_{i_1,\cdots,i_k}^{\mathrm{H}} A W_{i_1,\cdots,i_k} \in \mathbb{C}^{k \times k}$$

と定める。$A_{i_1,\cdots,i_k}$ は、A から $\{i_1, \cdots, i_k\}$ に含まれる列と行を抜き出した k 次のエルミート行列（または実対称行列）である。

【定理 9.5】 エルミート行列 $A \in \mathbb{C}^{n \times n}$ （または実対称行列 $A \in \mathbb{R}^{n \times n}$）を考える。このとき、$A$ が正定であるためには

$$\det A_{1,2,\cdots,k} > 0 \quad (k = 1, 2, \cdots, n) \tag{9.6}$$

であることが必要十分である。また、A が準正定であるためには

9.2 正定行列

$$\det A_{i_1,\cdots,i_k} \geqq 0 \tag{9.7}$$

が，整数 $k = 1, 2, \cdots, n$ について $1 \leqq i_1 < i_2 < \cdots < i_k \leqq n$ である整数組 $\{i_1, \cdots, i_k\}$ すべてについて成り立つことが必要十分である。

証明 **正定性・必要性**　A が正定行列ならば，**定理 9.3** より $A_{1,2,\cdots,k}$ も正定行列である。すると，**定理 9.2** よりその固有値はすべて正となるが，行列式は固有値の積である（**定理 5.2**）から，$\det A_{1,2,\cdots,k} > 0$ を得る。

正定性・十分性　サイズ n に関する帰納法を用いる。$n = 1$ の場合には，十分性が正しいことは明らかである。$n-1$ のときに正しいとする。行列 A を

$$A = \begin{bmatrix} A_{11} & A_{12} \\ A_{12}^{\mathrm{H}} & A_{22} \end{bmatrix},$$

$$A_{11} \in \mathbb{C}^{(n-1)\times(n-1)}, \quad A_{12} \in \mathbb{C}^{(n-1)\times 1}, \quad A_{22} \in \mathbb{C}^{1\times 1}$$

と分割する。帰納法の仮定より $A_{11} > O$ である。ここで合同変換により

$$\begin{bmatrix} I & O \\ -A_{12}^{\mathrm{H}}A_{11}^{-1} & 1 \end{bmatrix} A \begin{bmatrix} I & -A_{11}^{-1}A_{12} \\ O & 1 \end{bmatrix}$$

$$= \begin{bmatrix} A_{11} & O \\ O & A_{22} - A_{12}^{\mathrm{H}}A_{11}^{-1}A_{12} \end{bmatrix}$$

である。ところで，$\det A = \det A_{11} \det\left(A_{22} - A_{12}^{\mathrm{H}}A_{11}^{-1}A_{12}\right) > 0$ である（**定理 1.3**）から，$\det A_{11} > 0$ を用いると $\det(A_{22} - A_{12}^{\mathrm{H}}A_{11}^{-1}A_{12}) = A_{22} - A_{12}^{\mathrm{H}}A_{11}^{-1}A_{12} > 0$ である。そこで，$x \neq 0$ とするとき

$$\begin{bmatrix} z_1 \\ z_2 \end{bmatrix} = \begin{bmatrix} I & -A_{11}^{-1}A_{12} \\ 0 & 1 \end{bmatrix}^{-1} x$$

とおくと，$z_1 \neq 0$ または $z_2 \neq 0$ だから

$$x^{\mathrm{H}}Ax = z_1^{\mathrm{H}}A_{11}z_1 + z_2^{\mathrm{H}}\left(A_{22} - A_{12}^{\mathrm{H}}A_{11}^{-1}A_{12}\right)z_2 > 0$$

を得る。つまり，A は正定行列である。

準正定性・必要性　正定性の必要性と同様である。

準正定性・十分性　行列 $A = (a_{ij})$ と $sI - A =: C(s) = (c_{ij}(s))$ を，(i,j) 成分を用いて書く。ここで $c_{ij}(0) = -a_{ij}$ であることに注意する。A の特性方程式 $P(s)$ は，行列式の定義より $P(s) = \det C(s) = \sum_{p \in \mathcal{P}(n)} \operatorname{sgn} p \prod_{i=1}^{n} c_{ip(i)}(s)$ である。ただし，$\mathcal{P}(n)$ は n 次の置換の集合である。十分性の証明の前に，$P(s) =$

$s^n + \alpha_1 s^{n-1} + \cdots + \alpha_{n-1} s + \alpha_n$ の係数は，$k = 1, 2, \cdots, n$ について

$$\alpha_k = (-1)^k \sum_{1 \leq i_1 < i_2 < \cdots < i_k \leq n} \det A_{i_1, \cdots, i_k}$$

を満たすことを示す．まず，$\alpha_n = \det(-A) = (-1)^n \det A$ である．つぎに

$$\frac{d}{ds} c_{jp(j)}(s) = \begin{cases} 1 & (j = p(j)) \\ 0 & (j \neq p(j)) \end{cases}$$

を用いると

$$\frac{d}{ds} \prod_{i=1}^n c_{ip(i)}(s) = \sum_{j=1}^n \frac{d}{ds} c_{jp(j)}(s) \prod_{i \neq j} c_{ip(i)}(s) = \sum_{j=p(j)} \prod_{i \neq j} c_{ip(i)}(s)$$

となる．これをすべての置換について，置換の符号を乗じて加え合わせると

$$\alpha_{n-1} = \left. \frac{d}{ds} \det C(s) \right|_{s=0} = \sum_{p \in \mathcal{P}(n)} \operatorname{sgn} p \sum_{j=p(j)} \prod_{i \neq j} (-a_{ip(i)})$$

$$= (-1)^{n-1} \sum_{j=1}^n \sum_{p \in \mathcal{P}(n-1)} \operatorname{sgn} p \, a_{ip(i)}^j = \sum_{j=1}^n \det A_{1, \cdots, j-1, j+1, \cdots, n}$$

を得る．ただし，$A_{1, \cdots, \ell-1, \ell+1, \cdots, n} = \left(a_{ij}^\ell \right)$ とおいた．以下，順次微分することにより $\alpha_{n-2}, \cdots, \alpha_1$ が求まるが，詳細は省略する．定理の条件が成り立つとき $(-1)^k \alpha_k \geq 0$ だから，$t \leq 0$ の実数で定義された実数値連続関数 $f(t) = (-1)^n \det(tI - A)$ は，$f(t) \geq 0$，$f'(t) \leq 0$ および $f(t) \to \infty$，$t \to -\infty$ を満たす．したがって，$t < 0$ で $f(t) = 0$ にはならない．つまり，A は負の固有値をもたないので，**定理 9.2** によって準正定である． △

式 (9.6) に現れる n 個の行列式を，行列 A の**主座小行列式** (leading principal minor) という．一方，式 (9.7) に現れる 2^n 個の行列式を，行列 A の**主行列式** (principal minor) という．準正定行列については，主座小行列式が非負であるという条件は十分条件ではない（演習問題【3】）．

例題 9.5 例題 9.4 の行列 A について，**定理 9.5** に基づいて正定行列であるかを判定せよ．

【解答】 主座小行列式を求めると

$$A_1 = 4, \quad A_{1,2} = \det \begin{bmatrix} 4 & 2 \\ 2 & 3 \end{bmatrix} = 8, \quad A_{1,2,3} = \det A = 85$$

であるので，A は正定行列である．ちなみに，A の固有値を計算すると，$7-4\sqrt{2}$, 5, $7+4\sqrt{2}$ ですべて正になっている（**定理 9.2** と比較せよ）． ◇

【**定理 9.6**】 エルミート行列 $A \in \mathbb{C}^{n \times n}$（または実対称行列 $A \in \mathbb{R}^{n \times n}$）について，以下の条件は等価である．

(a) A は正定行列である．

(b) 正則行列 $W \in \mathbb{C}^{n \times n}$ を用いて $A = W^\mathrm{H} W$ と分解できる．ただし，$A \in \mathbb{R}^{n \times n}$ のときには $W \in \mathbb{R}^{n \times n}$ に選ぶことができる．

(c) 対角要素が正である上三角行列 $B \in \mathbb{C}^{n \times n}$ を用いて $A = B^\mathrm{H} B$ と分解できる．ただし，$A \in \mathbb{R}^{n \times n}$ のときには $B \in \mathbb{R}^{n \times n}$ に選ぶことができる．

証明 (c) $\Rightarrow$ (b)　$W = B$ とすればよい．

(b) $\Rightarrow$ (a)　単位行列は正定行列であるので，**定理 9.3** を適用すればよい．

(a) $\Rightarrow$ (c)　**定理 9.4** の証明と同様にして，$n_1 = 1$, $n_2 = n-1$ として式 (9.4) の T_1 を構成したのち，式 (9.5) の合同変換をする．T_1 は，対角要素がすべて 1 である上三角行列であることに注意しておく．以下，シューア補元に順次同様の変換を続けていくと，$T_{n-1}^\mathrm{H} \cdots T_2^\mathrm{H} T_1^\mathrm{H} A T_1 T_2 \cdots T_{n-1} = \mathrm{diag}\{d_1, d_2, \cdots, d_n\}$ となる．**定理 9.4** より，$i = 1, \cdots, n$ について $d_i > 0$ であることに注意する．ここで

$$B = \mathrm{diag}\left\{\sqrt{d_1}, \sqrt{d_2}, \cdots, \sqrt{d_n}\right\} T_{n-1}^{-1} \cdots T_2^{-1} T_1^{-1}$$

とおくと，B は対角成分が正である上三角行列であり，$A = B^\mathrm{H} B$ が成り立っている． △

定理 9.6 (c) の分解を，**コレスキ分解**（Cholesky factorization）という．

例題 9.6　例題 9.4 の行列 A について，コレスキー分解を求めてみよ．

【**解答**】 **定理 9.6** の証明に沿って，正則行列

142   9. 二次形式と正定行列

$$T_1 = \begin{bmatrix} 1 & -\frac{1}{2} & -\frac{1}{4} \\ 0 & 1 & 0 \\ 0 & 0 & 1 \end{bmatrix}, \quad T_2 = \begin{bmatrix} 1 & 0 & 0 \\ 0 & 1 & -\frac{3}{4} \\ 0 & 0 & 1 \end{bmatrix}$$

とおけば, $T_2^\mathrm{T} T_1^\mathrm{T} A T_1 T_2 = \mathrm{diag}\{4, 2, 85/8\}$ なので

$$B = \mathrm{diag}\left\{2, \sqrt{2}, \frac{\sqrt{170}}{4}\right\} T_2^{-1} T_1^{-1} = \begin{bmatrix} 2 & 1 & \frac{1}{2} \\ 0 & \sqrt{2} & \frac{3\sqrt{2}}{4} \\ 0 & 0 & \frac{\sqrt{170}}{4} \end{bmatrix}$$

を用いて $A = B^\mathrm{T} B$ とコレスキー分解が求まる.   ◇

9.2.3 準正定行列の平方根

準正定行列 $A \in \mathbb{C}^{n \times n}$ (または $A \in \mathbb{R}^{n \times n}$) を, **定理 8.2** によって $A = U \mathrm{diag}\{\lambda_1, \cdots, \lambda_n\} U^\mathrm{H}$ と対角化する. **定理 9.2** により $\lambda_i \geqq 0$ なので, その平方根は非負の実数となる. そこで, $A^{1/2} = U \mathrm{diag}\{\sqrt{\lambda_1}, \cdots, \sqrt{\lambda_n}\} U^\mathrm{H} \in \mathbb{C}^{n \times n}$ ($A \in \mathbb{R}^{n \times n}$ のときには $A^{1/2} \in \mathbb{R}^{n \times n}$ であることに注意されたい) と定めて, A の**行列平方根** (square root of a matrix) という.

定義より, ただちに $A = (A^{1/2})^2$ であることがわかる. また, $A^{1/2}$ はエルミート行列 (A が実対称行列ならば実対称行列) であり, A が正定行列であれば $A^{1/2}$ も正定行列, A が準正定行列であれば $A^{1/2}$ も準正定行列であることもわかる. また, A が正定行列であるときには, A^{-1} の行列平方根を考えることができるが, $(A^{-1})^{1/2} = (A^{1/2})^{-1}$ であることが容易にわかる (演習問題【6】). そこで $A^{-1/2} = (A^{1/2})^{-1}$ と表すことにする.

9.3　二次形式と内積

7 章では, 内積をもった線形空間を考えた. ここでは, 有限次元線形空間 $\mathbb{C}^n$ (または $\mathbb{R}^n$) の内積は, 一般には正定なエルミート行列によるエルミート形式 (正定な実対称行列による二次形式) として与えることができることを示す.

正定エルミート行列 $P \in \mathbb{C}^{n \times n}$ を用いて, $x, y \in \mathbb{C}^n$ について $\langle x, y \rangle = y^\mathrm{H} P x$

と定める．これによって，7章で考えた内積を $\mathbb{C}^n$ に与えることができる．逆に，$\mathbb{C}^n$ に内積が定義されているときには，その内積はある正定エルミート行列 $P \in \mathbb{C}^{n \times n}$ によって $\langle x, y \rangle = y^{\mathrm{H}} P x$ と与えられることがわかる．なお，$\mathbb{R}^n$ については，正定実対称行列を用いて同様な議論が可能である．

【定理 9.7】 正定エルミート行列 $P \in \mathbb{C}^{n \times n}$ が与えられるとき，$x, y \in \mathbb{C}^n$ について，$\langle x, y \rangle = y^{\mathrm{H}} P x$ は $\mathbb{C}^n$ の内積である．逆に $\mathbb{C}^n$ の内積が与えられるとき，$\langle x, y \rangle = y^{\mathrm{H}} P x$ となる正定エルミート行列 $P \in \mathbb{C}^{n \times n}$ がある．$\mathbb{R}^n$ についても，正定実対称行列 $P \in \mathbb{R}^{n \times n}$ を用いて同様の結果が成り立つ．

証明 $\langle x, y \rangle = y^{\mathrm{H}} P x$ は，$\mathbb{C}^n$ の内積であることは各自で確かめられたい．後半であるが，単位ベクトル $\{e_1, \cdots, e_n\}$ を用いて $p_{ij} = \langle e_j, e_i \rangle$ とおき，$P = (p_{ij})$ と定める．$x, y \in \mathbb{C}^n$ を $x = \sum_{i=1}^n \xi_i e_i$, $y = \sum_{i=1}^n \eta_i e_i$ と表すとき，内積の性質より $\langle x, y \rangle = \sum_{i=1}^n \sum_{j=1}^n \xi_i \overline{\eta_j} \langle e_i, e_j \rangle = y^{\mathrm{H}} P x$ である． △

内積を**定理 9.7** のように選ぶとき，x と y が直交であることを $\langle x, y \rangle = y^{\mathrm{H}} P x = 0$ と定める．したがって，これまで $P = I$ に限定して考えてきた直交という考え方を若干修正する必要がある．しかしながら，直交補空間や正規直交基底などは，正定行列 P を用いた内積においても概念としては同じである．それゆえ，例えばグラム・シュミットの直交化も，手順としては同様に成立している．

例題 9.7 例題 9.4 の行列 A を $P = A \in \mathbb{R}^{3 \times 3}$ として，$\mathbb{R}^3$ の内積を $\langle x, y \rangle = y^{\mathrm{T}} P x$ と定めるとき，$S = \mathrm{span}\{e_1\}$ の直交補空間を求めよ．

【解答】 $\mathbb{R}^3$ の基底 $\{e_1, e_2, e_3\}$ にグラム・シュミットの直交化（**定理 7.5**）を適用する．結果を書くと

$$x_1 = \begin{bmatrix} \frac{1}{2} \\ 0 \\ 0 \end{bmatrix}, \quad x_2 = \begin{bmatrix} -\frac{1}{\sqrt{5}} \\ \frac{2}{\sqrt{5}} \\ 0 \end{bmatrix}, \quad x_3 = \begin{bmatrix} \frac{1}{\sqrt{101}} \\ -\frac{6}{\sqrt{101}} \\ \frac{8}{\sqrt{101}} \end{bmatrix}$$

として，$\{x_1, x_2, x_3\}$ が正規直交基底である．すると $S^\perp = \mathrm{span}\{x_2, x_3\}$ になる．　　　　　　　　　　　　　　　　　　　　　　　　　　　　　　　　◇

コーヒーブレイク

内積を $y^T x$ ではなく，実対称行列 P を用いて $y^T P x$ ととる必要性は，制御工学では頻繁に現れる．線形システムに対するリアプノフ法による安定性解析[4]では，リアプノフ関数として二次形式 $x^T P x$ を用いている．じつは，このことは状態空間に内積を $y^T P x$ として定義すると都合がよいのだと述べていることになる．例えば，離散時間系であれば，リアプノフ方程式 $A^T P A - P = -Q$ は P を用いた内積で，$x(t+1) = Ax(t)$ の状態 $x(t)$ のノルムが毎回減少することを述べている．これは，通常の内積 $y^T x$ を用いたのではそのようなことは結論できない．

＊＊＊＊＊＊＊＊＊＊ 演 習 問 題 ＊＊＊＊＊＊＊＊＊＊

【1】エルミート行列 $A \in \mathbb{C}^{n \times n}$ を考える．
$$B = \begin{bmatrix} O & A \\ A & O \end{bmatrix} \in \mathbb{C}^{2n \times 2n}$$
とするとき，B の符号を求めよ．

【2】エルミート行列 $A \in \mathbb{C}^{n \times n}$（または実対称行列 $A \in \mathbb{R}^{n \times n}$）が正定行列であれば，$A$ は正則であり，かつ A^{-1} も正定行列であることを示せ．

【3】エルミート行列 $A \in \mathbb{C}^{n \times n}$（または実対称行列 $A \in \mathbb{R}^{n \times n}$）の主座小行列式が，すべて非負であるが A は準正定行列ではない例を，$n > 1$ の場合に見つけよ．

【4】準正定エルミート行列 $A \in \mathbb{C}^{n \times n}$ について，$x^H A x = 0$ ならば $Ax = 0$ であることを示せ．

【5】例題 **9.4** の行列 A について，行列平方根 $A^{1/2}$ を求めよ．

【6】 準正定エルミート行列 $A \in \mathbb{C}^{n \times n}$ について，$A = (A^{1/2})^2$ および $A^{1/2}$ はエルミート行列（A が実対称行列ならば実対称行列）であることを示せ．また，$A > O$ ならば $A^{1/2} > O$，$A \geqq O$ ならば $A^{1/2} \geqq O$ であることを示せ．最後に，$A > O$ のとき $(A^{-1})^{1/2} = (A^{1/2})^{-1}$ を示せ．

【7】 線形空間 $\mathbb{C}^n$ で正定行列 P を用いた内積を $\langle x, y \rangle_P$ と書き，単位行列を用いた内積を $\langle x, y \rangle$ と書くものとする．このとき，$\|x\|_P = \sqrt{\langle x, x \rangle_P}$ と $\|x\| = \sqrt{\langle x, x \rangle}$ とについて，$\sqrt{\lambda_{\min}(P)} \|x\| \leqq \|x\|_P \leqq \sqrt{\lambda_{\max}(P)} \|x\|$ が成り立つことを示せ．

10 射影と一般化逆行列

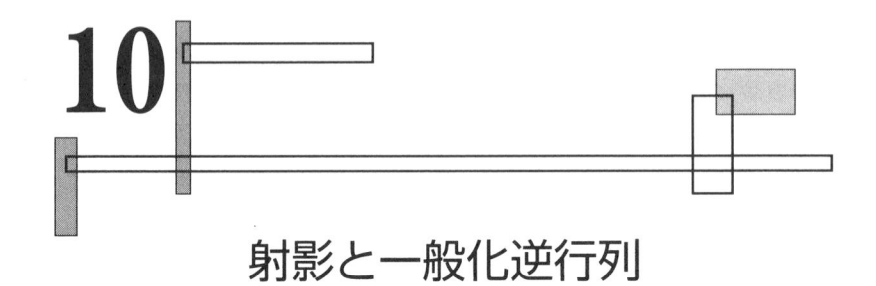

　線形空間が，部分空間とその補空間の直和に表されるときには，射影という線形変換を考えることができる。これは，任意の点を与えられた部分空間上の点に補空間に沿って移動させる変換である。線形空間が内積をもつときには，直交補空間を用いることにより，直交射影を考えることができる。射影を考えることにより，正則でない行列に対してもある意味でその逆を考えることができる。それを一般化逆行列と呼んでいる。線形空間に内積があるときには，直交性を利用して擬似逆行列を考えることができる。

10.1　射影と補空間

　部分空間とその補空間を与えると，射影が定義できる。射影は線形変換である。射影を行列表示すると冪等（べきとう）行列になる。

10.1.1　射　　影

　有限次元線形空間 X の部分空間 S とその補空間 T を考える。このとき，$x \in X$ は，$y \in S$ と $z \in T$ を用いて $x = y + z$ と唯一に表すことができるので（**定理 2.9**），x に y を対応させることができる。この対応を，部分空間 T に沿っての部分空間 S への射影という。**図 10.1** にその考え方を示す。

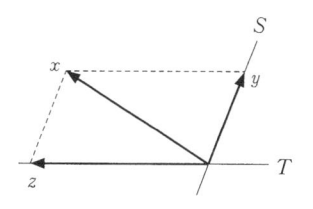

図 10.1 射影の説明

【定理 10.1】 有限次元線形空間 X の部分空間 S と補空間 T を考える。このとき，部分空間 T に沿っての部分空間 S への射影は，X の線形変換である。

証明 ベクトル $x_1, x_2 \in X$ とスカラー α_1, α_2 を考える。まず，$i = 1, 2$ について $x_i = y_i + z_i$, $y_i \in S$, $z_i \in T$ とすると，$\alpha_1 x_1 + \alpha_2 x_2 = \alpha_1 y_1 + \alpha_2 y_2 + \alpha_1 z_1 + \alpha_2 z_2$ であり，$\alpha_1 y_1 + \alpha_2 y_2 \in S$ および $\alpha_1 z_1 + \alpha_2 z_2 \in T$ である。これは，$\alpha_1 x_1 + \alpha_2 x_2$ の部分空間 T に沿っての部分空間 S への射影が，$\alpha_1 y_1 + \alpha_2 y_2$ であることを示している。 △

10.1.2 射影と冪等な行列

行列 $P \in \mathbb{C}^{n \times n}$ （または $P \in \mathbb{R}^{n \times n}$）は，$P^2 = P$ を満たすとき**冪等** (idempotent) であるという。行列 P が冪等であれば，$I - P$ も冪等である（確認せよ）。射影と冪等である行列の間には，つぎのような関係がある。

【定理 10.2】 部分空間 $S \subset \mathbb{C}^n$ とその補空間 T を考える。このとき，$S = \operatorname{ran} P$ と $T = \operatorname{ran}(I - P)$ を満たす冪等である行列 $P \in \mathbb{C}^{n \times n}$ がある。逆に，$P \in \mathbb{C}^{n \times n}$ が冪等であるならば，$S = \operatorname{ran} P$ と $T = \operatorname{ran}(I - P)$ は互いに補空間の関係にある。

証明 部分空間 S の補空間を考えると，**定理 2.9** より，$x = x_S + x_T$, $x_S \in S$, $x_T \in T$ と一意に表現できる。x に x_S を対応させる写像は，**定理 10.1** よ

り線形写像である。したがって，$\mathbb{C}^n$ の自然な基底による行列表現 P があって，$Px = x_S$ となる。もし $x \in S$ ならば，表現の一意性より $x_S = x$, $x_T = 0$ である。これより，$P^2 x = Px$ であることと，$S \subset \operatorname{ran} P$ であることがわかる。$S \supset \operatorname{ran} P$ は明らかなので，$S = \operatorname{ran} P$ である。一方，x に x_T を対応させる写像は $I - P$ で与えられるので，$T = \operatorname{ran}(I - P)$ である。逆に，冪等である行列 P が与えられたとき，$S = \operatorname{ran} P$ および $T = \operatorname{ran}(I - P)$ とおく。$x = Px + (I - P)x$ より $S + T = \mathbb{C}^n$ である。ここで，$x \in S \cap T$ とすれば $x \in S$ より $x = Py$ となる $y \in \mathbb{C}^n$ があるが，すると $Px = P^2 y = Py = x$ である。同様に，$x \in T$ より $(I - P)x = x$ となる。すると，$x = Px = (I - P)x$ であるが，これは $x = 0$ しかあり得ない。したがって，T は S の補空間である。 △

例題 10.1 行列
$$P = \begin{bmatrix} 1 & -1 \\ 0 & 0 \end{bmatrix}$$
が冪等であることを確かめたのち，$\operatorname{ran} P$ と $\operatorname{ran}(I - P)$ を求めよ。

【解答】 $P^2 = P$ については計算より明らかである。$x_1 = [\,1\ 0\,]^{\mathrm{T}}$ および $x_2 = [\,1\ 1\,]^{\mathrm{T}}$ とすれば，$\operatorname{ran} P = \operatorname{span}\{x_1\}$ および $\operatorname{ran}(I - P) = \operatorname{span}\{x_2\}$ である。例えば，$x = [\,4\ 1\,]^{\mathrm{T}}$ を考えると，$Px = 3x_1$, $(I - P)x = x_2$ であり，部分空間 $\operatorname{ran} P$ とその補空間 $\operatorname{ran}(I - P)$ を用いて $x = 3x_1 + x_2$ と唯一に記述することができる。ここで，冪等行列 P は，**例題 2.6** での部分空間 T' に沿った射影を与えていることに注意したい。 ◇

冪等である行列の特徴を明らかにしておく。

【定理 10.3】 行列 $P \in \mathbb{C}^{n \times n}$ が冪等であるためには，固有値が 1 と 0 のみからなり，かつ相似変換により対角化できることが必要十分である。

証明 **必要性** **定理 10.2** より，$\operatorname{ran} P$ と $\operatorname{ran}(I-P)$ は補空間の関係にある。すると**定理 2.7** より，$\dim \operatorname{ran} P = r$ として，$\dim \operatorname{ran}(I-P) = n - r$ である。そこで，$\operatorname{ran} P$ の基底を $\{x_1, \cdots, x_r\}$ とし，$\operatorname{ran}(I - P)$ の基底を $\{x_{r+1}, \cdots, x_n\}$

とする。ここで, $i=1,\cdots,r$ について $Px_i = x_i$, および $i=r+1,\cdots,n$ について $Px_i = 0$ が成り立つ。ゆえに, $T = [\,x_1\ \cdots\ x_n\,]$ とおくと, T は正則行列であり, かつ $PT = T\,\mathrm{diag}\{I_r, 0\}$ であるので, $T^{-1}PT$ は対角行列である。

十分性 $T^{-1}PT = \mathrm{diag}\{I, 0\}$ と対角化できたならば, $T^{-1}P^2T = T^{-1}PT$ より $P^2 = P$ である。 △

例題 10.2 例題 10.1 の行列 P の固有値を求めて対角化してみよ。

【解答】 固有値は $1, 0$ になる。正則行列を

$$T = \begin{bmatrix} 1 & 1 \\ 0 & 1 \end{bmatrix}$$

とおくと, $T^{-1}PT = \mathrm{diag}\{1, 0\}$ である。 ◇

10.2 直交射影と直交補空間

線形空間に内積があるときには, 直交補空間を用いると直交射影が定義できる。直交射影を行列表示すれば, 冪等であるエルミート行列（または実対称行列）である。

10.2.1 直 交 射 影

内積をもつ有限次元線形空間 X の部分空間 S は, 直交補空間 $S^\perp$ をもつ（**定理 7.6**）。すると, $x \in X$ は $y \in S$ と $z \in S^\perp$ を用いて $x = y+z$ のように唯一に表すことができるので, x に y を対応させることができる。この対応を部分空間 S への**直交射影** (orthogonal projection) という。図 10.2 にその考え方を示す。

部分空間 S への直交射影は, もちろん射影の一種であるので, **定理 10.1** より X の線形変換を与える。射影は, 部分空間 S と補空間の関係にある部分空間を指定しなければ唯一に定まらなかったが, 直交射影は直交補空間を補空間

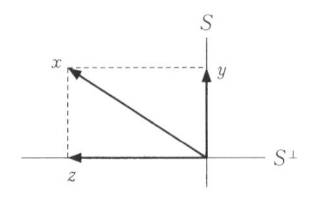

図 10.2　直交射影の説明

として指定するので，部分空間 S によって一意に定まっていることに注意する．

10.2.2　直交射影と冪等なエルミート行列

複素線形空間 $\mathbb{C}^n$ の内積を $\langle x,y \rangle = y^{\mathrm{H}} x$ で与える．また実線形空間 $\mathbb{R}^n$ の内積を $\langle x,y \rangle = y^{\mathrm{T}} x$ で与える．このとき，$\mathbb{C}^n$（または $\mathbb{R}^n$）での直交射影を表示する行列は，10.1 節で見たように冪等でなければならないが，それに加えてエルミート行列（または実対称行列）であることに特徴がある．

【定理 10.4】 部分空間 $S \subset \mathbb{C}^n$ （または $S \subset \mathbb{R}^n$）を考える．このとき，$S = \operatorname{ran} P$ と $S^\perp = \operatorname{ran}(I - P)$ を満たす冪等であるエルミート行列 $P \in \mathbb{C}^{n \times n}$（または実対称行列 $P \in \mathbb{R}^{n \times n}$）がある．逆に，エルミート行列 $P \in \mathbb{C}^{n \times n}$（または実対称行列 $P \in \mathbb{R}^{n \times n}$）が冪等であるならば，$S = \operatorname{ran} P$ と $T = \operatorname{ran}(I - P)$ は $T = S^\perp$ の関係にある．

証明　S の正規直交基底を $\{v_1, \cdots, v_r\}$ とする．$V = [\, v_1 \ \cdots \ v_r \,] \in \mathbb{C}^{n \times r}$ と定め，$P = VV^{\mathrm{H}}$ とする．$P = P^{\mathrm{H}}$ は明らかである．また，$V^{\mathrm{H}} V = I$ なので $P^2 = VV^{\mathrm{H}} VV^{\mathrm{H}} = VV^{\mathrm{H}} = P$ となり，P は冪等である．ここで，$\operatorname{ran} P \subset S$ は明らかである．$x \in S$ とすれば $x = \sum_{i=1}^r \xi_i v_i$ となる．そこで，$\xi = [\, \xi_1 \ \cdots \ \xi_r \,]^{\mathrm{T}}$ とおけば $x = VV^{\mathrm{H}} \xi$ であるので，$\operatorname{ran} P \supset S$ である．定理 7.8 を用いると，$(\operatorname{ran} P)^\perp = (\operatorname{ran} P^{\mathrm{H}})^\perp = \ker P$ であるので，$\ker P = \operatorname{ran}(I - P)$ であることを示すことにする．$x \in \ker P$ ならば，$x = (I - P)x$ より $x \in \operatorname{ran}(I - P)$ である．逆に，$x \in \operatorname{ran}(I - P)$ であれば $x = (I - P)y$ となる y があるが，$Px = P(I - P)y = 0$ であるので，$x \in \ker P$ である．後半は，いま示したことから導くことができる． △

10.2 直交射影と直交補空間

直交射影の重要性は，つぎの定理でも明らかになる。これを示したものが，**図 10.3** である。点 x に最も近い部分空間 S の点は，x より S に下ろした垂線が交差する点である。

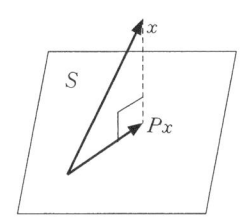

図 10.3 部分空間と直交射影

【**定理 10.5**】 線形空間 $\mathbb{C}^n$ （または $\mathbb{R}^n$）の部分空間 S を与える。エルミート行列（または実対称行列）P は $P^2 = P$, $\operatorname{ran} P = S$ を満たすとする。$x \in \mathbb{C}^n$（または $x \in \mathbb{R}^n$）を与えるとき，任意の $y \in S$ について $\|x - y\| \geq \|x - Px\|$ が成り立ち，等号は $y = Px$ のときに限り成立する。

証明 定理 10.4 より，$\operatorname{ran} P$ と $\operatorname{ran}(I - P)$ は直交するので，$y \in \operatorname{ran} P$ を用いて

$$\|x - y\|^2 = \langle (Px - y) + (I - P)x, (Px - y) + (I - P)x \rangle$$
$$= \|Px - y\|^2 + \|x - Px\|^2$$

である。右辺第 1 項は，$y = Px$ のときに 0 となり，それ以外のときには正となるので，定理が証明された。 △

例題 10.3 線形空間 $\mathbb{R}^3$ の部分空間を $x_1 = [\, 3 \;\; -1 \;\; 2 \,]^\mathrm{T}$, $x_2 = [\, -1 \;\; 2 \;\; 1 \,]^\mathrm{T}$ として $S = \operatorname{span}\{x_1, x_2\}$ と定める。S への直交射影を表す行列を求めよ。$x = [\, 1 \;\; 1 \;\; 1 \,]^\mathrm{T}$ とするとき，$\|x - y\|$ を最小にする $y \in S$ を求めよ。

【**解答**】 行列 $A = [\, x_1 \;\; x_2 \,] \in \mathbb{R}^{3 \times 2}$ は，$\operatorname{rank} A = 2$ と最大列階数をもつので，演習問題【2】より，$S = \operatorname{ran} A$ への直交射影は

$$P = A\left(A^\mathrm{T} A\right)^{-1} A^\mathrm{T} = \frac{1}{3} \begin{bmatrix} 2 & -1 & 1 \\ -1 & 2 & 1 \\ 1 & 1 & 2 \end{bmatrix}$$

となる。S の中で $\|x - y\|$ を最小化する点 y は

$$y = Px = \frac{1}{3} \begin{bmatrix} 2 \\ 2 \\ 4 \end{bmatrix}$$

である。 $\diamond$

10.3 一般化逆行列

一般化逆行列は，通常の意味の逆行列を拡張した考え方で，正則でない行列についてもある意味で逆行列に似た働きをする。これは，唯一には決まらず自由度がある。その中で，擬似逆行列は唯一に決まり，直交射影と関連するものである。一般化逆行列については，連立一次方程式の解との関係が重要である。

10.3.1 一般化逆行列の定義

行列 $A \in \mathbb{C}^{m \times n}$ （または $A \in \mathbb{R}^{m \times n}$）を考える。行列 $X \in \mathbb{C}^{n \times m}$ （または $X \in \mathbb{R}^{n \times m}$）が，任意の $y \in \operatorname{ran} A$ に対して $AXy = y$ を満たすならば，A の**一般化逆行列**（generalized inverse）であるといい，$X = A^-$ と表す（**定理 10.7** で示すように，一般化逆行列は必ずしも一意ではないことに注意する。つまり，A^- という表記は便宜的なものである）。

一般化逆行列の定義は，つぎのようにも言い換えられる。

【**定理 10.6**】 行列 $A \in \mathbb{C}^{m \times n}$ （または $A \in \mathbb{R}^{m \times n}$）が与えられるとき，行列 $A^- \in \mathbb{C}^{n \times m}$ （または $A^- \in \mathbb{R}^{m \times n}$ ）が一般化逆行列であるためには，$AA^-A = A$ であることが必要十分である。

証明 **必要性** 任意の $x \in \mathbb{C}^n$ について $Ax \in \operatorname{ran} A$ であるので,A^- が一般化逆行列であるならば,$AA^- Ax = Ax$ である。したがって,$AA^- A = A$ である。

十分性 $y \in \operatorname{ran} A$ とすれば,$y = Ax$ となる x がある。すると,$AA^- y = AA^- Ax = Ax = y$ となるので,A^- は一般化逆行列である。 △

もし $A \in \mathbb{C}^{n \times n}$ が正則行列であれば,$\operatorname{ran} A = \mathbb{C}^n$ だから,一般化逆行列は $AA^- = I$ を満たすことになる。これを満たす行列は A^{-1} しかないので(1章の演習問題【7】),A が正則ならば,一般化逆行列は逆行列のみである。

10.3.2 一般化逆行列のクラス

一般化逆行列は,逆行列とは異なり,一般には一意に定まらない。また,正則とは限らないどのような行列でも,少なくとも一つの一般化逆行列をもつ。つぎの定理は,これらのことを示すとともに,一般化逆行列のクラスを明らかにする。

【定理 10.7】 行列 $A \in \mathbb{C}^{m \times n}$ ($\operatorname{rank} A = r$) を考える。$\operatorname{ran} A$ の基底を $\{w_1, \cdots, w_r\}$,$\ker A$ の基底を $\{v_{r+1}, \cdots, v_n\}$ とする。$\operatorname{ran} A$ の補空間 $S \subset \mathbb{C}^m$ と $\ker A$ の補空間 $T \subset \mathbb{C}^n$ を選び,それらの基底をそれぞれ $\{w_{r+1}, \cdots, w_m\}$,$\{v_1, \cdots, v_r\}$ として

$$V = \begin{bmatrix} v_1 & \cdots & v_n \end{bmatrix} \in \mathbb{C}^{n \times n}, \quad W = \begin{bmatrix} w_1 & \cdots & w_m \end{bmatrix} \in \mathbb{C}^{m \times m}$$

とおく。$i = 1, \cdots, r$ について $Av_i = \sum_{j=1}^{r} \alpha_{ji} w_j$ と $\alpha_{ji} \in \mathbb{C}$ を定めて,$A_1 = (\alpha_{ji}) \in \mathbb{C}^{r \times r}$ とする。$B \in \mathbb{C}^{(n-r) \times (m-r)}$ を任意に与える行列とする。このとき

$$V \begin{bmatrix} A_1^{-1} & O \\ O & B \end{bmatrix} W^{-1} \tag{10.1}$$

は A の一般化逆行列である。逆に,任意の A の一般化逆行列は,式 (10.1) において,補空間 S,T,および行列 B を選ぶことによって与えられる。

証明 行列 $V \in \mathbb{C}^{n \times n}$ および $W \in \mathbb{C}^{m \times m}$ は,各列が一次独立であるので正則であることに注意しておく。つぎに

$$W^{-1}AV = \begin{bmatrix} A_1 & O \\ O & O \end{bmatrix} \tag{10.2}$$

であることを示す。$i = 1, \cdots, r$ として,式 (10.2) の i 列は,$Av_i = \sum_{j=1}^{r} \alpha_{ji} w_j$ であることを述べているにすぎない。$i = r+1, \cdots, n$ として,式 (10.2) の i 列は,$Av_i = 0$ の結果である。ここで,A_1 が正則行列であることを示す。A_1 は,行列 A による T から $\operatorname{ran} A$ への線形写像の基底 $\{v_1, \cdots, v_r\}$ および $\{w_1, \cdots, w_r\}$ に対する行列表現である。この写像が単射であることを示す。もし,$x_1, x_2 \in T$ が $Ax_1 = Ax_2$ を満たすならば,$x_1 - x_2 \in \ker A$ であるが,一方 $x_1 - x_2 \in T$ であるので,$\ker A \cap T = (0)$ より $x_1 = x_2$ となることがわかる。したがって,その行列表現は**定理 4.4** より最大列階数 r をもつことになるので,A_1 のサイズを考慮すると,それは正則行列である。すると

$$AV \begin{bmatrix} A_1^{-1} & O \\ O & B \end{bmatrix} W^{-1} A$$
$$= W \begin{bmatrix} A_1 & O \\ O & O \end{bmatrix} \begin{bmatrix} A_1^{-1} & O \\ O & B \end{bmatrix} \begin{bmatrix} A_1 & O \\ O & O \end{bmatrix} V^{-1}$$
$$= W \begin{bmatrix} A_1 & O \\ O & O \end{bmatrix} V^{-1} = A$$

である。ここに**定理 10.6** を適用すれば,式 (10.1) の行列が A の一般化逆行列であることがわかる。

逆に,一般化逆行列 A^- が与えられたとする。部分空間 $S = \ker AA^-$ を考えると,S は $\operatorname{ran} A$ の補空間になっている。実際,$y \in \mathbb{C}^m$ を任意にとると,$y = AA^- y + (y - AA^- y)$ であり,$AA^- (y - AA^- y) = (A - AA^- A) A^- y = 0$ なので,$y - AA^- y \in S$ より $\operatorname{ran} A + S = \mathbb{C}^m$ である。もし,$y \in \operatorname{ran} A \cap S$ とすれば,$y = Ax$ であり,$AA^- y = 0$ であるが,これより $y = Ax = AA^- Ax = 0$ となる。つぎに,$T = \operatorname{ran} A^- A$ とおくと,T は $\ker A$ の補空間になっている。実際,$x \in \mathbb{C}^n$ を任意にとると $x = (x - A^- Ax) + A^- Ax$ であり,$A(x - A^- Ax) = 0$ なので $\ker A + T = \mathbb{C}^n$ である。もし,$x \in \ker A \cap T$ とすれば,$x = A^- Ax'$ となる x' があるが,すると $0 = Ax = AA^- Ax' = Ax'$ より $x = 0$ となる。最後に,基底を定理の記述のようにとり,$j = 1, \cdots, r$ について $A^- w_j \in T$,および $j = r+1, \cdots, m$ について $A^- w_j \in \ker A$ であることに注意すれば,$V^{-1} A^- W$ は式 (10.1) のようにブロック対角になる。このとき,(1,1) ブロックが,行列 A

による T から $\operatorname{ran} A$ の線形写像の基底 $\{v_1, \cdots, v_r\}$,および $\{w_1, \cdots, w_r\}$ による行列表現の逆行列であることは,この定理の証明の前半と同じである。 △

定理 10.7 は,実数行列についても同様に成り立つことに注意する。つぎの定理は,一般化逆行列と射影との関係を明らかにする。

【定理 10.8】 行列 $A \in \mathbb{C}^{m \times n}$ の一般化逆行列 $A^- \in \mathbb{C}^{n \times m}$ を考え,S および T をそれぞれ定理 10.7 で与えられる $\operatorname{ran} A$ および $\ker A$ の補空間とする。このとき,$AA^- \in \mathbb{C}^{m \times m}$ は S に沿った $\operatorname{ran} A$ への射影行列,$A^- A \in \mathbb{C}^{n \times n}$ は $\ker A$ に沿った T への射影行列である。

証明　定理 10.6 より,$AA^- AA^- = AA^-$ および $A^- AA^- A = A^- A$ を得るので,これらは射影行列である。定理 10.7 より

$$AA^- = W \begin{bmatrix} I & O \\ O & O \end{bmatrix} W^{-1}, \quad A^- A = V \begin{bmatrix} I & O \\ O & O \end{bmatrix} V^{-1}$$

である。これより,$\operatorname{ran} AA^- = \operatorname{ran} A$,$\operatorname{ran} (I - AA^-) = S$,$\operatorname{ran} A^- A = T$,および $\operatorname{ran} (I - AA^-) = \ker A$ を得る。 △

例題 10.4 連立一次方程式 $Ax = b$ を考える。A^- を一般化逆行列とする。もし $b \in \operatorname{ran} A$ であれば,$A^- b$ は連立一次方程式の一つの解であることを示せ。また,$b \notin \operatorname{ran} A$ のとき $A^- b$ はなにを表すだろうか。

【解答】 もし $b \in \operatorname{ran} A$ であれば,$b = Av$ となるベクトル v がある。定理 10.6 を適用すれば,$AA^- b = AA^- Av = Av = b$ となるので $A^- b$ は解である。つぎに,$b \notin \operatorname{ran} A$ とする。このとき,$A^- b$ は,誤差 $b - AA^- b$ が定理 10.7 で定めた $\operatorname{ran} A$ の補空間 S に含まれるようなベクトルであることがわかる。実際,$b - AA^- b = (I - AA^-)b$ に定理 10.8 を当てはめればよい。 ◇

連立一次方程式 $Ax = b$ の解の集合は,定理 4.7 で与えた。一般化逆行列を用いることにより,例題 10.4 で一つの解を,定理 10.8 で $\ker A$ を与えてい

る。これらをまとめて書くと，η を自由なベクトルとして

$$x = A^- b + \left(I - AA^-\right)\eta$$

が $Ax = b$ の一般解を与えることがわかる。

10.3.3　擬似逆行列

一般化逆行列は，一意ではないがその中から一つを選択する方法として，**定理 10.7** において，直交補空間を用いて $S = (\operatorname{ran} A)^\perp$, $T = (\ker A)^\perp$ と部分空間を選び，さらに $B = O$ と行列を選んだ一般化逆行列を考えることができる。この一般化逆行列を**擬似逆行列**（pseudo inverse）または**ムーア・ペンローズの逆行列**（Moore-Penrose inverse）といい，A^+ で表す。

【定理 10.9】　行列 $A \in \mathbb{C}^{m \times n}$ を与えるとき，行列 $A^+ \in \mathbb{C}^{n \times m}$ が擬似逆行列となるためには，つぎの 4 条件をすべて満たすことが必要十分である。

(a)　$AA^+ A = A$.　　　　　　(b)　$A^+ A A^+ = A^+$.
(c)　$(AA^+)^{\mathrm{H}} = AA^+$.　　　(d)　$(A^+ A)^{\mathrm{H}} = A^+ A$.

さらに擬似逆行列は唯一存在する。

証明　まず擬似逆行列があることは，定理の前の記述よりわかる（これは直交補空間が実際に補空間であることによる。7.3 節 参照）。

つぎに 4 条件の必要性を示す。(a) は**定理 10.6** で示した。(b) は，**定理 10.7** で $B = O$ と選ぶとき，式 (10.1) と式 (10.2) を用いて計算すると $A^- AA^- = A^-$ となることから示される。(c), (d) についてであるが，**定理 10.8** より，AA^+, $A^+ A$ はそれぞれ直交射影となる。すると，**定理 10.4** より，それらはエルミート行列である。

つぎに 4 条件の十分性を示す。(a) より，**定理 10.6** を用いれば，A^+ は（一つの）一般化逆行列になる。すると，**定理 10.7** により，式 (10.1) の表現を持っている。ここで，(b) が成り立つことから $B = O$ である。(c), (d) の条件は，**定理 10.4** より，**定理 10.8** での射影 AA^+ と $A^+ A$ が直交射影であることを述べている。したがって，A^+ は擬似逆行列である。

最後に，唯一性であるが，これは演習問題【3】によって示すことにする。△

定理 10.9 の 4 条件を**ムーア・ペンローズ条件** (Moore-Penrose conditions) という。擬似逆行列について，定理 10.8 の結果を当てはめると，AA^+ は ran A への直交射影，A^+A は ran $A^H = (\ker A)^\perp$ への直交射影である。擬似逆行列を具体的に計算するときには，11 章で述べる特異値分解を利用する（**定理 11.11**）。また，行列が最大列階数または最大行階数であるとき，擬似逆行列は具体的な表現が可能である（演習問題【5】）。

例題 10.4 では，連立一次方程式と一般化逆行列の関係を見たが，擬似逆行列に関してはさらに詳細な関係がある。ここで，ベクトル $x \in \mathbb{C}^n$（または $x \in \mathbb{R}^n$）の大きさを表すノルムは，$\|x\| = \sqrt{x^H x}$（または $\|x\| = \sqrt{x^T x}$）で表されていたことに注意する。

例題 10.5 連立一次方程式 $Ax = b$ を考える。このとき，$b \in \mathrm{ran}\, A$ であれば，A^+b は解の中で最もノルムの小さな解であることを示せ。また，$b \notin \mathrm{ran}\, A$ であれば，$x = A^+b$ は誤差 $Ax - b$ のノルムを最小にすることを示せ。

【**解答**】もし $b \in \mathrm{ran}\, A$ であれば，A^+b が解であることはすでに**例題 10.4** で示した。x が $Ax = b$ を満たすとするならば，A^+A は直交射影なので $\|x\| \geq \|A^+Ax\| = \|A^+b\|$ となる。つまり，A^+b は解の中で最もノルムが小さい。つぎに $b \notin \mathrm{ran}\, A$ とする。AA^+ は，**定理 10.8** より，$(\mathrm{ran}\, A)^\perp$ に沿った ran A への直交射影である。そこで，**定理 10.5** を用いると，任意の $y \in \mathrm{ran}\, A$ について $\|AA^+b - b\| \leq \|y - b\|$ が成り立つ。　　　　　　　　　　　　◇

＊＊＊＊＊＊＊＊＊＊ 演 習 問 題 ＊＊＊＊＊＊＊＊＊＊

【1】直交射影 P と Q を考える。このとき，$P+Q$ が直交射影であるためには，$PQ = O$ であることが必要十分であることを示せ。また，そのときには $\mathrm{ran}\,(P+Q) =$

$\operatorname{ran} P + \operatorname{ran} Q$ および $\ker(P+Q) = \ker P \cap \ker Q$ であることを示せ.

【2】 最大列階数をもつ行列 $A \in \mathbb{C}^{m \times n}$ について, $P = A\left(A^{\mathrm{H}} A\right)^{-1} A^{\mathrm{H}}$ とおくと, P は冪等であるエルミート行列であり, $\operatorname{ran} P = \operatorname{ran} A$ であることを示せ. 最大行階数をもつ行列 $A \in \mathbb{C}^{m \times n}$ について, $Q = A^{\mathrm{H}}\left(AA^{\mathrm{H}}\right)^{-1} A$ とおくと, Q は冪等であるエルミート行列であり, $\operatorname{ran}(I-Q) = \ker A$ であることを示せ.

【3】 定理 **10.7** の一般化逆行列の表現 (式 (10.1)) を考え, $\operatorname{ran} A$ の補空間 S と $\ker A$ の補空間 T を与え, $B = O$ と選ぶ. このとき, 基底 $\{w_1, \cdots, w_m\}$ および $\{v_1, \cdots, v_n\}$ の選び方に, 式 (10.1) の行列は依存しないことを示せ.

【4】 行列 $A \in \mathbb{C}^{m \times n}$ の擬似逆行列について, $\left(A^{\mathrm{H}}\right)^{+} = \left(A^{+}\right)^{\mathrm{H}}$ であることを示せ.

【5】 行列 $A \in \mathbb{C}^{m \times n}$ を考える. A が行最大階数ならば, $A^{+} = A^{\mathrm{H}}\left(AA^{\mathrm{H}}\right)^{-1}$ であり, $AA^{+} = I_m$ であることを示せ. また, A が列最大階数であれば, $A^{+} = \left(A^{\mathrm{H}} A\right)^{-1} A^{\mathrm{H}}$ であり, $A^{+}A = I_n$ であることを示せ.

11 特異値

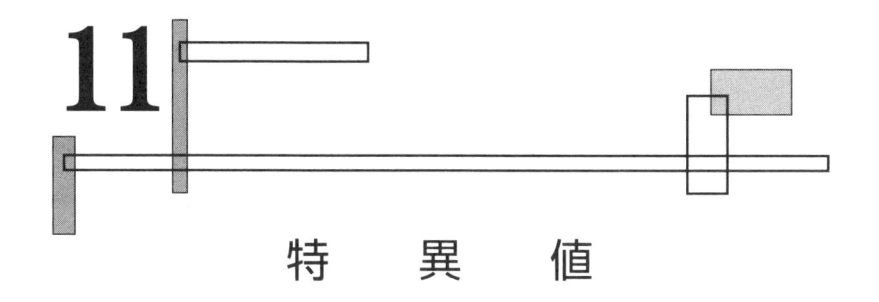

　行列の特異値分解は，行列を線形写像と見るときの幾何学的な構造を明らかにしている．特異値計算は，数値計算として有効なアルゴリズムが用意されており，近似理論を含めて行列のさまざまな概念と結び付くなど，利用価値の高いものである．

11.1 特異値分解

　特異値分解は，行列をユニタリ行列（または直交行列）を用いてなるべく簡潔な形に変換するものである．ユニタリ行列による変換は，内積を不変にするので，行列の線形写像としての幾何学的性質の解明に結び付く．

11.1.1 特異値分解の定義

　行列 $A \in \mathbb{C}^{m \times n}$（または $A \in \mathbb{R}^{m \times n}$）を考える．このとき，ユニタリ行列 $U \in \mathbb{C}^{m \times m}$, $V \in \mathbb{C}^{n \times n}$（または直交行列 $U \in \mathbb{R}^{m \times m}$, $V \in \mathbb{R}^{n \times n}$）および対角成分（長方形行列の対角成分は，行と列が同じ番号となるところの成分である）以外は零で，対角成分は非負となる行列 $\Sigma \in \mathbb{R}^{m \times n}$ を用いて $A = U\Sigma V^{\mathrm{H}}$ と書けるとき，この分解を**特異値分解**（singular value decomposition）という．また，行列 Σ の対角成分に現れる零でない数を，行列 A の**特異値**（singular value) という。つぎの定理は，特異値分解が可能であることを示している。

【定理 11.1】 行列 $A \in \mathbb{C}^{m \times n}$ (ただし $\operatorname{rank} A = r$) を考える。このとき，ユニタリ行列 $U \in \mathbb{C}^{m \times m}$ と $V \in \mathbb{C}^{n \times n}$ があって

$$A = U \Sigma V^{\mathrm{H}} \tag{11.1}$$

$$\Sigma = \begin{bmatrix} \Sigma_{1,r} & O_{r \times (n-r)} \\ O_{(m-r) \times r} & O_{(m-r) \times (n-r)} \end{bmatrix}$$

$$\Sigma_{1,r} = \operatorname{diag}\{\sigma_1, \sigma_2, \cdots, \sigma_r\} \qquad (\sigma_1 \geq \cdots \geq \sigma_r > 0)$$

と変換できる。また，$A \in \mathbb{R}^{m \times n}$ であるときには，U および V は直交行列に選ぶことができる。

証明 行列 $A^{\mathrm{H}} A \in \mathbb{C}^{m \times m}$ はエルミート行列（A が実数行列ならば実対称行列）なので，**定理 8.2** より，あるユニタリ行列（A が実数行列ならば直交行列）V を用いて

$$V^{\mathrm{H}} A^{\mathrm{H}} A V = \operatorname{diag}\{\lambda_1, \lambda_2, \cdots, \lambda_m\} \tag{11.2}$$

と対角化できる。$A^{\mathrm{H}} A$ は準正定行列であり，**定理 9.2** よりその固有値は非負であるから，V の列の順番を適当に選んで $\lambda_1 \geq \lambda_2 \geq \cdots \geq \lambda_r > 0 = \lambda_{r+1} = \cdots = \lambda_m$ とすることができる。ここで，正の固有値の数は $\operatorname{rank} A$ に等しい。$i = 1, 2, \cdots, r$ について $\sigma_i = \sqrt{\lambda_i}$，$i = r+1, \cdots, \min\{m, n\}$ について $\sigma_i = 0$ とおく。$V = [\, v_1, \ v_2, \ \cdots, \ v_m \,]$ とおき，$i = 1, 2, \cdots, r$ について $u_i = \sigma_i^{-1} A v_i$ とする。式 (11.2) より，$i = j$ ならば $u_i^{\mathrm{H}} u_j = 1$，$i \neq j$ ならば $u_i^{\mathrm{H}} u_j = 0$ である。$u_{r+1}, \cdots, u_n$ を選んで，$\{u_1, u_2, \cdots u_n\}$ が $\mathbb{C}^n$ の正規直交基底になるようにする（**定理 7.5**）。$U = [\, u_1, \ u_2, \ \cdots, \ u_n \,]$ とおけば，U はユニタリ行列（A が実数行列の場合には直交行列）であって，式 (11.1) が成り立つ。 △

証明からも明らかになったように，行列 A の特異値は $A^{\mathrm{H}} A$ の固有値の平方根である。また，ユニタリ行列 V の各列は $A^{\mathrm{H}} A$ の，ユニタリ行列 U の各列は $A A^{\mathrm{H}}$ のそれぞれ規格化された固有ベクトルになっている。

特異値については，大きさの順に番号を付けることにする。さらに，どの行

11.1 特異値分解

列の特異値を考えているかを明らかにするために，$\sigma_k(A)$ という記法を用いることもある．これは，行列 A の k 番目の特異値を表すことにする．特に，$\sigma_1(A) = \sigma_{\max}(A)$ は**最大特異値** (maximum singular value) と呼ばれており，12.2 節で述べる行列のノルムとして重要である．また，$k > \operatorname{rank} A$ のときには $\sigma_k(A) = 0$ と約束しておく．

11.1.2 特異値分解の幾何学的意味

特異値分解は，行列を線形写像とみなしたとき，シュミット対と呼ばれるベクトルを用いて幾何学的意味が明らかになるように表現することと，密接に結び付いている．行列 $A \in \mathbb{C}^{m \times n}$ の**シュミット対** (Schmidt pair) は，$r = \operatorname{rank} A$ として

$$Av_i = \sigma_i u_i, \quad A^{\mathrm{H}} u_i = \sigma_i v_i \qquad (i = 1, \cdots, r) \tag{11.3}$$

を満たす非零ベクトルの対 $u_i \in \mathbb{C}^m$, $v_i \in \mathbb{C}^n$ である．これらを**特異ベクトル** (singular vector) ともいう．ここで，$A \in \mathbb{R}^{m \times n}$ のときは，シュミット対も実数ベクトルにとることができることに注意する．

式 (11.3) が成り立てば，$A^{\mathrm{H}} A v_i = \sigma_i^2 v_i$ を満たすので，v_i は $A^{\mathrm{H}} A$ の固有ベクトルであり，σ_i^2 は $A^{\mathrm{H}} A$ の固有値である（このとき，$\sigma_i^2 > 0$ であるので σ_i は実数になる．さらに，$\sigma_i > 0$ であることを式 (11.3) で要求しておく）．逆に，**定理 11.1** の証明中の v_i および u_i が，式 (11.3) を満たすことも示すことができる．したがって，式 (11.3) に表れる σ_i $(i = 1, \cdots, r)$ は，**定理 11.1** の特異値に一致する．

【**定理 11.2**】 行列 $A \in \mathbb{C}^{m \times n}$（ただし $\operatorname{rank} A = r$）を考える．式 (11.3) によるシュミット対 u_i, v_i $(i = 1, \cdots, r)$ を $\|u_i\| = 1$, $\|v_i\| = 1$ のように正規化しておく．このとき，任意の $x \in \mathbb{C}^n$ に対して

$$Ax = \sum_{i=1}^{r} \sigma_i v_i^{\mathrm{H}} x u_i \tag{11.4}$$

が成り立つ．ここで，$A \in \mathbb{R}^{m \times n}$ であるときには，u_i, v_i は実数ベクトル

に選ぶことができる。

証明 式 (11.3) を満たす正規化されたベクトル $v_1,\cdots,v_r$ を用いて，**定理 11.1** の手順でユニタリ行列 V および U を構成すれば，特異値が行列 A によって決まるので式 (11.1) が成り立つ。U と V の最初の r 本の列ベクトルが，それぞれ $v_1,\cdots,v_r$ および $u_1,\cdots,u_r$ であることに注意すれば，$Ax = U\Sigma V^{\mathrm{H}}x = \sum_{i=1}^{r} \sigma_i v_i^{\mathrm{H}} x u_i$ である。 △

式 (11.4) は，特異値分解の幾何学的な解釈を与えている。つまり，$x \in \mathbb{C}^n$ は正規直交基底 $\{v_1,\cdots,v_n\}$ を用いて一次結合として書くことができるが，そのうち，v_i と同じ方向を向く成分が σ_i 倍されて u_i の方向へと向きを変えられている $(i=1,\cdots,r)$。このように，任意の $\mathbb{C}^n$ から $\mathbb{C}^m$ への階数が r の線形写像は，階数が 1 の線形写像の r 個の和となっている。このことを $\mathbb{R}^2$ で $r=2$ の場合について，図 11.1 を用いて説明する。行列 A が与えられると，正規直交基底 $\{v_1,v_2\}$ および $\{u_1,u_2\}$ が定まり，A によって v_i は u_i の方向に σ_i 倍されて写る。したがって，定義域での大きさ 1 のベクトルは，$\sigma_1 > \sigma_2 > 0$ のときには，$\sigma_1 u_1$ を長軸，$\sigma_2 u_2$ を短軸とする楕円上に写される。

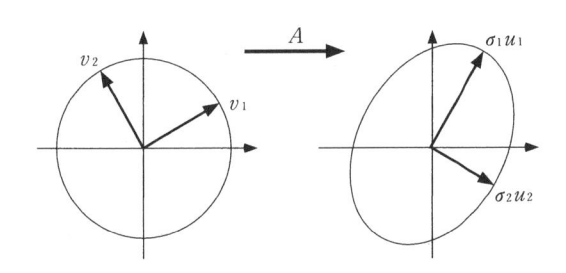

図 11.1 特異値分解の意味

特異値分解に現れるユニタリ行列 U, V は，行列の像および零空間と関係が深い。これは，式 (11.4) より容易に結論することができる。

【定理 11.3】 行列 $A \in \mathbb{C}^{m \times n}$, $\mathrm{rank}\,A = r$ を考える。式 (11.1) で与

えられる特異値分解 $A = U\Sigma V^{\mathrm{H}}$ において,$i = 1, \cdots, m$ について行列 U の i 番目の列ベクトルを $u_i \in \mathbb{C}^m$ とし,$i = 1, \cdots, n$ について行列 V の i 番目の列ベクトルを $v_i \in \mathbb{C}^n$ とする.このとき

$$\mathrm{ran}\, A = \mathrm{span}\,\{u_1, \cdots, u_r\}, \quad \ker A = \mathrm{span}\,\{v_{r+1}, \cdots, v_n\},$$

$$\mathrm{ran}\, A^{\mathrm{H}} = \mathrm{span}\,\{v_1, \cdots, v_r\}, \quad \ker A^{\mathrm{H}} = \mathrm{span}\,\{u_{r+1}, \cdots, u_m\}$$

が成り立つ.

証明 式 (11.4) より,Ax は $\{u_1, \cdots, u_r\}$ の一次結合で表されているので,$\mathrm{ran}\, A \subset \mathrm{span}\,\{u_1, \cdots, u_r\}$ は明らかである.一方,$y = \sum_{i=1}^{r} \xi_i u_i \in \mathrm{span}\,\{u_1, \cdots, u_r\}$ とすれば,$x = \sum_{i=1}^{r} (\xi_i/\sigma_i) v_i$ とおくとき $\{v_1, \cdots, v_r\}$ が正規直交系であることから,$Ax = y$ であることがわかる.つぎに,$x \in \mathrm{span}\,\{v_{r+1}, \cdots, v_n\}$ とすれば,$i \leqq r$ および $j > r$ について $v_i^{\mathrm{H}} v_j = 0$ だから,$Ax = 0$ である.最後に,$x \in \ker A$ とする.$\{u_1, \cdots, u_r\}$ は一次独立だから,$Ax = 0$ と式 (11.4) より,$i = 1, \cdots, r$ について $v_i^{\mathrm{H}} x = 0$ である.これより,$x = \sum_{i=1}^{n} \xi_i v_i$ とすれば,$i = 1, \cdots, r$ について $\xi_i = 0$ を得る.したがって,$\ker A \subset \mathrm{span}\,\{v_{r+1}, \cdots, v_n\}$ である.共役転置行列 A^{H} についても同様なので,各自で確かめられたい(演習問題【1】).   △

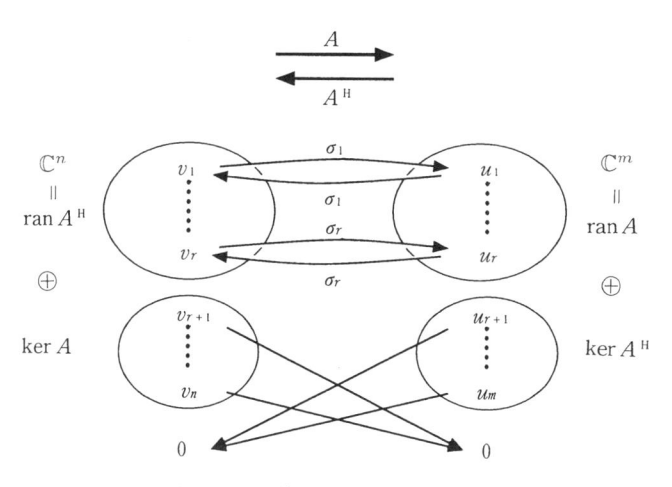

図 11.2 特異値分解と像・零空間

図 11.2 は，模式的に像と零空間および特異値分解でのユニタリ行列の関係を示すものである．行列 $A \in \mathbb{C}^{m \times n}$ が与えられると，特異値分解 $A = U\Sigma V^{\mathrm{T}}$ のユニタリ行列 U と V の列ベクトルを用いて，$\mathbb{C}^n$ の正規直交基底 $\{v_1, \cdots, v_n\}$ と $\mathbb{C}^m$ の正規直交基底 $\{u_1, \cdots, u_m\}$ が決まる．**定理 11.3** によって，これらの基底は，$\mathbb{C}^n = \operatorname{ran} A^{\mathrm{H}} \oplus \ker A$，$\mathbb{C}^m = \operatorname{ran} A \oplus \ker A^{\mathrm{H}}$ という直交補空間による直和分割を与える (**定理 7.8**)．行列 A が作用すると，$i = 1, \cdots, r$ について，v_i は σ_i 倍されて u_i の方向に写る．$i = r+1, \cdots, n$ について，v_i は $\mathbb{C}^m$ の零元に写る．行列 A^{H} が作用すると，$i = 1, \cdots, r$ について，u_i は σ_i 倍されて v_i の方向に写る．$i = r+1, \cdots, m$ について，u_i は $\mathbb{C}^n$ の零元に写る．

例題 11.1 行列
$$A = \begin{bmatrix} 1 & -2 & 2 & 1 \\ 0 & -1 & 1 & 1 \\ 1 & -1 & 1 & 0 \end{bmatrix} \in \mathbb{R}^{3 \times 4}$$
の特異値分解を求めよ．

【解答】 $A^{\mathrm{T}}A$ の固有値は $15, 1, 0, 0$ である．$\sigma_1 = \sqrt{15}$，$\sigma_2 = 1$ とおく．定理 11.1 の証明のように，$A^{\mathrm{T}}A$ の固有ベクトルから v_i ($i = 1, \cdots, 4$) を求め，$u_i = \sigma_i^{-1} A v_i$ ($i = 1, 2$) として u_3 を $\{u_1, u_2, u_3\}$ が正規直交するように選ぶ．これらを並べて，$U \in \mathbb{R}^{3 \times 3}$，$V \in \mathbb{R}^{4 \times 4}$ をつくる．計算結果は
$$U = \begin{bmatrix} \frac{2}{\sqrt{6}} & 0 & \frac{1}{\sqrt{3}} \\ \frac{1}{\sqrt{6}} & -\frac{1}{\sqrt{2}} & -\frac{1}{\sqrt{3}} \\ \frac{1}{\sqrt{6}} & \frac{1}{\sqrt{2}} & -\frac{1}{\sqrt{3}} \end{bmatrix},$$
$$V = \begin{bmatrix} \frac{1}{\sqrt{10}} & \frac{1}{\sqrt{2}} & 0 & \frac{2}{\sqrt{10}} \\ -\frac{2}{\sqrt{10}} & 0 & \frac{1}{\sqrt{2}} & \frac{1}{\sqrt{10}} \\ \frac{2}{\sqrt{10}} & 0 & \frac{1}{\sqrt{2}} & -\frac{1}{\sqrt{10}} \\ \frac{1}{\sqrt{10}} & -\frac{1}{\sqrt{2}} & 0 & \frac{2}{\sqrt{10}} \end{bmatrix}$$
である．そして

$$A = U \begin{bmatrix} \sqrt{15} & 0 & 0 & 0 \\ 0 & 1 & 0 & 0 \\ 0 & 0 & 0 & 0 \end{bmatrix} V^{\mathrm{T}}$$

が求める特異値分解である。 ◇

11.2 特異値のさまざまな性質

特異値のミニマックス定理として部分空間を用いた特徴づけを与える。このことにより，特異値の意味がさらに明瞭になる。行列には積や和の演算があるが，特異値は行列の積や和に関してどのような上界や下界を与えるかを調べておく。これらの結果は，特異値分解の利用として，行列の近似問題を考えるときなどに重要である。

11.2.1 ミニマックス定理

エルミート行列のミニマックス定理（**定理 8.8**）を用いると，ただちに特異値に関するミニマックス定理を示すことができる。これは，部分空間を用いた特異値の特徴づけを与えており，特異値に関する理論的展開にとって重要な定理である。

【定理 11.4】 行列 $A \in \mathbb{C}^{m \times n}$ （または $A \in \mathbb{R}^{m \times n}$）について

$$\sigma_k(A) = \min_{\dim S \leq k-1} \max_{x \in S^\perp, \|x\|=1} \|Ax\| \quad (k=1,2,\cdots,n) \quad (11.5)$$

が成り立つ。ただし，S は $\mathbb{C}^n$ （または $\mathbb{R}^n$）の部分空間を表す。

証明 特異値は，エルミート行列 $A^{\mathrm{H}}A$ の固有値の平方根である。**定理 8.8** より（0 となる固有値も含めて）

$$\sigma_k^2 = \min_{\dim S \leq k-1} \max_{x \in S^\perp, \|x\|=1} \|Ax\|^2$$

であるが，$\sigma_k \geqq 0$ より両辺の平方根を考えると，式 (11.5) を得る。 △

式 (11.5) で，$k = 1$ の場合には，部分空間は $S = (0)$ のみであるので

$$\sigma_1(A) = \sigma_{\max}(A) = \max_{\|x\|=1} \|Ax\|$$

が成り立つ．これは，ベクトルのノルムを内積を用いて $\|x\| = \sqrt{\langle x, x \rangle}$ と与えたとしたとき，行列 A の作用素としてのノルムが最大特異値に等しいことを述べている．また，$x \in \mathbb{C}^n$（または $x \in \mathbb{R}^n$）について

$$\|Ax\| \leqq \sigma_{\max}(A) \|x\| \tag{11.6}$$

が成り立つことにも注意したい．これらの詳しい議論は，12.2 節を参照されたい．

また，**定理 8.8** の証明の後に述べたことから，式 (11.5) において，最小化を達成する部分空間と，そのとき最大化を達成するベクトルを具体的に与えることができる．つまり，特異値分解 (11.1) において，行列 V の第 j 列を $v_j \in \mathbb{C}^n$ として，$S = \mathrm{span}\{v_1, \cdots, v_{k-1}\}$（$k = 1$ のときは $S = (0)$ とする）および $x = v_k$ がそれである．

11.2.2　行列の積和と特異値の関係

行列には，積や和の演算があるが，その演算によって特異値がどのように関係づけられるかを考えることにする．まずは，積に関する性質である．特異値は，ユニタリ行列を乗じても変化しない．

【定理 11.5】 行列 $A \in \mathbb{C}^{m \times n}$ とユニタリ行列 $U \in \mathbb{C}^{m \times m}$，および $V \in \mathbb{C}^{n \times n}$ を考えるとき，$k = 1, 2, \cdots$ について $\sigma_k(A) = \sigma_k(UAV)$ が成り立つ．

証明　行列 $(UAV)^{\mathrm{H}} UAV = V^{\mathrm{H}} A^{\mathrm{H}} AV$ の非零固有値は，$VV^{\mathrm{H}} A^{\mathrm{H}} A = A^{\mathrm{H}} A$ の非零固有値に等しい（5 章の演習問題【1】）．これより定理を得る． △

つぎは，行列の積を考えるときに，特異値の簡単な上界を与える．

11.2 特異値のさまざまな性質

【定理 11.6】 行列 $A \in \mathbb{C}^{m \times \ell}$ と $B \in \mathbb{C}^{\ell \times n}$ を考える。このとき，$k = 1, 2, \cdots$ について $\sigma_k(AB) \leq \sigma_{\max}(A)\sigma_k(B)$ が成り立つ。

証明 定理 11.4 より

$$\sigma_k(AB) = \min_{\dim S \leq k-1} \max_{x \in S^\perp, \|x\|=1} \|ABx\|$$
$$\leq \min_{\dim S \leq k-1} \max_{x \in S^\perp, \|x\|=1} \sigma_{\max}(A)\|Bx\| = \sigma_{\max}(A)\sigma_k(B)$$

である。ただし，式 (11.6) を用いた。 △

定理 11.6 において，$k=1$ の場合，つまり $\sigma_{\max}(AB) \leq \sigma_{\max}(A)\sigma_{\max}(B)$ は頻繁に利用されている（**定理 12.5**）。つぎに，和に関する性質である。

【定理 11.7】 行列 A および $B \in \mathbb{C}^{m \times n}$ を考える。このとき，$k = 1, 2, \cdots$ および $j = 1, 2, \cdots$ について

$$\sigma_{k+j-1}(A+B) \leq \sigma_k(A) + \sigma_j(B)$$

が成り立つ。特に，$\text{rank}\, B \leq r$ であるときには，$k = 1, 2 \cdots$ について

$$\sigma_{k+r}(A+B) \leq \sigma_k(A)$$

が成り立つ。

証明 部分空間 S_1, S_2 を $\dim S_1 \leq k-1$, $\dim S_2 \leq j-1$ として $S = S_1 + S_2$ とすれば，$\dim S \leq k + j - 2$, $S^\perp = S_1^\perp \cap S_2^\perp$ である（**定理 7.7**）。ここで，**定理 11.4** を適用すれば

$$\sigma_{k+j-1}(A+B) \leq \max_{x \in S^\perp, \|x\|=1} \|(A+B)x\|$$
$$\leq \max_{x \in S^\perp, \|x\|=1} (\|Ax\| + \|Bx\|)$$
$$\leq \max_{x \in S_1^\perp \cap S_2^\perp, \|x\|=1} \|Ax\| + \max_{x \in S_1^\perp \cap S_2^\perp, \|x\|=1} \|Bx\|$$
$$\leq \max_{x \in S_1^\perp, \|x\|=1} \|Ax\| + \max_{x \in S_2^\perp, \|x\|=1} \|Bx\|$$

である（1 行目から 2 行目の変形で，12 章で述べるノルムの性質 $\|x_1 + x_2\| \leq$

$\|x_1\| + \|x_2\|$ を用いている)。右辺を部分空間 S_1 と S_2 について最小化し、再び定理 11.4 を適用すれば、前半が証明できる。ここで、$j = r+1$ とおけば $\sigma_{r+1}(B) = 0$ であることから、後半が証明できる。 △

11.3 特異値分解の利用

すでに見てきたように、行列を線形写像として見たときの像や零空間は、特異値分解を与えるユニタリ行列を構成する列ベクトルから与えられた。特異値分解には、それに加えて数値的な行列の階数の決定や、低階数行列による近似問題などへの利用がある。そのほかにも、多くの行列計算に特異値分解を利用している。これらには、特異値のもつ性質が有効に利用されている。

11.3.1 階数の決定

行列の要素が観測データである場合を考えてみよう。このとき、観測には誤差があるものとすれば、たとえ小さな誤差でも階数は大きく変わってしまうかもしれない。そこで、誤差のあるときの階数決定の問題を考える。

まず、行列の大きさをはかる量(行列のノルム)が必要である。ノルムについての正確な定義は 12 章を参照されたい。ここでは、行列 $A \in \mathbb{C}^{m \times n}$ のノルムとして以下の二つを考える。一つは、最大特異値であり、$\|A\| = \sigma_{\max}(A)$ と記述する。もう一つは、**フロベニウスノルム** (Frobenius norm) であり、$\|A\|_F = \sqrt{\operatorname{tr} A^{\mathrm{H}} A}$ と定義する。このとき、$\|A\|_F = \sqrt{\sum_{k=1}^r \sigma_k^2(A)}$ であることがわかる(演習問題【3】)。また、12.1.4 項で述べるように $\mathbb{C}^{m \times n}$ の内積を $\langle A, B \rangle = \operatorname{tr}(B^{\mathrm{H}} A)$ と定めると、$\|A\|_F = \sqrt{\langle A, A \rangle}$ であることにも注意したい。

【定理 11.8】 行列 $A \in \mathbb{C}^{m \times n}$(ただし rank $A = r$)と行列 $E \in \mathbb{C}^{m \times n}$ を考える。このとき

$$\sum_{k=r+1}^{\min(m,n)} \sigma_k^2(A+E) \leq \|E\|_F^2$$

である。

証明 定理 11.7 を適用すれば，$\sigma_{j+r}(A+E) \leq \sigma_j(E)$ であるので，これを $j=1,\cdots,\mathrm{rank}\,E$ について自乗して辺々加え合わせると，示すべき不等式が得られる。 △

定理 11.8 は，真の信号よりつくられる行列 A と，加法的に加わる雑音によりつくられる行列 E があったときに，観測データを表す行列 $A+E$ から A の階数を決める場合を想定している。もし，雑音 E のフロベニウスノルムが小さければ，A の階数よりも大きな番号の特異値の総和は，E のフロベニウスノルムを超えない。このことは，雑音が十分小さければ，特異値の大きさに閾値を設けて階数を判定することを正当化している。

例題 11.2 例題 11.1 の行列 A に行列 E が加わり，$A' = A+E$ が

$$A' = \begin{bmatrix} 1.05 & -2.00 & 1.99 & 0.99 \\ -0.03 & -0.96 & 0.95 & 1.01 \\ 1.01 & -0.97 & 10.30 & 0.03 \end{bmatrix}$$

で与えられたとする。A' の特異値を求めて，**定理 11.8** を確認せよ。

【解答】 特異値を計算すると $3.8584, 1.0114, 0.0274$ になる（小数点以下 5 桁四捨五入）。$\|E\|_F = 0.1030$（小数点以下 5 桁四捨五入）より，3 番目の特異値は $\|E\|_F$ よりも小さいことが確認できる。 ◇

11.3.2 低階数行列での近似

特異値の応用の一つに，低階数行列による近似問題がある。これは，あらかじめ決められた階数を超えない範囲で，与えられた行列との誤差が最も小さくなる行列をみつけよ，という問題である。ただし，誤差は適当なノルムではかるものとする。ノルムのとり方にはいろいろな可能性があるが，ここでは最大特異値とフロベニウスノルムの場合を考える。

【定理 11.9】 行列 $A \in \mathbb{C}^{m \times n}$ （または $A \in \mathbb{R}^{m \times n}$）の特異値分解を，式 (11.1) のように $A = U\Sigma V^{\mathrm{H}}$ とする。このとき，$0 \leq k < \min\{m, n\}$ について

$$\min\{\|A - B\| : \mathrm{rank}\, B = k\} = \sigma_{k+1}(A) \tag{11.7}$$

および

$$\min\{\|A - B\|_F : \mathrm{rank}\, B = k\} = \sqrt{\sum_{i=k+1}^{\min(m,n)} \sigma_i^2(A)} \tag{11.8}$$

が成り立つ。さらに，これらの最小値を与える $\mathrm{rank}\, B = k$ となる行列 $B \in \mathbb{C}^{m \times n}$（または $B \in \mathbb{R}^{m \times n}$）は，式 (11.7) および式 (11.8) のいずれについても

$$B = U \begin{bmatrix} \Sigma_{1,k} & O_{k \times (n-k)} \\ O_{(m-k) \times k} & O_{(m-k) \times (n-k)} \end{bmatrix} V^{\mathrm{H}} \tag{11.9}$$

$$\Sigma_{1,k} = \mathrm{diag}\{\sigma_1(A), \sigma_2(A), \cdots, \sigma_k(A)\} \tag{11.10}$$

によって与えられる。

証明 式 (11.9) の行列は $\mathrm{rank}\, B = k$ であり，さらに $\sigma_{\max}(A - B) = \|A - B\|$ と $\|A - B\|_F$ は，それぞれ式 (11.7) と式 (11.8) になっていることに注意する。そこで，$\mathrm{rank}\, B \leq k$ である限り，$A - B$ のノルムはこれらの値未満にできないことを示せば証明は完了する。

最大特異値の場合 行列 B が $\mathrm{rank}\, B = \ell \leq k$ であるとき，$S = \mathrm{ran}\, B^{\mathrm{H}}$ とする。$\dim S = \mathrm{rank}\, B^{\mathrm{H}} = \ell$ である。定理 7.8 に示したように，$S^{\perp} = \ker B$ である。すると，定理 11.4 より

$$\sigma_{k+1}(A) \leq \sigma_{\ell+1}(A) \leq \max_{x \in \ker B, \|x\|=1} \|Ax\| = \max_{x \in \ker B, \|x\|=1} \|(A - B)x\|$$
$$\leq \max_{\|x\|=1} \|(A - B)x\| = \|A - B\| = \sigma_{\max}(A - B)$$

である。

フロベニウスノルムの場合 行列 B を $\mathrm{rank}\, B = \ell \leq k$ として，$A = (A - B) + B$ に定理 11.7 を適用すれば，$\sigma_j(A - B) \geq \sigma_{j+k}(A)$ を得る。これ

を j について自乗して総和すれば，$\|A-B\|_F^2 \geq \sum_{i=k+1}^{\min(m,n)} \sigma_i^2$ である。 △

例題 11.3 例題 11.1 の行列 A について，$\|A-B\|$ および $\|A-B\|_F$ が最小になる階数 1 以下の行列 B を求めよ。

【解答】 定理 11.9 に基づいて計算すると
$$B = U \begin{bmatrix} \sqrt{15} & 0 & 0 & 0 \\ 0 & 0 & 0 & 0 \\ 0 & 0 & 0 & 0 \end{bmatrix} V^{\mathrm{T}} = \begin{bmatrix} 1 & -2 & 2 & 1 \\ 0.5 & -1 & 1 & 0.5 \\ 0.5 & -1 & 1 & 0.5 \end{bmatrix}$$
である。ちなみに，このとき誤差を計算してみると，$\|A-B\|=1=\sigma_2(A)$, $\|A-B\|_F = 1 = \sqrt{\sum_{i\geq 2} \sigma_i^2(A)}$ であることがわかる。 ◇

11.3.3 特異値分解を利用した計算

【**定理 11.10**】 正則行列 $A \in \mathbb{C}^{n \times n}$ を考える。このとき，エルミート正定行列 $P \in \mathbb{C}^{n \times n}$ とユニタリ行列 $W \in \mathbb{C}^{n \times n}$ があって，$A = PW$ と分解できる。

証明 行列 A の特異値分解を $A = U\Sigma V^{\mathrm{H}}$ とする。ただし，条件より，$\Sigma \in \mathbb{R}^{n \times n}$ は，対角要素に正数が並ぶので正定行列である。ここで $P = U\Sigma U^{\mathrm{H}}$, $W = UV^{\mathrm{H}}$ とすれば，P はエルミート正定行列であり（**定理 9.3**），W はユニタリ行列で $A = PW$ が成り立っている。 △

定理 11.10 の分解を，**正規分解**または**ポーラー分解**（polar decomposition）という。これは，任意の複素数 z を $z = re^{j\theta}$ と極座標表示することとの類推ができる。つまり，正定行列が絶対値の役割を，ユニタリ行列が絶対値 1 の複素数の役割をそれぞれ果たしていると解釈できる。

例題 11.4 行列

172   11. 特　　異　　値

$$A = \begin{bmatrix} 1 & 1 & 0 \\ 0 & 1 & -1 \\ -1 & 0 & 1 \end{bmatrix}$$

のポーラー分解を求めよ．

【解答】 計算すると，$A = U\Sigma V^{\mathrm{T}}$ は

$$U = \begin{bmatrix} \frac{1}{\sqrt{3}} & -\frac{1}{\sqrt{6}} & -\frac{1}{\sqrt{2}} \\ \frac{1}{\sqrt{3}} & \frac{2}{\sqrt{6}} & 0 \\ -\frac{1}{\sqrt{3}} & \frac{1}{\sqrt{6}} & -\frac{1}{\sqrt{2}} \end{bmatrix}, \quad V = \begin{bmatrix} \frac{1}{\sqrt{3}} & -\frac{2}{\sqrt{6}} & 0 \\ \frac{1}{\sqrt{3}} & \frac{1}{\sqrt{6}} & -\frac{1}{\sqrt{2}} \\ -\frac{1}{\sqrt{3}} & -\frac{1}{\sqrt{6}} & -\frac{1}{\sqrt{2}} \end{bmatrix}$$

および $\Sigma = \mathrm{diag}\{2, 1, 1\}$ である．これより

$$P = \begin{bmatrix} \frac{4}{3} & \frac{1}{3} & -\frac{1}{3} \\ \frac{1}{3} & \frac{4}{3} & -\frac{1}{3} \\ -\frac{1}{3} & -\frac{1}{3} & \frac{4}{3} \end{bmatrix}, \quad W = \begin{bmatrix} \frac{2}{3} & \frac{2}{3} & \frac{1}{3} \\ -\frac{1}{3} & \frac{2}{3} & -\frac{2}{3} \\ -\frac{2}{3} & \frac{1}{3} & \frac{2}{3} \end{bmatrix}$$

として $A = PW$ がポーラー分解を与える． ◇

10.3.3項で説明した擬似逆行列は，特異値分解を求めることにより計算することができる．

【定理 11.11】 行列 $A \in \mathbb{C}^{m \times n}$（または $A \in \mathbb{R}^{m \times n}$）の特異値分解が式 (11.1) で与えられているとする．このとき，擬似逆行列 A^+ は

$$A^+ = V \begin{bmatrix} \Sigma_{1,r}^{-1} & O_{r \times (m-r)} \\ O_{(n-r) \times r} & O_{(n-r) \times (m-r)} \end{bmatrix} U^{\mathrm{H}}$$

で与えられる．

証明　擬似逆行列であるための必要十分条件（定理 10.9）が成り立つことを確かめればよい（演習問題【4】）． △

例題 11.5　例題 11.1 の行列 A の擬似逆行列を求めよ．つぎに

11.3 特異値分解の利用

$$b_1 = \begin{bmatrix} 1 \\ 1 \\ 1 \end{bmatrix}, \quad b_2 = \begin{bmatrix} 1 \\ 1 \\ 0 \end{bmatrix}$$

とする.連立一次方程式 $Ax = b_1$ には解が存在しないことを示し,$\|Ax - b_1\|$ を最小にする x を求めよ.$Ax = b_2$ には解が存在することを示し,解の中で $\|x\|$ が最小になるものを求めよ.

【解答】 定理 11.11 によって計算すると

$$A^+ = V \begin{bmatrix} \frac{1}{\sqrt{15}} & 0 & 0 \\ 0 & 1 & 0 \\ 0 & 0 & 0 \\ 0 & 0 & 0 \end{bmatrix} U^\mathrm{T} = \frac{1}{15} \begin{bmatrix} 1 & -7 & 8 \\ -2 & -1 & -1 \\ 2 & 1 & 1 \\ 1 & 8 & -7 \end{bmatrix}$$

である.特異値分解 (**例題 11.1**) で与えられた直交行列 U の 1, 2 列目を u_1, u_2 とすれば,$\mathrm{ran}\, A = \mathrm{span}\{u_1, u_2\}$ である (**定理 11.3**).そこで,b_1 および b_2 の $\mathrm{ran}\, A$ への直交射影を求めると,$b_1 \neq \langle b_1, u_1 \rangle u_1 + \langle b_1, u_2 \rangle u_2$,$b_2 = \langle b_2, u_1 \rangle u_1 + \langle b_2, u_2 \rangle u_2$ であることがわかる.つまり,$b_1 \notin \mathrm{ran}\, A$,$b_2 \in \mathrm{ran}\, A$ である.そこで

$$x_1 = A^+ b_1 = \frac{1}{15} \begin{bmatrix} 2 \\ -4 \\ 4 \\ 2 \end{bmatrix}, \quad x_2 = A^+ b_2 = \frac{1}{5} \begin{bmatrix} -2 \\ -1 \\ 1 \\ 3 \end{bmatrix}$$

とすると,**例題 10.5** より,$x = x_1$ は $\|Ax - b_1\|$ を最小にする要素であり,$x = x_2$ は $Ax = b_2$ の中で $\|x\|$ が最小の解である.   ◇

| コーヒーブレイク |

特異値分解は,19 世紀後半に,ベルトラミ (Beltrami) やジョルダン (Jordan) が直交行列を用いて行列の形を簡単化する方法を探していて,導き出したようである.20 世紀に入ると,シュミット (Schmidt) が,**積分方程式** (integral equation) の研究で無限次元空間の作用素を近似するために特異値分解を持ち込み,ここで初めて特異値分解と作用素 (または行列) の近似とが結び付いて認識された.特異値 (singular value) という用語は,積分方程式の研究者が用い始めたようである.ほかには,s-number という用語も用いられている.なお,以上の内容は文献 23) を参照した.

********** 演 習 問 題 **********

- 【1】 定理 11.3 と同じ記号を使う。このとき，ran A^{H} = span $\{v_1,\cdots,v_r\}$ および ker A^{H} = span $\{u_{r+1},\cdots,u_m\}$ であることを示せ。
- 【2】 行列 $P \in \mathbb{C}^{n\times n}$ は直交射影であるとする。このとき，P の特異値はすべて 1 であることを示せ。行列 $P \in \mathbb{C}^{n\times n}$ が（直交射影とは限らない）射影であるときには，特異値についてなにが結論できるであろうか。
- 【3】 フロベニウスノルムは，$\|A\|_F^2 = \sum_{k=1}^{r} \sigma_k^2(A)$ を満たすことを示せ。
- 【4】 定理 11.11 の証明を完了せよ。
- 【5】 行列 $A \in \mathbb{R}^{n\times m}$ および $B \in \mathbb{R}^{n\times m}$ が与えられているとする。このとき，直交行列 $W \in \mathbb{R}^{m\times m}$ を用いて，$\|A - BW\|_F$ を最小化したい。そのような W は $B^{\mathrm{T}}A = U\Sigma V^{\mathrm{T}}$ と $B^{\mathrm{T}}A$ の特異値分解であるとするとき，これは $W = UV^{\mathrm{T}}$ で与えられることを示せ（つまり，W は $B^{\mathrm{T}}A$ のポーラー分解のユニタリ部分になっている）。ところで，これは，データ $a_i, b_i \in \mathbb{R}^n$ を $i = 1,\cdots,m$ について得たとき，共通な直交行列 $W \in \mathbb{R}^{n\times n}$ を用いてベクトルのノルム $\|a_i - Wb_i\|$ の自乗和を最小にする問題である（文献 19) 参照)。
- 【6】 線形空間 $\mathbb{R}^n$ の一次独立な集合 $\{a_1, a_2, \cdots, a_m\}$ と $\{b_1, b_2, \cdots, b_\ell\}$ を考える。ただし，$i \neq j$ ならば $a_i^{\mathrm{T}} a_j = 0$，$a_i^{\mathrm{T}} a_i = 1$ のように互いに直交し，ノルムが正規化されているとする。b_i についても同様の仮定をおく。部分空間 $S =$ span$\{a_1, a_2, \cdots, a_m\}$，$T =$ span$\{b_1, b_2, \cdots, b_\ell\}$ を定めて，$k = 1, 2, \cdots,$ min$\{m, \ell\}$ について

$$\sigma_k = \max\bigl\{u^{\mathrm{T}} v : u \in S,\ \|u\| = 1,\ u_i^{\mathrm{T}} u = 0\ (i = 1, \cdots, k-1),$$
$$v \in T,\ \|v\| = 1,\ v_i^{\mathrm{T}} v = 0\ (i = 1, \cdots, k-1)\bigr\}$$

を考える。ただし，最大化を達成するベクトルを u_k, v_k とおく。このとき，σ_k, u_k, v_k は，以下の手順で与えられる非負数およびベクトルに一致することを示せ。行列 $A = [\,a_1\ a_2\ \cdots\ a_m\,] \in \mathbb{R}^{n\times m}$，$B = [\,b_1\ b_2\ \cdots\ b_\ell\,] \in \mathbb{R}^{n\times \ell}$ と定める。ここで，$A^{\mathrm{T}}B = U\Sigma V^{\mathrm{T}}$ と特異値分解して，特異値を σ_i（$i > \mathrm{rank}\, A^{\mathrm{T}}B$ ならば $\sigma_i = 0$ とおく），$AU = [\,u_1\ u_2\ \cdots\ u_m\,] \in \mathbb{R}^{n\times m}$，$BV = [\,v_1\ v_2\ \cdots\ v_\ell\,] \in \mathbb{R}^{n\times \ell}$ と定める。なお，$\cos \theta_k = \sigma_k$ を満たす角度 $0 \leq \theta_k \leq \pi/2$ を，部分空間 S と T の間の角度という（文献 19) 参照）。

12 ノルムをもった線形空間

　これまで，線形空間には内積という構造を入れることによって，直交性や要素の長さなどを扱ってきた。ノルムは，直交性という考え方なしに，要素の長さのみを扱う。線形空間にノルムを加えることにより，解析の幅が広がる。ノルムをもった線形空間の間の線形作用素がつくる線形空間は，それ自体がノルムをもった空間となる。

12.1 ノ ル ム

　線形空間は和とスカラー倍という演算をもった空間であったが，さらに要素の長さをはかる指標を導入したい。それは，線形空間の和とスカラー倍に対して，整合した性質をもっているのがよい。このようにして，ノルムという考えに至る。

12.1.1 ノルムの定義と基本的性質

　複素数線形空間（または実線形空間）X のノルムは，$x, y \in X$，$\alpha \in \mathbb{C}$（または $\alpha \in \mathbb{R}$）とするとき，つぎの3条件を満たす X から非負実数への写像である。

1. $\|x\| \geqq 0$ であり $\|x\| = 0$ であるのは，$x = 0$ のときで，かつそのときに限る。
2. $\|\alpha x\| = |\alpha| \|x\|$．

3. $\|x+y\| \leqq \|x\| + \|y\|$.

ここで，条件 3. は和とノルムの関係を表しており，**三角不等式** (triangle inequality) と呼ばれる。これは，三角形の 1 辺の長さは他の 2 辺の長さの和を超えないことを表したものである。

ノルムを用いて**収束** (convergence) という考え方を用意する。ノルムをもつ線形空間 X の点列 $\{x_k\} \subset X$ を考える。ある $x \in X$ が $\lim_{k\to\infty} \|x_k - x\| = 0$ を満たすならば，$\{x_k\}$ は x に収束するといい，$\lim_{k\to\infty} x_k = x$ と書く。これは，7.1.2 項で内積をもつ線形空間についてした定義と同じである。

【定理 12.1】 ノルムをもった線形空間 X において，$x, y \in X$ とするとき

$$|\|x\| - \|y\|| \leqq \|x - y\|$$

である。

[証明] 三角不等式より，$\|x\| = \|(x-y) + y\| \leqq \|x - y\| + \|y\|$ である。これより，$\|x\| - \|y\| \leqq \|x - y\|$ である。x と y の役割を入れ換えて，$\|y\| - \|x\| \leqq \|x - y\|$ も成り立つ。 △

定理 12.1 よりわかることは，点列 $\{x_k\} \subset X$ について，$\lim_{k\to\infty} x_k = x$ であれば $\lim_{k\to\infty} \|x_k\| = \|x\|$ となることである。つまり，点列の収束はノルム値の収束を意味する。もちろん，逆は一般には成り立たない。

12.1.2 ノルムをもつ線形空間の具体例

ノルムをもつ空間のいくつかの具体例を与える。なお，本章では有限次元空間について考える。ノルムをもつ無限次元空間に関しては，「システム制御のための数学 (2)-関数解析編」を参照されたい。

7 章では，内積を導入してベクトルの長さを考えたが (7.1.2 項 参照)，そこで用いたノルムは，つぎに示すように，12.1.1 項での定義に沿ったものである。

12.1 ノルム

例題 12.1 線形空間 X が内積をもつとき
$$\|x\| = \sqrt{\langle x, x \rangle}$$
は，X のノルムとなる。

【解答】 内積の公理を用いて，$\langle x, x \rangle \geqq 0$ およびその等号は $x = 0$ のときに限ることから，ノルムの最初の公理を得る。つぎに，$\|\alpha x\| = \sqrt{\langle \alpha x, \alpha x \rangle} = \sqrt{\alpha \overline{\alpha} \langle x, x \rangle} = |\alpha| \|x\|$ である。最後に三角不等式であるが，シュワルツの不等式 (**定理 7.1** (a)) を用いて，$\|x+y\|^2 = \|x\|^2 + \langle x, y \rangle + \langle y, x \rangle + \|y\|^2 \leqq \|x\|^2 + 2\|x\|\|y\| + \|y\|^2 = (\|x\| + \|y\|)^2$ である。 ◇

以下の例のように，内積をもたない空間にも，ノルムを導入することができる。

例題 12.2 線形空間 $\mathbb{C}^n$ （または $\mathbb{R}^n$）の要素 $x \in \mathbb{C}^n$ （または $x \in \mathbb{R}^n$）を $x = [\,\xi_1\ \cdots\ \xi_n\,]^T$ とおく。無限大を含む正数 $1 \leqq p \leqq \infty$ について
$$\|x\|_p = \begin{cases} \left(\displaystyle\sum_{i=1}^n |\xi_i|^p\right)^{1/p} & (1 \leqq p < \infty) \\ \max\{|\xi_i| : i = 1, 2, \cdots, n\} & (p = \infty) \end{cases}$$
と定めると，これはノルムである。

【解答】 ノルムの性質の中で，三角不等式以外は簡単な計算であるので省略する。$1 < p < \infty$ の場合について，$p^{-1} + q^{-1} = 1$ を満たす数 $q > 1$ を考える。$y = [\,\eta_1\ \cdots\ \eta_n\,]^T$ とする。まず
$$\sum_{i=1}^n |\xi_i \eta_i| \leqq \left(\sum_{i=1}^n |\xi_i|^p\right)^{1/p} \left(\sum_{i=1}^n |\eta_i|^q\right)^{1/q} \tag{12.1}$$
である（これを**ヘルダーの不等式** (Hölder's inequality) という）。まず，式 (12.1) を $\sum_{i=1}^n |\xi_i|^p = 1$，$\sum_{i=1}^n |\eta_i|^q = 1$ のように規格化されているときに示す。正数 $a, b > 0$ について
$$ab = e^{\log a + \log b} = e^{p^{-1} \log a^p + q^{-1} \log b^q}$$
$$\leqq p^{-1} e^{\log a^p} + q^{-1} e^{\log b^q} = p^{-1} a^p + q^{-1} b^q \tag{12.2}$$

である．1 行目から 2 行目は，指数関数 e^t が凸関数であることを用いた．また，式 (12.2) は，$a=0$ または $b=0$ のときにも成り立つ．すると，辺々加えることにより

$$\sum_{i=1}^n |\xi_i \eta_i| \leqq p^{-1} \sum_{i=1}^n |\xi_i|^p + q^{-1} \sum_{i=1}^n |\eta_i|^q = p^{-1} + q^{-1} = 1$$

であるので，式 (12.1) が成り立つ．$x=0$ または $y=0$ のとき，式 (12.1) は自明である．そうでないときには，x を $\alpha>0$ 倍，y を $\beta>0$ 倍すると式 (12.1) の両辺はともに $\alpha\beta$ 倍されるので，規格化されたときの結果を用いることにより，任意の x,y について式 (12.1) が成り立つことがわかる．そこで

$$|\xi_i + \eta_i|^p \leqq |\xi_i|\,|\xi_i + \eta_i|^{p-1} + |\eta_i|\,|\xi_i + \eta_i|^{p-1} \tag{12.3}$$

に注意する．右辺第 1 項の i に関する和に式 (12.1) を適用すると

$$\sum_{i=1}^n |\xi_i|\,|\xi_i + \eta_i|^{p-1} \leqq \left(\sum_{i=1}^n |\xi_i|^p\right)^{1/p} \left(\sum_{i=1}^n |\xi_i + \eta_i|^{(p-1)q}\right)^{1/q}$$

である．第 2 項についても，同様の不等式を得たのちに，式 (12.3) の両辺を i について加えて $(p-1)q = p$ を代入すれば

$$\sum_{i=1}^n |\xi_i + \eta_i|^p$$
$$\leqq \left(\sum_{i=1}^n |\xi_i + \eta_i|^p\right)^{1/q} \left(\left(\sum_{i=1}^n |\xi_i|^p\right)^{1/p} + \left(\sum_{i=1}^n |\eta_i|^p\right)^{1/p}\right)$$

である．これは，$1 < p < \infty$ の場合の三角不等式を示している．$p=1$ または $p=\infty$ のときの三角不等式については，各自確かめられたい（演習問題【1】）．
$\diamondsuit$

以上，**例題 12.1** と**例題 12.2** をまとめると，$\mathbb{C}^n$（または $\mathbb{R}^n$）は，p ノルム（$1 \leqq p \leqq \infty$）をもつノルム空間である．例えば，$p=1$ および $p=2$ のときには

$$\|x\|_1 = \sum_{i=1}^n |\xi_i|, \quad \|x\|_2 = \sqrt{\sum_{i=1}^n |\xi_i|^2} = \sqrt{x^{\mathrm{H}} x}$$

である．$p=2$ のとき，**ユークリッドノルム** (Euclidean norm) ともいう．こ

れは，内積から得られたノルムになっており，本書では添字を略して単に $\|x\|$ という記号を用いることが多い（前章まではユークリッドノルムのみを用いていたので，そのように記述した）．線形空間として同じであっても，ノルムが異なるときには，ノルムをもった空間としては別の空間であると考えるべきである．したがって，$\mathbb{C}^n$（または $\mathbb{R}^n$）に p ノルムをもたせたとき $\left(\mathbb{C}^n, \|\cdot\|_p\right)$（または $\left(\mathbb{R}^n, \|\cdot\|_p\right)$）のように，どのノルムを用いているかを明記すべきであるが，ノルムが文脈からわかるときには，単に $\mathbb{C}^n$ とだけ書くことにする．

線形空間 $\mathbb{R}^2$ での p ノルムの**単位球**（unit ball）$\left\{x : \|x\|_p \leqq 1\right\}$ の形状を図 **12.1** に示す．$p = 1$ の場合には $[\pm 1 \ \ 0]^{\mathrm{T}}$, $[0 \ \ \pm 1]^{\mathrm{T}}$ の 4 点を頂点とする凸集合（正方形），$p = \infty$ の場合には $[\pm 1 \ \ \pm 1]^{\mathrm{T}}$（複号順不同）の 4 点を頂点とする凸集合（正方形），$p = 2$ の場合は単位円内になる．$0 < p < 1$ のときには，三角不等式が成り立たないのでノルムではない．

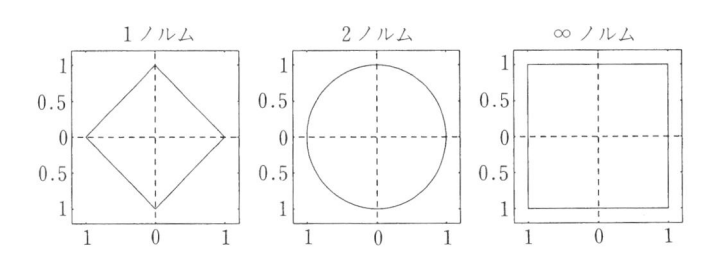

図 **12.1** p ノルムの単位球

単位球は，いわゆる**凸集合**（convex set）になっている．実線形空間の部分集合 S は，$x, y \in S$ として $0 \leqq \lambda \leqq 1$ をとるとき，$\lambda x + (1 - \lambda) y \in S$ であるならば凸集合であるという．複素線形空間は，スカラーを実数に限定すれば，実線形空間とみなせる（2 章の演習問題【4】）．複素線形空間の凸集合は，それを実線形空間の部分集合とみなしたときの凸集合と定める．さらに，単位球は原点対称であることにも注意する．このことは，$\mathbb{C}^n$（または $\mathbb{R}^n$）の一般のノルムについても成り立つ（**定理 12.3**）．

一つの線形空間 X に，2 種類のノルム $\|\cdot\|_a$ と $\|\cdot\|_b$ を考える．正定数 $K_1 > 0$,

$K_2 > 0$ があって，任意の $x \in X$ について

$$K_1 \|x\|_a \leq \|x\|_b \leq K_2 \|x\|_a \tag{12.4}$$

が成り立つならば，その 2 種類のノルムは等価であるという。式 (12.4) が成り立つとき，$\lim \|x_i - x\|_a = 0$ と $\lim \|x_i - x\|_b = 0$ が等価になる。つまり，2 種類のノルムの値は違うが，点列 $\{x_i\}$ が x に収束するということは，どちらのノルムでも等しく結論できることになる。

【定理 12.2】 有限次元線形空間 $\mathbb{C}^n$（または $\mathbb{R}^n$）のノルムは，すべて等価である。

|証明| 線形空間 $\mathbb{C}^n$ の任意のノルムを $\|\cdot\|_a$ とする。$x \in \mathbb{C}^n$ を，単位ベクトルを用いて $x = \xi_1 e_1 + \cdots + \xi_n e_n$ と表す。このとき，三角不等式を用いて

$$\begin{aligned}\|x\|_a &\leq \|\xi_1 e_1\|_a + \cdots + \|\xi_n e_n\|_a = |\xi_1| \|e_1\|_a + \cdots + |\xi_n| \|e_n\|_a \\ &\leq \{|\xi_1| + \cdots + |\xi_n|\} \max\{\|e_i\|_a : 1 \leq i \leq n\} \\ &= \max\{\|e_i\|_a : 1 \leq i \leq n\} \|x\|_1\end{aligned}$$

である。ここで，**定理 12.1** を適用すると，関数 $f(x) = \|x\|_a$ は $(\mathbb{C}^n, \|\cdot\|_1)$ での連続関数になっている。したがって，$(\mathbb{C}^n, \|\cdot\|_1)$ の単位球の上で最小値 m をとるが[†]，単位球の上に原点はないので $m > 0$ である。ノルムのスカラー倍に関する性質を用いると，$m\|x\|_1 \leq \|x\|_a$ となる。 △

複素線形空間 X の原点を含む凸集合 $S \subset X$ は，$x \in S$ ならば，$0 \leq \theta < 2\pi$ について $e^{j\theta} x \in S$（実線形空間 X のときは，$x \in S$ ならば $-x \in S$）を満たすとき，**バランス** (balanced) しているという。また，S は，$\{x : \|x\| \leq c_1\} \subset S$ となる $c_1 > 0$ があるとき**内点** (interior point) を含むといい，$S \subset \{x : \|x\| \leq c_2\}$ となる $0 < c_2$ があるとき**有界な集合** (bounded set) という。

【定理 12.3】 線形空間 $\mathbb{C}^n$（または $\mathbb{R}^n$）の原点を含み，内点を含む有

[†] 実数値の連続関数はコンパクト集合の上で最小値をとる。連続関数やコンパクト集合という概念を含めて，詳しくは「システム制御のための数学 (2)–関数解析編」を参照されたい。

界な凸集合 S がバランスしているとする。このとき

$$\|x\|_S = \inf\left\{c > 0 : c^{-1}x \in S\right\} \tag{12.5}$$

はノルムである。逆に，任意のノルムは，ある原点を含み内点を含むバランスした有界な凸集合 S によって，式 (12.5) の形に表される。

証明 集合 S が内点を含むので，任意の x に関して $c^{-1}x \in S$ となる $c > 0$ がある。したがって，式 (12.5) によって $\|x\|_S$ は有限値として定義可能である。$x \neq 0$ とすれば，S は有界なので，右辺の下限は正の値である。また，$x = 0$ とすれば，$0 \in S$ より右辺の下限は 0 である。つまり，$\|x\|_S \geqq 0$ であり，$\|x\|_S = 0 \Leftrightarrow x = 0$ である。つぎに，スカラー $\alpha = |\alpha|e^{j\theta}$ を考えると，$\|\alpha x\|_S = \inf\left\{c > 0 : e^{j\theta}c^{-1}|\alpha|x \in S\right\} = \inf\left\{c > 0 : c^{-1}|\alpha|x \in S\right\} = \inf\left\{|\alpha|c' > 0 : c'^{-1}x \in S\right\} = |\alpha|\|x\|_S$ である。正数 c_1, c_2 について，$c_1^{-1}x \in S$，$c_2^{-1}y \in S$ ならば S は凸集合なので

$$\frac{c_1}{c_1+c_2}\frac{x}{c_1} + \frac{c_2}{c_1+c_2}\frac{y}{c_2} = \frac{1}{c_1+c_2}(x+y) \in S$$

である。ゆえに，$\|x+y\|_S \leqq c_1 + c_2$ である。任意の $\epsilon > 0$ について，$c_1 < \|x_1\|_S + \epsilon$，$c_2 < \|x_2\|_S + \epsilon$ を満たすように c_1, c_2 を選ぶことができるので，$\|x+y\|_S < \|x\|_S + \|y\|_S + 2\epsilon$ である。したがって，三角不等式 $\|x+y\|_S \leqq \|x\|_S + \|y\|_S$ を得る。逆に，ノルムが与えられたときに $S = \{x : \|x\| \leqq 1\}$ と定める。S は原点を含み，三角不等式より S は凸集合である。また，$\|e^{j\theta}x\| = \|x\|$ よりバランスしている。**定理 12.2** より，内点を含み有界である。さらに，$x \neq 0$ のとき，$\|c^{-1}x\| = c^{-1}\|x\| \leqq 1$ が成り立つのは $c \geqq \|x\|$ のときで，かつそのときに限る。つまり，式 (12.5) が成り立つ。 △

式 (12.5) の関数を，**ミンコフスキの汎関数** (Minkowski functional) という。

例題 12.3 ベクトル

$$a_1 = \begin{bmatrix} \frac{1}{2} \\ 0 \end{bmatrix}, \quad a_2 = \begin{bmatrix} \frac{1}{3} \\ \frac{1}{2} \end{bmatrix}, \quad a_3 = \begin{bmatrix} 0 \\ 1 \end{bmatrix}$$

を用いて，$\mathbb{R}^2$ の部分集合 $S = \left\{x : |a_i^\mathrm{T} x| \leqq 1, \ i = 1, 2, 3\right\}$ を定める。このとき，式 (12.5) はノルムを与えることを示し，$x = [\,12\ \ 4\,]^\mathrm{T}$ のノルム

を求めよ.

【解答】 S が原点を含む凸集合になることは明らかである。$a_i^{\mathrm{T}} 0 = 0 < 1$ なので,原点中心に十分小さく 2 ノルムでの球をとると,S の内部にある。また,$\dim \mathrm{span}\{a_1, a_2, a_3\} = 2$ であるから,S は有界である。最後に,$a_1^{\mathrm{T}} x = 6$,$a_2^{\mathrm{T}} x = 6$, $a_3^{\mathrm{T}} x = 4$ より, $\|x\|_S = 6$ になる。 ◇

12.1.3 　内積より導かれるノルムとの相違点

内積から得られるノルムは,**定理 7.1** で示したように,シュワルツの不等式と中線定理を満たしている。この項で示すように,一般のノルムについては,シュワルツの不等式と中線定理は必ずしも満たされない。このことが,内積から得られるノルムと一般のノルムの本質的な差である。

シュワルツの不等式 (**定理 7.1** (a)) は,内積とノルムの関係式であるので,ただちには内積のない空間にもち込むことはできない。そこで,$(\mathbb{R}^n, \|\cdot\|_\infty)$ を考えるときに,類似の形式である

$$|y^{\mathrm{T}} x| \leq \|x\|_\infty \|y\|_\infty \tag{12.6}$$

が成り立つかを考えてみる。例えば,$n = 2$ として $x = y = \begin{bmatrix} 1 & 1 \end{bmatrix}^{\mathrm{T}}$ とすれば,$|y^{\mathrm{T}} x| = 2 > 1 = \|x\|_\infty \|y\|_\infty$ であるので,式 (12.6) は成り立たないことがわかる。

実は,式 (12.6) の形式を成り立たせるためには,一方を無限大ノルムとすれば他方は 1 ノルムにとる必要がある。つまり,任意の $x, y \in \mathbb{R}^n$ について

$$|y^{\mathrm{T}} x| \leq \|x\|_\infty \|y\|_1$$

が成り立つ。しかし,$(\mathbb{R}^n, \|\cdot\|_1)$ と $(\mathbb{R}^n, \|\cdot\|_\infty)$ というように,別のノルムをもった線形空間を組として用意しなくてはならない。このことは,双対空間という考え方に一般化される。詳しくは,「システム制御のための数学 (2)–関数解析編」を参照されたい。

例題 12.4 線形空間 $\mathbb{C}^n$ （または $\mathbb{R}^n$）の p ノルム（$p \neq 2$）は，中線定理（**定理 7.1** (b)）を満たさないことを示せ。

【**解答**】 $n=2$ の場合について示せば十分である。そこで，$x = [\,1\ 0\,]^{\mathrm{T}}$，$y = [\,0\ 1\,]^{\mathrm{T}}$ と選ぶ。このとき
$$2\left(\|x\|_p^2 + \|y\|_p^2\right) = 4 \neq 2^{(p+2)/p} = \left(\|x+y\|_p^2 + \|x-y\|_p^2\right)$$
であるので，中線定理は成り立っていない。 $\diamondsuit$

内積によって得られるノルムは必ず中線定理を満たすので（**定理 7.1**），**例題 12.4** は，ノルムは必ずしも内積によって決められているわけではないことを示している。

12.1.4 行列のノルム

複素数の $m \times n$ 行列の集まりである $\mathbb{C}^{m \times n}$ は，$\mathbb{C}^n$ から $\mathbb{C}^m$ への線形写像を与えるが，3.1.3 項で見たように，和とスカラー倍を考える限りにおいては，mn 個の複素数が単に並んだ複素ベクトルの空間 $\mathbb{C}^{mn}$ とみなしてもよい。そこで，$\mathbb{C}^{mn}$ の 2 ノルムを用いて
$$\|A\|_F = \sqrt{\sum_{ij} |a_{ij}|^2} = \sqrt{\mathrm{tr}\,(A^{\mathrm{H}}A)}$$
と定めると，これは $\mathbb{C}^{m \times n}$ のノルムになっている。これは，11.3 節で述べたフロベニウスノルムである。ところで，$\mathbb{C}^{m \times n}$ で $\langle A, B\rangle = \mathrm{tr}(B^{\mathrm{H}}A)$ とおくと，これは $\mathbb{C}^{m \times n}$ での内積になっており，$\|A\|_F = \sqrt{\langle A,A\rangle}$ であることがわかる（確認されたい）。

しかし，行列は $\mathbb{C}^n$ から $\mathbb{C}^m$ への線形写像としての役割に興味があることが多い。$\mathbb{C}^n, \mathbb{C}^m$ にノルムを与えるとき，線形写像としての情報が得られるノルムが重要である。この考え方は，12.2 節で述べる作用素としてのノルムへとつながる。

12.2 行列の作用素としてのノルム

作用素のノルムは，ノルムをもつ線形空間での線形写像の作用の大きさを表す量である．行列を線形写像として扱う場合に，作用素としてのノルムは重要な解析手段を与える．

12.2.1 定義と基本的性質

行列のつくる線形空間 $\mathbb{C}^{m \times n}$ は，$\mathbb{C}^n$ から $\mathbb{C}^m$ への線形写像としての役割がある．線形空間 $\mathbb{C}^n, \mathbb{C}^m$ にノルムが定義されているとき，線形写像の作用の大きさを表す量として，ノルムを導入することができる．これを**作用素としてのノルム** (norm, induced norm) といい，以下の等価な式のいずれかで定義される．ただし，$\mathbb{C}^n$ のノルムを $\|\cdot\|_a$，$\mathbb{C}^m$ のノルムを $\|\cdot\|_b$ とする．

$$\begin{aligned}
\|A\| &:= \sup\left\{ \frac{\|Ax\|_b}{\|x\|_a} : x \neq 0 \right\} \\
&= \sup\{\|Ax\|_b : \|x\|_a = 1\} \\
&= \inf\{c > 0 : \|Ax\|_b \leq c\|x\|_a\}.
\end{aligned} \tag{12.7}$$

式 (12.7) で，$\mathbb{C}^n$ と $\mathbb{C}^m$ のノルムのとり方を一つ決めると，一つのノルムが定義できる．$\mathbb{C}^n$ と $\mathbb{C}^m$ とで同じ種類のノルムをとる必然性はない．式 (12.7) のノルムは，$\mathbb{C}^n$ のノルム $\|\cdot\|_a$ および $\mathbb{C}^m$ のノルム $\|\cdot\|_b$ と**両立**している (subordinate to $\|\cdot\|_a$ and $\|\cdot\|_b$) という．なお，実行列の空間 $\mathbb{R}^{m \times n}$ にも，同様に作用素としてのノルムが定義できる．

【定理 12.4】 式 (12.7) は，12.1.1 項のノルムの 3 条件を満たす．

証明 まず，式 (12.7) の右辺がすべて等しいことを示しておく．右辺 1, 2, 3 行目の値をそれぞれ c_1, c_2, c_3 とおく．$c_1 \geq c_2$ は明らかである．$x \neq 0$ について，$x' = x/\|x\|$ とおくと $\|x'\| = 1$ を満たし，かつ A の線形性より $Ax' = Ax/\|x\|$ を満たす．すると，$\|Ax'\| = \|Ax\|/\|x\|$ であるので $c_1 \leq c_2$ を得る．$c > 0$ を任

意の x について $\|Ax\| \leq c\|x\|$ を満たすようにとれば，$\|Ax\|/\|x\| \leq c$ が $x \neq 0$ について成り立つ。これより，$c_1 \leq c$ を得るので $c_1 \leq c_3$ である。$x \neq 0$ ならば $\|Ax\|/\|x\| \leq c_1$ であるから，$\|Ax\| \leq c_1\|x\|$ が任意の x について成り立つ。したがって，$c_3 \leq c_1$ である。

つぎに，ノルムの条件のうち，非負性は明らかである。また，$\|A\| = 0$ であれば，任意の $x \in \mathbb{C}^n$ について $\|Ax\| = 0$, つまり $Ax = 0$ であるので，$A = O$ である。さらに，$\|\alpha Ax\| = |\alpha|\|Ax\|$ より $\|\alpha A\| = |\alpha|\|A\|$ である。最後に，三角不等式であるが

$$\|A+B\| = \sup_{\|x\|}\|(A+B)x\| \leq \sup_{\|x\|}(\|Ax\| + \|Bx\|)$$
$$\leq \sup_{\|x\|}\|Ax\| + \sup_{\|x\|}\|Bx\| = \|A\| + \|B\|$$

によって成り立つことがわかる。 △

【定理 12.5】 行列 $A \in \mathbb{C}^{m \times \ell}$, $B \in \mathbb{C}^{\ell \times n}$ を考える。A のノルムをはかるときの $\mathbb{C}^\ell$ のノルムと，B のノルムをはかるときの $\mathbb{C}^\ell$ のノルムを同一にとるとき

$$\|AB\| \leq \|A\|\|B\| \tag{12.8}$$

が成り立つ。

証明 ノルムの定義より

$$\|AB\| = \sup_{x \neq 0} \frac{\|ABx\|}{\|x\|} = \sup_{x \neq 0, Bx \neq 0} \frac{\|ABx\|}{\|Bx\|}\frac{\|Bx\|}{\|x\|}$$
$$\leq \sup_{y \neq 0} \frac{\|Ay\|}{\|y\|} \sup_{x \neq 0} \frac{\|Bx\|}{\|x\|} = \|A\|\|B\|$$

である。 △

12.2.2　作用素としてのノルムの具体例

ベクトルの空間 $\mathbb{C}^n$（または $\mathbb{R}^n$）のノルムを p ノルム $(p = 1, 2, \infty)$ で与えるときの作用素としてのノルムは，特に広く用いられる。

例題 12.5 行列 $A = (a_{ij}) \in \mathbb{C}^{m \times n}$ を与える。$\mathbb{C}^n$ と $\mathbb{C}^m$ ともに, p ノルム ($p = 1, 2, \infty$) を用いたときの行列 A のノルムを計算せよ。

【解答】 ともに 1 ノルムの場合

$$\|A\| = \max \left\{ \sum_{i=1}^{m} |a_{ij}| : j = 1, 2, \cdots, n \right\}.$$

つまり最大絶対列和である。ここで右辺を c とおく。単位ベクトル e_j は $\|e_j\|_1 = 1$ を満たし, $\|Ae_j\|_1 = \sum_{i=1}^{m} |a_{ij}|$ だから $\|A\| \geqq c$ である。つぎに, $x \in \mathbb{C}^n$, $\|x\|_1 = 1$ を $\sum_j \xi_j e_j$ と表すと, $\sum_{j=1}^{n} |\xi_j| = 1$ であり $\|Ax\|_1 \leqq \sum_{j=1}^{n} |\xi_j| \|Ae_j\|_1 \leqq c$ なので, $\|A\| \leqq c$ である。

ともに 2 ノルムの場合

$$\|A\| = \sigma_{\max}(A) = \sqrt{\lambda_{\max}(A^{\mathrm{H}} A)}.$$

ここで, $\sigma_{\max}$ は行列の最大特異値 (11 章参照) であり, $\lambda_{\max}$ はエルミート行列の最大実固有値 (8 章参照) を表す。これは, **定理 11.4** で $k = 1$ とおいた特別の場合である。

ともに無限大ノルムの場合

$$\|A\| = \max \left\{ \sum_{j=1}^{n} |a_{ij}| : i = 1, 2, \cdots, m \right\}.$$

つまり最大絶対行和である。ここで, 右辺を c とおく。右辺を達成する行を i として, $a_{ij} \xi_j \geqq 0$ が成り立つように複素数 ξ_j を $|\xi_j| = 1$ であるように定める。$x = \sum_{j=1}^{n} \xi_j e_j$ とおくとき, $\|x\|_\infty = 1$ を満たし, Ax の第 i 列は $\sum_{j=1}^{n} |a_{ij}|$ に等しくなる。つまり, $\|Ax\|_\infty \geqq c$ となるので $\|A\| \geqq c$ である。一方, $x = \sum_{j=1}^{n} \xi_j e_j$ を $\|x\|_\infty = 1$ とすれば $|\xi_j| \leqq 1$ であって, Ax の第 i 行目は $\left| \sum_{j=1}^{n} a_{ij} \xi_j \right| \leqq \sum_{j=1}^{n} |a_{ij}| |\xi_j| \leqq \sum_{j=1}^{n} |a_{ij}| \leqq c$ である。これがすべての i について成り立つので, $\|A\| \leqq c$ である。 ◇

例題 12.5 で, 実数行列 $A \in \mathbb{R}^{m \times n}$ の場合もまったく同じ式を用いて作用素としてのノルムが与えられる。

12.3　正方行列のノルムと固有値

ある線形空間の線形変換を行列表示すると，正方行列になる。そのときには，ノルムとスペクトル半径の関係から，いくつかの有用な結果を得ることができる。

12.3.1　ノルムとスペクトル半径

行列 $A \in \mathbb{C}^{n \times n}$ （または $A \in \mathbb{R}^{n \times n}$）の**スペクトル半径**（spectral radius）は，$\rho(A) = \max |\lambda_i|$ と定義される非負数である。ただし，max はすべての固有値に関してとる。複素線形空間 $\mathbb{C}^n$ （または実線形空間 $\mathbb{R}^n$）にノルムが定義されているとする。行列 A には，式 (12.7) によって作用素としてのノルムが定まる。ただし，線形変換なので，式 (12.7) において，Ax と x は同一のノルムではかられている。

【**定理 12.6**】　線形空間 $\mathbb{C}^n$ （または $\mathbb{R}^n$）にノルムが定義されているとする。行列 $A \in \mathbb{C}^{n \times n}$ （または $A \in \mathbb{R}^{n \times n}$）の作用素としてのノルムとスペクトル半径の間には，$\rho(A) \leq \|A\|$ が成り立つ。

証明　固有値 λ の固有ベクトル $y \neq 0$ を考えるとき，$\|A\| = \sup \|Ax\|/\|x\| \geq \|Ay\|/\|y\| = |\lambda|$ が成り立つ。この不等式の右辺を固有値に関して最大化すれば，定理を得る。　　　　　　　　　　　　　　　　　　　　　　　　　　　　△

定理 12.6 では，行列 A のノルムはどのような作用素としてのノルムであってもよい。さて，**例題 12.5** で見たように，$\mathbb{C}^n$ （または $\mathbb{R}^n$）のノルムに 2 ノルムを用いるならば，行列のノルムは最大特異値で与えられる。これより，ただちに，$A \in \mathbb{C}^{n \times n}$ （または $A \in \mathbb{R}^{n \times n}$）について

$$\rho(A) \leq \sigma_{\max}(A) \tag{12.9}$$

が成り立つ。

ところで，不等式 (12.9) のギャップはいくらでも大きくなる例もある。

例題 12.6　行列
$$A_1 = \begin{bmatrix} 1 & 0 \\ 0 & 1 \end{bmatrix}, \quad A_2 = \begin{bmatrix} 0 & 1 \\ 0 & 0 \end{bmatrix}$$
について，最大特異値とスペクトル半径を求めよ．

【解答】　実際に計算すると，$\sigma_{\max}(A_1) = 1$, $\rho(A_1) = 1$, $\sigma_{\max}(A_2) = 1$, $\rho(A_2) = 0$ である．　　　　　　　　　　　　　　　　　　　　　　　◇

しかしながら，スペクトル半径には $\rho(A^k) = \rho(A)^k$（**定理 5.5**），最大特異値には $\sigma_{\max}(A^k) \leq \sigma_{\max}(A)^k$（**定理 12.5**）という関係がある．$k \to \infty$ のときのスペクトル半径と最大特異値の関係を考えたいが，実際には最大特異値に限らずに，一般につぎの定理が成り立つ．

【**定理 12.7**】　行列 $A \in \mathbb{C}^{n \times n}$（または $A \in \mathbb{R}^{n \times n}$）について
$$\rho(A) = \lim_{k \to \infty} \|A^k\|^{1/k}$$
が成り立つ．

|証明|　まず，$\rho(A) = 0$ のときは $A^n = O$（**定理 6.3**）なので，定理は自明である．以下，$\rho(A) \neq 0$ とする．行列 A を $A = TJT^{-1}$ とジョルダンの標準形に相似変換する（**定理 6.9**）．絶対値最大の固有値の中で，最小多項式での重複度が最大になるものを λ，その重複度を σ とする．行列 $J^k / (k^{\sigma-1} \rho(A)^k)$ を考えると，ジョルダン形の構造より，λ に対応するジョルダンブロックの一番右上の要素 ${}_k C_{\sigma-1} / (k^{\sigma-1} \lambda^{\sigma-1})$ 以外は 0 に漸近する（式 (6.8)）．$k \to \infty$ のときに ${}_k C_{\sigma-1} / k^{\sigma-1} \to 1$ であることを用いると，$0 < a \leq \|J^k / (k^{\sigma-1} \rho(A)^k)\| \leq b$ となる正数 a, b があることがわかる．ここで，$\|A^k\| \leq \|T\| \|T^{-1}\| \|J^k\|$ および $\|J^k\| \leq \|T\| \|T^{-1}\| \|A^k\|$ に注意する．したがって
$$\lim_{k \to \infty} \left\| \frac{A^k}{\rho(A)^k} \right\|^{1/k} = \lim_{k \to \infty} \left\| \frac{J^k}{\rho(A)^k} \right\|^{1/k}$$

$$= \lim_{k\to\infty} \left\| \frac{J^k}{k^{\sigma-1}\rho(A)^k} \right\|^{1/k} = 1$$

となる。ここで $\lim_{k\to\infty}(k^r)^{1/k} = 1$ を用いた。 △

実は**定理 12.7** は，**バナッハ環** (Banach algebra) に対して一般的に成立する。また，**定理 12.7** より，例えば行列値をとる複素関数を

$$(zI - A)^{-1} = \sum_{k=1}^{\infty} z^{-k} A^{k-1}$$

のように $|z| > \rho(A)$ で絶対収束する級数に展開できることがわかる。複素関数およびバナッハ環については，「システム制御のための数学 (2)–関数解析編」を参照されたい。

12.3.2 行列のノルムと正則性

定理 12.6 を用いると，作用素としてのノルムを用いて逆行列の存在性を議論することが可能になる。

【**定理 12.8**】 線形空間 $\mathbb{C}^n$ （または $\mathbb{R}^n$）にノルムが定義されているとする。行列 $A \in \mathbb{C}^{n\times n}$ （または $A \in \mathbb{R}^{n\times n}$）が $\|A\| < 1$ を満たせば，$I - A$ は正則である。

証明 **定理 12.6** より，1 は A の固有値ではない。すると，**定理 5.1** より $\det(I - A) \neq 0$ となるので，$I - A$ は逆行列をもつ。 △

定理 12.8 より，行列の固有値の存在範囲を調べることができる。つぎは，**ゲルシゴーリンの定理** (Gershgorin circle theorem) と呼ばれている。

【**定理 12.9**】 行列 $A = (a_{ij}) \in \mathbb{C}^{n\times n}$ を考える。複素平面の円板を

$$D_i = \left\{ s : |s - a_{ii}| \leq \sum_{j\neq i} |a_{ij}| \right\} \quad (i = 1, \cdots, n)$$

と定める。このとき，A のすべての固有値は $\cup_{i=1}^n D_i$ の中にある。

証明 固有値 λ を考える。もし $\lambda = a_{ii}$ となる i があれば，$\lambda \in D_i$ である。そこで，$i = 1, \cdots, n$ について $\lambda \neq a_{ii}$ とする。$B = \mathrm{diag}\{a_{11}, \cdots, a_{nn}\}$ として $C = A - B$ とおく。$\lambda I - B$ は正則であるので

$$\lambda I - A = \lambda I - B - C = (\lambda I - B)\left(I - (\lambda I - B)^{-1} C\right)$$

であるが，$\lambda I - A$ が正則でないので，$\left(I - (\lambda I - B)^{-1} C\right)$ は正則ではない。**定理 12.8** を用いると，$\left\|(\lambda I - B)^{-1} C\right\| \geq 1$ である。ここで無限大ノルムに関するノルム（**例題 12.5**）を適用すれば

$$\frac{1}{|\lambda - a_{ii}|} \sum_{j \neq i} |a_{ij}| \geq 1$$

となる i がある。つまり $\lambda \in D_i$ である。 △

行列 A に相似変換をしたのちに**定理 12.9** を適用すると，異なる条件を得ることができる。例えば，最も簡単な方法として，正数 $d_i > 0$ を用いて対角行列 $T = \mathrm{diag}\{d_1, \cdots, d_n\}$ による相似変換 TAT^{-1} を行ってもよい。証明よりわかるように，**定理 12.8** を適用するにあたっての作用素としてのノルムはどのようなものでもよい。例えば，1 ノルムに関するノルム（**例題 12.5**）を適用すれば，行和の代わりに列和に関する条件が得られる。

図 12.2 に**定理 12.9** を図示する。行列 $A \in \mathbb{C}^{n \times n}$ の対角成分 a_{ii} を中心として半径 $\sum_{j \neq i} |a_{ij}|$ の閉じた円板を D_i とする。**定理 12.9** の結果によれば，A の固有値のすべてはこの円板の和集合の中にある。

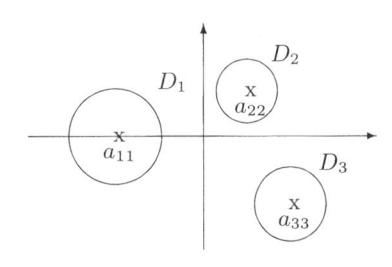

図 12.2 ゲルシゴーリンの定理

例題 12.7 行列
$$A = \begin{bmatrix} -3 & 1 & 3 \\ 2 & -4 & 0 \\ 0 & 2 & -4 \end{bmatrix}$$
にゲルシゴーリンの定理を適用して，固有値の存在範囲を調べよ．

【解答】 行に関して計算すれば，$D_1 = \{s : |s+3| \leq 4\}$, $D_2 = \{s : |s+4| \leq 2\}$, $D_3 = \{s : |s+4| \leq 2\}$ である．ちなみに，A の固有値は，$-1, -5 \pm \sqrt{3}j$ なので D_1 に含まれている． ◇

********** 演 習 問 題 **********

- **【1】** 例題 12.2 の解答を，$p = 1$ または $p = \infty$ の場合について完成せよ．
- **【2】** 線形空間 $\mathbb{R}^n$ の p ノルム（$p = 1, 2, \infty$）の任意の二つの組合せについて，式 (12.4) の定数を求めてみよ．K_1 については，できるだけ大きな値を，K_2 についてはできるだけ小さな値を求めよ．
- **【3】** フロベニウスノルムは中線定理を満たすか．また，行列の積に関しては，不等式 (12.8) を満たすか．正しければ証明を与え，誤りであれば反例を挙げよ．また，$A = (a_{ij}) \in \mathbb{C}^{m \times n}$ について $\|A\| = \max_{i,j} |a_{ij}|$ はノルムであることを示せ．このノルムに関しては，中線定理や不等式 (12.8) は成り立つか．
- **【4】** 行列 $A \in \mathbb{C}^{m \times n}$ を与える．任意の $B \in \mathbb{C}^{n \times m}$, $\sigma_{\max}(B) \leq 1$ に対して $I - AB$ が正則であるためには，$\sigma_{\max}(A) < 1$ であることが必要十分であることを示せ．

13 行列に関する等式と不等式

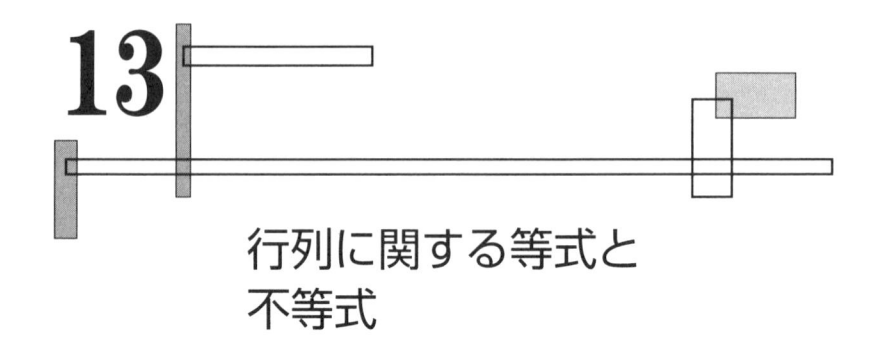

システム制御理論では，行列に関する方程式や不等式を利用する機会が多い。その中で，重要なクラスである線形行列方程式，代数リッカチ方程式，線形行列不等式の基本事項をまとめてみる。

13.1 線形行列方程式

線形行列方程式は，線形システムに対する二次リアプノフ関数を用いた安定性解析などで重要なリアプノフ方程式を含むクラスである。これは，一種の連立一次方程式であるが，行列としての特徴を利用して解の記述が可能になる場合もある。

13.1.1 線形行列方程式の解の存在条件

行列 $A \in \mathbb{C}^{m \times m}$, $B \in \mathbb{C}^{n \times n}$, $C \in \mathbb{C}^{m \times n}$ が与えられたときに

$$AX - XB = C \tag{13.1}$$

の解 $X \in \mathbb{C}^{m \times n}$ を求める方程式を，**線形行列方程式** (linear matrix equation) または**シルベスター方程式** (Sylvester equality) という。実行列の場合には，解も実行列に限定する。

写像 $M : \mathbb{C}^{m \times n} \to \mathbb{C}^{m \times n}$ を $M(X) = AX - XB$ で定めると，M が線形写像であることは容易にわかる。したがって，**定理 4.7** より，式 (13.1) が解を

もつためには，$C \in \operatorname{ran} M$ であることが必要十分である．また，解が唯一になるためには，$\ker M = (0)$ であることが必要十分である．つぎの定理により，任意の $C \in \mathbb{C}^{m \times n}$ に対する解の存在性，解の唯一性を，行列 A および B の固有値を用いて記述することができる．

【定理 13.1】 行列 $A \in \mathbb{C}^{m \times m}$ の固有値を λ_i $(i=1,\cdots,m)$，$B \in \mathbb{C}^{n \times n}$ の固有値を μ_i $(i=1,\cdots,n)$ とする．このとき，以下のことは互いに等価である．

(a) $i=1,\cdots,m$ と $j=1,\cdots,n$ について $\lambda_i \neq \mu_j$ である．

(b) 任意の行列 $C \in \mathbb{C}^{m \times n}$ に対して，線形行列方程式 (13.1) が解をもつ．

(c) 線形行列方程式 (13.1) の解は，存在すれば唯一である．

証明 まず，写像 $M: \mathbb{C}^{m \times n} \to \mathbb{C}^{m \times n}$，$M(X) = AX - XB$ の線形変換としての固有値が，$\lambda_i - \mu_j$ であることを示す．行列 A および B がともに重複固有値をもたない場合を考える．λ_i の固有ベクトルを $x_i \in \mathbb{C}^m$，μ_i の B^T に対する固有ベクトルを $y_i \in \mathbb{C}^n$ とする．$X_{ij} = x_i y_j^\mathrm{T} \neq O$ とおくと $M(X_{ij}) = Ax_i y_j^\mathrm{T} - x_i y_j^\mathrm{T} B = \lambda_i x_i y_j^\mathrm{T} - x_i y_j^\mathrm{T} \mu_j = (\lambda_i - \mu_j) X_{ij}$ であるので，X_{ij} は M の固有値 $\lambda_i - \mu_j$ に対する固有ベクトルである．A および B の固有ベクトルの集まりはそれぞれ一次独立であるので (**定理 5.6**)，$\{X_{ij} : 1 \leqq i \leqq m, 1 \leqq j \leqq n\}$ も一次独立である (確かめよ)．したがって，次元を勘定すると $\operatorname{span}\{X_{ij}\} = \mathbb{C}^{m \times n}$ となるので，M は $\lambda_i - \mu_j$ 以外の固有値をもたないことがわかる．行列 A または B が重複固有値をもつときも，A および B に収束する重複固有値をもたない行列の列をつくると，特性方程式の係数が行列 A, B に関して連続であること，多項式の根が係数に関して連続であることを用いて，M の固有値は $\lambda_i - \mu_j$ であることがわかる (詳細は省略する)．

 (b) $\Rightarrow$ (a)　(b) ならば $\operatorname{ran} M = \mathbb{C}^{m \times n}$ である．したがって，0 は M の固有値でない (**定理 5.1**)．前半に示したことから，(a) が成り立つ．

 (a) $\Rightarrow$ (c)　(a) ならば M は 0 を固有値にもたない．すると，$\ker M = (0)$ である (**定理 5.1**) ので (c) が成り立つ (**定理 4.7**)．

 (c) $\Rightarrow$ (b)　$\ker M = (0)$ ならば，**定理 4.2** を用いて $\dim \operatorname{ran} M = mn$ となるので，次元を考えると $\operatorname{ran} M = \mathbb{C}^{m \times n}$ である． △

ここで，行列 A と B の固有値が特定の領域に存在しているときには，解を具体的に記述することが可能である．

【定理 13.2】 行列方程式 (13.1) を考える．行列 A の固有値は $\mathrm{Re}\,\lambda_i < 0$ $(i = 1, \cdots, m)$ を，B の固有値は $\mathrm{Re}\,\mu_i > 0$ $(i = 1, \cdots, n)$ を満たすならば，解は任意の行列 C に対して唯一存在し
$$X = -\int_0^\infty \mathrm{e}^{A\tau} C \mathrm{e}^{-B\tau} d\tau$$
で与えられる．

証明 行列 A と B の固有値の条件より，**定理 13.1** (a) が満たされるので，解は任意の C に対して唯一存在する．$X(t) = -\int_0^t \mathrm{e}^{A\tau} C \mathrm{e}^{-B\tau} d\tau$ とおく．固有値に関する条件より，$\lim_{t\to\infty} X(t) = X$ が存在する．また，$F(t) = \mathrm{e}^{At} C \mathrm{e}^{-Bt}$ とすれば $d/dt F(t) = AF(t) - F(t)B$ である．すると
$$AX(t) - X(t)B = -\int_0^t \frac{d}{d\tau} F(\tau) d\tau = -F(t) + F(0)$$
$$= -\mathrm{e}^{At} C \mathrm{e}^{-Bt} + C$$
である．ここで，$t \to \infty$ とすれば，固有値の存在領域の仮定より $\mathrm{e}^{At} \to O$，$\mathrm{e}^{-Bt} \to O$ だから，X は方程式 (13.1) の解である． △

つぎに，行列 $A \in \mathbb{C}^{m \times m}$，$B \in \mathbb{C}^{n \times n}$，$C \in \mathbb{C}^{m \times n}$ を考えるとき

$$X - AXB = C \tag{13.2}$$

の解 $X \in \mathbb{C}^{m \times n}$ を求める線形行列方程式を考える．実行列の場合には，解も実行列に限定する．方程式 (13.1) のときと同じように，写像 $M : \mathbb{C}^{m \times n} \to \mathbb{C}^{m \times n}$ を $M(X) = X - AXB$ で定めると，M は線形写像であることは容易にわかる．すると，**定理 13.1** に対応してつぎの定理が成り立つ．

【定理 13.3】 行列 $A \in \mathbb{C}^{m \times m}$ の固有値を λ_i $(i = 1, \cdots, m)$，$B \in \mathbb{C}^{n \times n}$ の固有値を μ_i $(i = 1, \cdots, n)$ とする．このとき，以下のことは互いに等価である．

(a) $i=1,\cdots,m$ と $j=1,\cdots,n$ について，$\lambda_i\mu_j \neq 1$ である．
(b) 任意の行列 $C \in \mathbb{C}^{m \times n}$ に対して，線形行列方程式 (13.2) が解をもつ．
(c) 線形行列方程式 (13.2) の解は，存在すれば唯一である．

証明　定理 13.1 の証明と同様であるので，各自試みられたい（演習問題【1】）．
△

方程式 (13.1) のときと同じように，A と B の固有値の仮定のもとに，解を具体的に記述することが可能である．

【定理 13.4】 行列方程式 (13.2) を考える．行列 A の固有値は $|\lambda_i| < 1$ $(i=1,\cdots,m)$ を，B の固有値は $|\mu_i| < 1$ $(i=1,\cdots,n)$ を満たすならば，解は任意の行列 C に対して唯一存在し
$$X = \sum_{k=0}^{\infty} A^k C B^k$$
で与えられる．

証明　定理 13.2 の証明と同様である．
△

13.1.2　リアプノフ方程式

線形行列方程式 (13.1) のクラスの中で，特に，$A \in \mathbb{C}^{n \times n}$ およびエルミート準正定行列 $Q \in \mathbb{C}^{n \times n}$ を用いて

$$A^{\mathrm{H}} X + XA = -Q \tag{13.3}$$

と表される場合を考える．式 (13.3) の線形行列方程式を**連続形リアプノフ方程式**（continuous Lyapunov equation）という．このとき，行列 A のすべての固有値の実部が負であるならば，**定理 13.2** の条件が満たされるので，唯一解の具体的な記述が可能である．実際には，**定理 13.5** で示すように，さらに強い結果を得ることができる．

連続時間線形システム

$$\frac{d}{dt}x(t) = Ax(t) + Bu(t), \quad y(t) = Cx(t)$$

ただし,$A \in \mathbb{C}^{n \times n}$, $B \in \mathbb{C}^{n \times m}$, $C \in \mathbb{C}^{\ell \times n}$ について,(A, C) が**可観測**(observable) であることを

$$\operatorname{rank} \begin{bmatrix} \lambda I - A \\ C \end{bmatrix} = n \quad (\text{任意の } \lambda \in \mathbb{C}) \tag{13.4}$$

が成り立つことと定義する。この定義は 5 章の演習問題【5】に示したように

$$\operatorname{rank} \begin{bmatrix} C^{\mathrm{T}} & C^{\mathrm{T}}A^{\mathrm{T}} & \cdots & C^{\mathrm{T}}A^{\mathrm{T}(n-1)} \end{bmatrix}^{\mathrm{T}} = n$$

と等価である。つぎの定理は,連続時間線形システムの安定性に関して重要である[9]。

【**定理 13.5**】 行列 $A \in \mathbb{C}^{n \times n}$ のすべての固有値の実部が負であるとする。このとき,リアプノフ方程式 (13.3) の解 $X \in \mathbb{C}^{n \times n}$ は唯一に存在して,以下のことを満たす。

(a) $X = \int_0^\infty e^{A^{\mathrm{H}}\tau} Q e^{A\tau} d\tau.$
(b) Q が正定であれば,X も正定である。
(c) $Q = C^{\mathrm{H}}C$, $C \in \mathbb{C}^{m \times n}$ であり,(A, C) が可観測であれば,X は正定である。

逆に,$C \in \mathbb{C}^{m \times n}$ を (A, C) が可観測であるように選ぶとき,$Q = C^{\mathrm{H}}C$ としてリアプノフ方程式 (13.3) が正定である解 X をもつならば,A のすべての固有値の実部は負である。

証明 (a) については,**定理 13.2** ですでに示した。(b) については,(a) の解の形より自明である。(c) について示す。まず,$x \in \mathbb{C}^n$, $x \neq 0$ について

$$x^{\mathrm{H}} X x = x^{\mathrm{H}} \int_0^\infty e^{A^{\mathrm{H}}\tau} C^{\mathrm{H}} C e^{A\tau} d\tau x = \int_0^\infty \left\| C e^{A\tau} x \right\|^2 d\tau > 0$$

である。実際,$f(t) = Ce^{At}x$ とおくと,$f(0) = Cx$, $f'(0) = CAx$, $\cdots$, $f^{(n-1)}(0) = CA^{n-1}x$ の中には 0 でないものがある。つまり,$f(t)$ は恒等的に 0 となる (ベクトル値) 関数ではないので,(c) が成り立つ。後半を示すために,

13.1 線形行列方程式

まず行列 A の固有値を λ, それに対する固有ベクトルを x とする。このとき,もし $Cx = 0$ であれば $Ax = \lambda x$ を用いて $[\begin{array}{cccc} C^{\mathrm{T}} & C^{\mathrm{T}}A^{\mathrm{T}} & \cdots & C^{\mathrm{T}}A^{\mathrm{T}(n-1)} \end{array}]^{\mathrm{T}} x = 0$ となるが,この x にかかる行列が最大列階数である仮定より不可能である。したがって,$Cx \neq 0$ である。リアプノフ方程式 (13.3) の左から x^{H},右から x を掛けると,$(\overline{\lambda} + \lambda) x^{\mathrm{H}} X x = -x^{\mathrm{H}} C^{\mathrm{H}} C x$ を得る。ここで,$x^{\mathrm{H}} X x > 0$ および $x^{\mathrm{H}} C^{\mathrm{H}} C x > 0$ なので,$\overline{\lambda} + \lambda = 2 \operatorname{Re} \lambda < 0$ である。 △

線形行列方程式 (13.2) のクラスの中で,特に,$A \in \mathbb{C}^{n \times n}$ およびエルミート準正定行列 $Q \in \mathbb{C}^{n \times n}$ を用いて

$$X - A^{\mathrm{H}} X A = Q \tag{13.5}$$

と表される場合を考える。式 (13.5) の線形行列方程式を,**離散形リアプノフ方程式** (discrete Lyapunov equation) という。

離散時間線形システム

$$x(t+1) = Ax(t) + Bu(t), \quad y(t) = Cx(t)$$

$A \in \mathbb{C}^{n \times n}$, $B \in \mathbb{C}^{n \times m}$, $C \in \mathbb{C}^{\ell \times n}$ について,(A, C) が可観測であることを,連続時間システムと同じく,条件 (13.4) が成り立つことと定義する。つぎの定理は,離散時間線形システムの安定性に関して重要である[15]。

【定理 13.6】 行列 $A \in \mathbb{C}^{n \times n}$ のすべての固有値の絶対値が 1 未満であるとする。このとき,リアプノフ方程式 (13.5) の解 $X \in \mathbb{C}^{n \times n}$ は唯一に存在し,以下を満たす。

(a) $X = \sum_{k=0}^{\infty} (A^{\mathrm{H}})^k Q A^k$.
(b) Q が正定であれば,X も正定である。
(c) $Q = C^{\mathrm{H}} C$, $C \in \mathbb{C}^{m \times n}$ であり,(A, C) が可観測であれば,X は正定である。

逆に,$C \in \mathbb{C}^{m \times n}$ を (A, C) が可観測であるように選ぶとき,$Q = C^{\mathrm{H}} C$ としてリアプノフ方程式 (13.5) が正定である解 X をもつならば,A のす

べての固有値の絶対値は 1 未満である。

証明 定理 13.5 と同様である。 △

13.2 代数リッカチ方程式

代数リッカチ方程式は，最適レギュレータのフィードバックゲインを求めるなど，システム制御理論では重要な方程式である。その解は，ハミルトン行列の固有値問題と強い関係がある。

13.2.1 連続形代数リッカチ方程式

方程式

$$XA + A^{\mathrm{H}}X - XMX + N = O \tag{13.6}$$

を考える。ここで行列はすべて $\mathbb{C}^{n\times n}$ に属すものとし，M, N はエルミート行列である。これを**連続形リッカチ方程式** (continuous Riccati equation) という。

例えば，連続時間線形システム

$$\frac{d}{dt}x(t) = Ax(t) + Bu(t), \quad x(0) = x_0$$

において，$R > O$, $Q \geqq O$ として

$$\int_0^\infty \left(x^{\mathrm{H}}(t)Qx(t) + u^{\mathrm{H}}(t)Ru(t) \right) dt$$

を最小にする u を求める LQ 制御問題では，$N = Q$, $M = BR^{-1}B^{\mathrm{H}}$ とする連続形リッカチ方程式を解くことにより，最適解が構成できることが知られている。

式 (13.6) に応じて

$$H = \begin{bmatrix} A & -M \\ -N & -A^{\mathrm{H}} \end{bmatrix} \tag{13.7}$$

とおく。これを**ハミルトン行列** (Hamilton matrix) という。ここで

$$J = \begin{bmatrix} O & -I_n \\ I_n & O \end{bmatrix} \in \mathbb{C}^{2n \times 2n} \tag{13.8}$$

とすれば、$J^{-1}HJ = -JHJ = -H^{\mathrm{H}}$ である。これより、ハミルトン行列の固有値は、虚軸に関して対称である (λ が固有値であれば $-\bar{\lambda}$ もまた固有値になる) ことがわかる。リッカチ方程式 (13.6) の解は、行列 H の不変部分空間とつぎのように関係づけられる。

【定理 13.7】 式 (13.7) の行列 H の不変部分空間 $S \subset \mathbb{C}^{2n}$ が

$$S + \mathrm{ran} \begin{bmatrix} O \\ I_n \end{bmatrix} = \mathbb{C}^{2n}, \quad S \cap \mathrm{ran} \begin{bmatrix} O \\ I_n \end{bmatrix} = (0) \tag{13.9}$$

を満たすならば

$$S = \mathrm{ran} \begin{bmatrix} Y \\ Z \end{bmatrix} \quad (Y \in \mathbb{C}^{n \times n}, \ Z \in \mathbb{C}^{n \times n}) \tag{13.10}$$

として、$X = ZY^{-1}$ は方程式 (13.6) の解である。逆に、方程式 (13.6) の解 X に対して、部分空間

$$S = \mathrm{ran} \begin{bmatrix} I_n \\ X \end{bmatrix} \tag{13.11}$$

は H の不変部分空間であり、条件 (13.9) を満たす。

証明 解 X があるとき

$$\begin{bmatrix} I_n & O \\ -X & I_n \end{bmatrix} H \begin{bmatrix} I_n & O \\ X & I_n \end{bmatrix}$$

$$= \begin{bmatrix} A - MX & -M \\ -XA - N + XMX - A^{\mathrm{H}}X & XM - A^{\mathrm{H}} \end{bmatrix}$$

$$= \begin{bmatrix} A - MX & -M \\ O & XM - A^{\mathrm{H}} \end{bmatrix} \tag{13.12}$$

となるので,式 (13.11) の部分空間 S は**定理 4.8** より H の不変部分空間である。また,S は式 (13.9) を満たしている。つぎに,式 (13.9) を満たす H の不変部分空間 S があるとする。**定理 2.7** より $\dim S = n$ なので,S はある行列 Y, $Z \in \mathbb{C}^{n \times n}$ を用いて式 (13.10) のように表される。式 (13.9) の左側の条件より,Y は正則行列である。したがって,$X = ZY^{-1}$ として,S は式 (13.11) の形をしている。ここで,証明の前半の式 (13.12) の変形において,左下のブロックは S が H 不変空間であることから,**定理 4.8** を用いると零行列になる。つまり,X は式 (13.6) の解である。 △

方程式 (13.6) のエルミート行列となる解が重要なことが多い。条件式 (13.9) を満たす行列 H の不変部分空間 S の表現が式 (13.10) で与えられるとき

$$\begin{bmatrix} Y^{\mathrm{H}} & Z^{\mathrm{H}} \end{bmatrix} J \begin{bmatrix} Y \\ Z \end{bmatrix} = Z^{\mathrm{H}} Y - Y^{\mathrm{H}} Z = O \tag{13.13}$$

であることが,S に対する解 X がエルミート行列になるために必要十分である。

定理 5.8 より,$A - MX$ の固有値は H の固有値の一部であり,H の不変部分空間 S への制限を表す線形変換の固有値になっている。方程式 (13.6) の解が $A - MX$ の固有値のすべてが左半面 $\mathrm{Re}\, s < 0$ にあるようにするとき,X を**安定化解**(stabilizing solution)という。制御理論では,安定化解が重要な役割を果たす。

安定化解について調べるために,H の一般化固有空間のうち,安定固有値(左半面 $\mathrm{Re}\, s < 0$ にある固有値)に対応した部分空間(6.1.3項 参照)を

$$\chi_-(H) = \bigoplus_{\lambda_i \text{ は安定固有値}} \ker (\lambda_i I - H)^{\sigma_i}$$

とする。ただし,H の固有値 λ_i の最小多項式での重複度を σ_i とする。すべての固有値の重複度が 1 のときには,$\chi_-(H)$ は安定固有値の固有ベクトルの張る部分空間になる。

連続時間線形システム

$$\frac{d}{dt} x(t) = Ax(t) + Bu(t), \quad y(t) = Cx(t).$$

ただし,$A \in \mathbb{C}^{n \times n}$, $B \in \mathbb{C}^{n \times m}$, $C \in \mathbb{C}^{\ell \times n}$ について,(A, B) が**可安定**

(stabilizable) であることを

$$\mathrm{rank}\begin{bmatrix} \lambda I - A & B \end{bmatrix} = n \quad (\mathrm{Re}\,\lambda \geq 0 \text{ を満たす任意の } \lambda \in \mathbb{C})$$

が成り立つことと定義する。また, (A, C) が**可検出** (detectable) であることを

$$\mathrm{rank}\begin{bmatrix} \lambda I - A \\ C \end{bmatrix} = n \quad (\mathrm{Re}\,\lambda \geq 0 \text{ を満たす任意の } \lambda \in \mathbb{C})$$

が成り立つことと定義する。

【定理 13.8】 式 (13.7) の行列 H が虚軸上に固有値をもたないとし, (A, M) は可安定であるとする。このとき, $S = \chi_-(H)$ は**定理 13.7** の条件 (13.9) を満たす。さらに, S を式 (13.10) で表し, $X = ZY^{-1}$ とすれば, X は方程式 (13.6) の $X^\mathrm{H} = X$ を満たす安定化解である。

証明 仮定より, H は虚軸上に固有値をもたないが, H の固有値は虚軸対称であるので, $\dim \chi_-(H) = n$ である。そこで, 不変部分空間 $S = \chi_-(H)$ を, $Y \in \mathbb{C}^{n \times n}$, $Z \in \mathbb{C}^{n \times n}$ を用いて式 (13.10) のように表すことができる。ここで, $T = \begin{bmatrix} Y^\mathrm{T} & Z^\mathrm{T} \end{bmatrix}^\mathrm{T} \in \mathbb{C}^{2n \times n}$ とおく。まず, 式 (13.13) を示す。式 (4.2) を用いて

$$HT = T\Lambda \tag{13.14}$$

と $\Lambda \in \mathbb{C}^{n \times n}$ を求め, **定理 5.8** を適用すると, Λ の固有値はすべて左半面にある。式 (13.14) の左から $T^\mathrm{H} J$ を掛け, $JH = -H^\mathrm{H} J$ を用いると, $T^\mathrm{H} J H T = -T^\mathrm{H} H^\mathrm{H} J T = -\Lambda^\mathrm{H} T^\mathrm{H} J T = T^\mathrm{H} J T \Lambda$ を得る。ここで, **定理 13.2** を用いると, Λ の固有値が左半面にあることから, $T^\mathrm{H} J T = O$, すなわち式 (13.13) を得る。つぎに, 条件 (13.9) を示すが, そのためには Y が正則であることをいえばよい。そこで, $Yx = 0$ とする。$HTx = T\Lambda x$ の第 1 ブロックより $-MZx = Y\Lambda x$ を得る。さらに, $-x^\mathrm{H} Z^\mathrm{H} M Z x = x^\mathrm{H} T^\mathrm{H} J H T x = x^\mathrm{H} T^\mathrm{H} J T \Lambda x = 0$ であり, $M \geq O$ なので $MZx = 0$ である (9 章の演習問題【4】)。これより, $Y\Lambda x = 0$ を得る。つまり, $\ker Y$ は Λ 不変部分空間となる。ここで, $\ker Y \neq (0)$ とすれば, **定理 5.8** より $\Lambda x = \lambda x$ となる $x \in \ker Y$, $x \neq 0$ と固有値 λ がある。λ は Λ の固有値なので, $\mathrm{Re}\,\lambda < 0$ である。一方, $\begin{bmatrix} O & I_n \end{bmatrix} HTx = \begin{bmatrix} O & I_n \end{bmatrix} T\Lambda x$ より $-A^\mathrm{H} Z x = Z\Lambda x = \lambda Z x$ なので, $Zx \neq 0$ ならば

$$(Zx)^\mathrm{H} \begin{bmatrix} -\overline{\lambda} I - A & M \end{bmatrix} = 0$$

である。しかし，これは可安定性の仮定に反するので，$Zx = 0$ である。すると，$\dim \chi_-(H) = \operatorname{rank} T < n$ となるので矛盾である。これより，$\ker Y = (0)$ であり，Y は正則行列である。最後に，$A - MX$ は，式 (13.12) より H の不変部分空間 S の上の制限と同じ固有値，つまり Λ と同じ固有値をもつので，その固有値はすべて実部が負である。 △

LQ 制御問題の場合には，そのリッカチ方程式は，$R > O$ として $M = BR^{-1}B^H$ となる。また，$Q = C^H C \geqq O$ とある行列 $C \in \mathbb{C}^{\ell \times n}$ を用いて表されているものとする。

【定理 13.9】 方程式 (13.6) で，$R > O$, $M = BR^{-1}B^H$, $Q = C^H C \geqq O$ である場合を考える。ここで，(A, B) は可安定，(A, C) は可検出であるとする。このとき，式 (13.7) の H は虚軸上に固有値をもたず，$\chi_-(H)$ は**定理 13.7** の条件 (13.9) を満たす。さらに，S を式 (13.10) で表し $X = ZY^{-1}$ とすれば，X は $X \geqq O$ を満たす方程式 (13.6) の安定化解である。

証明 定理の仮定のもとで，H が虚軸上に固有値をもたないことを示す。もし虚軸上の固有値 λ があれば，$Hv = \lambda v, v \neq 0$ を $v^T = \begin{bmatrix} y^T & z^T \end{bmatrix}$ とおいて

$$Ay - BR^{-1}B^H z = \lambda y, \quad -C^H Cy - A^H z = \lambda z$$

である。前者に左より z^H を掛け，後者の共役複素転置をとって右から y を掛けて加え合わせると，$-y^H C^H Cy - z^H BR^{-1}B^H z = (\lambda + \overline{\lambda}) z^H y = 0$ である。ここで，$C^H C \geqq O$, $BR^{-1}B^H \geqq O$ を用いると $y^H C^H Cy = 0$, $z^H BR^{-1}B^H z = 0$ である。これより，$Cy = 0$, $B^H z = 0$ となるが，すると $Ay = \lambda y$, $A^H z = -\lambda z$ である。後者より

$$z^H \begin{bmatrix} -\overline{\lambda}I - A & B \end{bmatrix} = 0$$

となるが，可安定性より $z = 0$ である。同様に，可検出性より $y = 0$ となるが，これは $v \neq 0$ に反する。したがって，H は虚軸上に固有値をもたない。ここで，(A, B) が可安定ならば $(A, BR^{-1}B^H)$ も可安定である ($z^H BR^{-1}B = 0$ ならば $z^H B = 0$ であることに注意する)。すると，**定理 13.8** の仮定が満たされるので，$X = ZY^{-1}$ はエルミート行列の安定化解である。ここで，$A_X = A - BR^{-1}B^H X$ の固有値は左半面にあり

$$XA_X + A_X^\mathrm{H} X + C^\mathrm{H} C + XBR^{-1}B^\mathrm{H} X = O$$

が成り立つので，定理 13.2 より $X = \int_0^\infty \mathrm{e}^{A_X^\mathrm{H}\tau}\left(C^\mathrm{H} C + XBR^{-1}B^\mathrm{H} X\right)\mathrm{e}^{A_X\tau}d\tau$
$\geqq O$ である。 $\triangle$

13.2.2 離散形代数リッカチ方程式

方程式

$$X = A^\mathrm{H} XA - A^\mathrm{H} XB\left(R + B^\mathrm{H} XB\right)^{-1} B^\mathrm{H} XA + Q \qquad (13.15)$$

を**離散形リッカチ方程式** (discrete Riccati equation) という。ここで，$A \in \mathbb{C}^{n\times n}$，$B \in \mathbb{C}^{n\times m}$，$R \in \mathbb{C}^{m\times m}$，$Q \in \mathbb{C}^{n\times n}$ であり，$R > O$，$Q \geqq O$ とする。離散時間の LQ 制御問題や最適フィルタ問題を解く場合に現れる。詳しくは，文献 15) を参照されたい。

ここで，A が正則行列である場合を以下では取り扱う。そのときには，式 (13.15) に対して

$$H = \begin{bmatrix} A + BR^{-1}B^\mathrm{H} A^{-\mathrm{H}} Q & -BR^{-1}B^\mathrm{H} A^{-\mathrm{H}} \\ -A^{-\mathrm{H}} Q & A^{-\mathrm{H}} \end{bmatrix} \qquad (13.16)$$

とおく。これを**シンプレクティック行列** (symplectic matrix) という。ここで

$$H_R = \begin{bmatrix} I_n & BR^{-1}B^\mathrm{H} \\ O & A^\mathrm{H} \end{bmatrix}, \quad H_Q = \begin{bmatrix} A & O \\ -Q & I_n \end{bmatrix}, \quad J = \begin{bmatrix} O & -I_n \\ I_n & O \end{bmatrix}$$

とおくと，$H = H_R^{-1} H_Q$，$HJH^\mathrm{H} = J$ が成り立つ。後者より，シンプレクティック行列の固有値は，単位円に関して対称である（λ が固有値であれば $\overline{\lambda}^{-1}$ もまた固有値になる）ことがわかる。特に，このことから，H が正則行列であることもわかる。

離散時間線形システム

$$x(t+1) = Ax(t) + Bu(t), \quad y(t) = Cx(t)$$

ただし，$A \in \mathbb{C}^{n\times n}$，$B \in \mathbb{C}^{n\times m}$，$C \in \mathbb{C}^{\ell\times n}$ について，(A, B) が可安定であることを

$$\mathrm{rank}\begin{bmatrix} \lambda I - A & B \end{bmatrix} = n \qquad (|\lambda| \geqq 1 \text{ を満たす任意の } \lambda \in \mathbb{C})$$

が成り立つことと定義する．また，(A, C) が可検出であることを

$$\mathrm{rank} \begin{bmatrix} \lambda I - A \\ C \end{bmatrix} = n \quad (|\lambda| \geqq 1 \text{ を満たす任意の } \lambda \in \mathbb{C})$$

が成り立つことと定義する．

方程式 (13.15) の解が，$\left(I + BR^{-1}B^{\mathrm{H}}X\right)^{-1} A$ の固有値のすべてが $|\lambda| < 1$ と単位円内部にあるようにするとき，X を安定化解という．離散形リッカチ方程式 (13.15) の安定化解については，シンプレクティック行列 (13.16) の固有空間を求めることにより，計算ができる．これの基本となるのが，つぎの定理である．詳細は，例えば文献 14),17) を参照されたい．

【定理 13.10】 離散形リッカチ方程式 (13.15) を考える．ただし，$Q = C^{\mathrm{H}}C$, $C \in \mathbb{C}^{\ell \times n}$ とおく．ここで (A, B) は可安定，(A, C) は可検出であるとする．このとき，式 (13.16) の H は単位円上に固有値をもたない．さらに，H の安定固有値（$|\lambda| < 1$ である固有値）に対応した部分空間 (6.1.3 項) を，H の固有値 λ_i の最小多項式での重複度を σ_i として

$$\chi_-(H) = \bigoplus_{\lambda_i \text{ は安定固有値}} \ker (\lambda_i I - H)^{\sigma_i}$$

とする．このとき，$\dim \chi_-(H) = n$ であり

$$\chi_-(H) = \mathrm{ran} \begin{bmatrix} Y \\ Z \end{bmatrix} \quad (Y \in \mathbb{C}^{n \times n},\ Z \in \mathbb{C}^{n \times n}) \quad (13.17)$$

とすれば，Y は正則で，$X = ZY^{-1}$ は式 (13.15) の安定化解である．

証明 定理 13.8，定理 13.9 と同様な手法により証明できるので，各自で確認されたい（演習問題【2】）． △

13.3 線形行列不等式

サイズの等しい実対称行列 F_i $(i = 0, 1, \cdots, m)$ を与えるとき,変数 $x \in \mathbb{R}^m$ の第 i 成分を ξ_i として

$$F(x) = F_0 + \xi_1 F_1 + \xi_2 F_2 + \cdots + \xi_m F_m > O$$

を**線形行列不等式** (linear matrix inequality, **LMI**) という。ここで不等号は $F(x)$ が正定行列であることを要求するものである。つまり,$F(x)$ はどのような $x \in \mathbb{R}^m$ についても実対称行列になり,しかも,変数 x は $F(x)$ に 2 次以上の項が現れていない。線形行列不等式は**半正定値計画法** (semidefinite programing) の発展により効率よく解くことができる[24]。制御理論では,変数 $x \in \mathbb{R}^m$ として,リアプノフ関数を表す実対称行列の成分や状態方程式の係数行列の成分などを用いる。制御における行列不等式の理論やその利用方法は,文献 8) に詳しい。

制御問題をそのまま行列不等式に記述すると,変数間の積の項が現れて,線形行列不等式になっていないことが多い。その場合でも,いくつかの工夫によって,等価な線形行列不等式に変換することが可能なことがある。例えば,

(a) **定理 9.4** を用いてシューア補元を考える。

(b) 適当に変数の置き換えをする。

(c) 零空間を利用して,変数の消去を行う (**定理 13.12**)。

などの工夫がよく用いられる。この節では,簡単に上の 3 方法を説明する。

行列 $A \in \mathbb{R}^{n \times n}$, $B \in \mathbb{R}^{n \times m}$, $C \in \mathbb{R}^{\ell \times n}$ が与えられたときに,行列 $X \in \mathbb{R}^{n \times n}$, $X^{\mathrm{T}} = X$ を変数とする行列不等式

$$AX + XA^{\mathrm{T}} + XC^{\mathrm{T}}CX + BB^{\mathrm{T}} < O, \quad X > O \qquad (13.18)$$

を考える。変数 X の積が表れるので,これは線形行列不等式ではない。ここで,**定理 9.4** を用いてシューア補元をとることにより

$$\begin{bmatrix} AX + XA^{\mathrm{T}} + BB^{\mathrm{T}} & CX \\ XC^{\mathrm{T}} & -I \end{bmatrix} < O, \quad X > O \tag{13.19}$$

という不等式 (13.18) と等価な不等式を得る。ここで，不等式 (13.19) は，変数 X について線形であるので，線形行列不等式になっている。

行列 $A \in \mathbb{R}^{n \times n}$, $B \in \mathbb{R}^{n \times m}$ が与えられたときに，行列 $K \in \mathbb{R}^{m \times n}$ と $X \in \mathbb{R}^{n \times n}$, $X^{\mathrm{T}} = X$ を変数とする行列不等式

$$(A + BK)X + X(A + BK)^{\mathrm{T}} < O, \quad X > O \tag{13.20}$$

を考える。これは，線形システム

$$\frac{d}{dt}x = Ax + Bu$$

において，状態フィードバック $u = Kx$ によって安定化させる問題であり，フィードバックゲイン K とリアプノフ方程式の正定解 X (**定理 13.5**) を同時に求めようとするものである。行列不等式 (13.20) は，変数 K と X の積が表れるので，線形行列不等式ではない。ところで，$KX = Y \in \mathbb{R}^{m \times n}$ と変数を置き直すと

$$AX + XA^{\mathrm{T}} + BY + Y^{\mathrm{T}}B^{\mathrm{T}} < O, \quad X > O \tag{13.21}$$

という不等式を得るが，これは線形行列不等式となっている。フィードバックゲインは，不等式 (13.21) の解をもとに，$K = YX^{-1}$ と求めればよい。

最後に，零空間を用いて変数を消去する方法を述べる。そのために，行列 $B \in \mathbb{R}^{n \times m}$ （$\operatorname{rank} B = r$）に対して，$B_{\perp} \in \mathbb{R}^{n \times (n-r)}$ を $\ker B^{\mathrm{T}}$ の基底を並べた行列とする（$B^{\perp}$ で本書の $(B_{\perp})^{\mathrm{T}}$ を表している文献もあるので注意されたい）。ここで，$\dim \ker B^{\mathrm{T}} = \dim(\operatorname{ran} B)^{\perp} = n - r$ （**定理 7.8**) であることに注意する。また，基底の並べ方は一意ではないので，$B_{\perp}$ も一意ではない。このとき，$(B_{\perp})^{\mathrm{T}} B = O$ であること，および $\operatorname{rank}[\,B\ \ B_{\perp}\,] = n$ であることに注意する。また，$n = r$ （つまり $\ker B^{\mathrm{T}} = (0)$) であれば，$B_{\perp}$ は空行列として定める。ただし，$B_{\perp}$ が空行列であれば，$B_{\perp}$ に関する条件式は満たされているものとして取り扱う（$x \in S$ ならば $x \in T$ であるという命題は，$S = \emptyset$

13.3 線形行列不等式

であるときは集合 T によらず真であることと同じ考えによる)．まず予備的な結果を示す．

【定理 13.11】 行列 $B \in \mathbb{R}^{n \times m}$ および $Q^{\mathrm{T}} = Q$ である $Q \in \mathbb{R}^{n \times n}$ が $(B_\perp)^{\mathrm{T}} Q B_\perp < O$ を満たすとする．このとき，$(1/\epsilon^2) B B^{\mathrm{T}} - Q > O$ を満たす $\epsilon > 0$ がある．

証明 行列 B が最大列階数でなくとも定理は成立するが，簡単のため最大列階数の場合について示す．このとき，擬似逆行列は $B^+ = (B^{\mathrm{T}} B)^{-1} B^{\mathrm{T}}$ である (10 章の演習問題【5】)．ここで，$B^+ B = I_m$ および $B^+ B_\perp = O$ に注意する．

$$\begin{bmatrix} B^+ \\ (B_\perp)^+ \end{bmatrix} \left(\frac{1}{\epsilon^2} B B^{\mathrm{T}} - Q \right) \begin{bmatrix} B^+ \\ (B_\perp)^+ \end{bmatrix}^{\mathrm{T}}$$

$$= \begin{bmatrix} \frac{1}{\epsilon^2} I - Q_{11} & -Q_{12} \\ -Q_{12}^{\mathrm{T}} & -Q_{22} \end{bmatrix}$$

である．ただし

$$\begin{bmatrix} B^+ \\ (B_\perp)^+ \end{bmatrix} Q \begin{bmatrix} B^+ \\ (B_\perp)^+ \end{bmatrix}^{\mathrm{T}} = \begin{bmatrix} Q_{11} & Q_{12} \\ Q_{12}^{\mathrm{T}} & Q_{22} \end{bmatrix}$$

とおいた．ここで，$Q_{22} = ((B_\perp)^{\mathrm{T}} B_\perp)^{-1} (B_\perp)^{\mathrm{T}} Q B_\perp ((B_\perp)^{\mathrm{T}} B_\perp)^{-\mathrm{T}} < O$ である．**定理 9.4** より，$(I/\epsilon^2) - Q_{11} - Q_{12} Q_{22}^{-1} Q_{12}^{\mathrm{T}} > O$ であれば $(1/\epsilon^2) B B^{\mathrm{T}} - Q > O$ となるが，これは $\epsilon > 0$ を十分小さくとることにより成立する． △

以上の準備のもとで，変数を消去して線形行列不等式を得るために，有効となる以下の結果を与える．

【定理 13.12】 行列 $B \in \mathbb{R}^{n \times m}$, $C \in \mathbb{R}^{\ell \times n}$ および $Q^{\mathrm{T}} = Q$ である $Q \in \mathbb{R}^{n \times n}$ が与えられたとする．このとき

$$Q + BXC + (BXC)^{\mathrm{T}} < O \tag{13.22}$$

である行列 $X \in \mathbb{R}^{m \times \ell}$ が存在するためには

$$(B_\perp)^{\mathrm{T}} Q B_\perp < O, \quad ((C^{\mathrm{T}})_\perp)^{\mathrm{T}} Q (C^{\mathrm{T}})_\perp < O \tag{13.23}$$

であることが必要十分である。

証明 **必要性** 不等式 (13.22) を満たす行列 X があるとする。$B_\perp$ および $\left(C^{\mathrm{T}}\right)_\perp$ は列最大階数であることに注意する。不等式 (13.22) を -1 倍して**定理 9.3** を適用すれば，$(B_\perp)^{\mathrm{T}} \left(-Q - BXC - (BXC)^{\mathrm{T}}\right) B_\perp = -(B_\perp)^{\mathrm{T}} QB_\perp > O$ となって不等式 (13.23) の一方を得る。他方も同様である。

十分性 B が列最大階数でないかまたは C が行最大階数でないときには，B の列の入れ換え，C の行の入れ換えを行って（これは X の行と列の入れ換えを行うことに相当する），$B = [\ B_1\ \ B_2\ ]$，$C^{\mathrm{T}} = [\ C_1^{\mathrm{T}}\ \ C_2^{\mathrm{T}}\ ]^{\mathrm{T}}$，ただし $\mathrm{ran}\, B = \mathrm{ran}\, B_1$，$\mathrm{ran}\, C^{\mathrm{T}} = \mathrm{ran}\, C_1^{\mathrm{T}}$ であるようにする。そして，X をそれに合わせて X_{ij} $(i,j = 1,2)$ とブロックに分割する。このとき，$B_\perp = B_{1\perp}$ と選べるので（C についても同様），X_{11} 以外を零行列においた問題を考えることにより，初めから B は列最大階数であり，C は行最大階数であると仮定してもよい。**定理 13.11** より，$\epsilon > 0$ を十分小さくとると $R := C^{\mathrm{T}}C/\epsilon^2 - Q > O$ である。そのように選んだ ϵ を用いて，$X = -\left(B^{\mathrm{T}}R^{-1}B\right)^{-1} R^{-1}C^{\mathrm{T}}/\epsilon^2$ とおくと，X は不等式 (13.22) を満たすことを示す。もし

$$\left(\epsilon BX + \frac{1}{\epsilon}C^{\mathrm{T}}\right) \left(\epsilon BX + \frac{1}{\epsilon}C^{\mathrm{T}}\right)^{\mathrm{T}} < \frac{1}{\epsilon^2}C^{\mathrm{T}}C - Q = R \quad (13.24)$$

を満たす X を選べたとするならば，$Q + BXC + (BXC)^{\mathrm{T}} + \epsilon^2 BXX^{\mathrm{T}}B^{\mathrm{T}} < O$ となるので，不等式 (13.22) が成り立つことに注意する。ここで，$\epsilon R^{-1/2}B = \tilde{B}$，$CR^{-1/2}/\epsilon = \tilde{C}$ とおいて $X = -\tilde{B}^+ \tilde{C}^{\mathrm{T}}$ とすれば，不等式 (13.24) が成り立つ。それを見るために，不等式 (13.24) の右から $R^{-1/2}[\ (\tilde{B}^+)^{\mathrm{T}}\ \ ((\tilde{B}_\perp)^+)^{\mathrm{T}}\ ]$ を，左からその転置行列を乗じて合同変換すると，$(\tilde{B}_\perp)^+(\tilde{B}^+)^{\mathrm{T}} = O$ などを用いて

$$\begin{aligned}
&\begin{bmatrix} (\tilde{B})^+ \\ (\tilde{B}_\perp)^+ \end{bmatrix} \left(\tilde{B}X + \tilde{C}^{\mathrm{T}}\right) \left(\tilde{B}X + \tilde{C}^{\mathrm{T}}\right)^{\mathrm{T}} \begin{bmatrix} (\tilde{B})^+ \\ (\tilde{B}_\perp)^+ \end{bmatrix}^{\mathrm{T}} \\
&= \begin{bmatrix} X + \tilde{B}^+ \tilde{C}^{\mathrm{T}} \\ (\tilde{B}_\perp)^+ \tilde{C}^{\mathrm{T}} \end{bmatrix} \begin{bmatrix} X + \tilde{B}^+ \tilde{C}^{\mathrm{T}} \\ (\tilde{B}_\perp)^+ \tilde{C}^{\mathrm{T}} \end{bmatrix}^{\mathrm{T}} \\
&< \begin{bmatrix} \tilde{B}^+(\tilde{B}^+)^{\mathrm{T}} & O \\ O & (\tilde{B}_\perp)^+((\tilde{B}_\perp)^+)^{\mathrm{T}} \end{bmatrix} \quad (13.25)
\end{aligned}$$

である。条件 (13.23) に行列 R の定義を代入すると $(B_\perp)^{\mathrm{T}} \left(R - C^{\mathrm{T}}C/\epsilon^2\right) B_\perp > O$ であるが，$B_\perp = R^{-1/2}\tilde{B}_\perp$ ととることができる（演習問題【3】）ので，この条件は $(\tilde{B}^\perp)^{\mathrm{T}} \left(I - \tilde{C}^{\mathrm{T}}\tilde{C}\right) \tilde{B}^\perp > O$ となる。ここで，$(\tilde{B}_\perp)^+ = ((\tilde{B}_\perp)^{\mathrm{T}} \tilde{B}_\perp)^{-1} (\tilde{B}^\perp)^{\mathrm{T}}$

より，さらにこの条件は $(\tilde{B}^\perp)^+ \left(I - \tilde{C}^\mathrm{T}\tilde{C}\right)((\tilde{B}^\perp)^+)^\mathrm{T} > O$ となる。すると，$X = -\tilde{B}^+\tilde{C}^\mathrm{T}$ について不等式 (13.25) が成り立つので，その X は不等式 (13.22) を満たす。 △

定理 13.12 を用いることで，不等式 (13.20) は，つぎのように等価な線形行列不等式に変形することができることに注意する。つまり，不等式 (13.21) に定理 13.12 を適用する（$AX + XA^\mathrm{T}$ を定理 13.12 の Q と考えよ）と

$$(B_\perp)^\mathrm{T}\left(AX + XA^\mathrm{T}\right)B_\perp < O, \quad X > O \tag{13.26}$$

を得る。これは変数 X に関する線形行列不等式である。行列不等式 (13.26) が解 $X > O$ をもつとき，式 (13.20) での変数 K の求め方は演習とする（演習問題【4】）。

********** 演 習 問 題 **********

【1】 定理 13.3 の証明を完結させよ。

【2】 定理 13.10 の証明を完結させよ。

【3】 行列 $B \in \mathbb{R}^{n \times m}$ と正則行列 $S \in \mathbb{R}^{n \times n}$ を考える。このとき，$(SB)_\perp = S^{-\mathrm{T}}B_\perp$ と選ぶことができることを示せ。

【4】 不等式 (13.26) の解 $X > O$ が得られたときに，不等式 (13.20) を満たす変数 K を求める方法を述べよ。

14

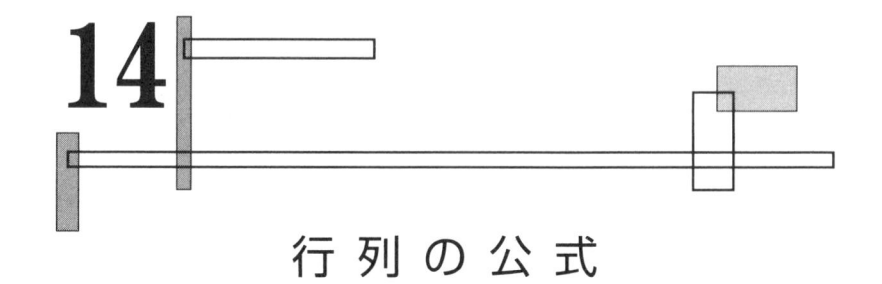

行 列 の 公 式

行列に関する公式を集めてみた。行列式や逆行列などの行列の演算に関する公式と，行列指数関数に関する公式である。

14.1 行列式と逆行列に関する公式

この節での行列は，その成分が，実数または複素数のように体の要素であればよい。体を $\mathbb{F}$ とするとき，$m \times n$ 行列を $\mathbb{F}^{m \times n}$ のように書くのであった。1章の記法を参照されたい。

14.1.1 行　列　式

行列式の定義は，1.2.1項で述べた。

公式 1.　$A \in \mathbb{F}^{n \times n}$ のとき $\det A^\mathrm{T} = \det A$ である。

公式 2.　$A \in \mathbb{C}^{n \times n}$ のとき $\det A^\mathrm{H} = \overline{\det A}$ である。

公式 3.　$A, B \in \mathbb{F}^{n \times n}$ のとき $\det AB = \det A \det B$ である。

公式 4.　$A \in \mathbb{F}^{n \times n}$, $B \in \mathbb{F}^{n \times m}$, $C \in \mathbb{F}^{m \times n}$, $D \in \mathbb{F}^{m \times m}$ として
$$E = \begin{bmatrix} A & B \\ C & D \end{bmatrix} \in \mathbb{F}^{(n+m) \times (n+m)}$$
のとき A が正則行列ならば $\det E = \det A \det \left(D - CA^{-1}B \right)$，$D$ が正則行列ならば $\det E = \det D \det \left(A - BD^{-1}C \right)$ である。

14.1 行列式と逆行列に関する公式

公式 5. $A \in \mathbb{F}^{n \times n}$, $b \in \mathbb{F}^n$, $c \in \mathbb{F}^{1 \times n}$, $d \in \mathbb{F}$ として

$$E = \begin{bmatrix} A & b \\ c & d \end{bmatrix} \in \mathbb{F}^{(n+1) \times (n+1)}$$

のとき $\det E = d \det A + c \operatorname{adj} A b$ である。

公式 6. $A \in \mathbb{F}^{m \times n}$, $B \in \mathbb{F}^{n \times m}$ のとき $\det(I_n - BA) = \det(I_m - AB)$ である。

14.1.2 逆 行 列

逆行列については，1.3 節を参照されたい。

公式 7. $A \in \mathbb{F}^{n \times n}$, $B \in \mathbb{F}^{n \times n}$ はともに正則行列とする。このとき，$(AB)^{-1} = B^{-1}A^{-1}$ である。

公式 8. $A \in \mathbb{F}^{n \times n}$ のとき $\left(A^{\mathrm{T}}\right)^{-1} = \left(A^{-1}\right)^{\mathrm{T}}$ である。

公式 9. $A \in \mathbb{C}^{n \times n}$ のとき $\left(A^{\mathrm{H}}\right)^{-1} = \left(A^{-1}\right)^{\mathrm{H}}$ である。

公式 10. $A \in \mathbb{F}^{n \times n}$, $B \in \mathbb{F}^{n \times m}$, $C \in \mathbb{F}^{m \times n}$, $D \in \mathbb{F}^{m \times m}$ として

$$E = \begin{bmatrix} A & B \\ C & D \end{bmatrix} \in \mathbb{F}^{(n+m) \times (n+m)}$$

は正則行列であるとする。A が正則行列ならば $D - CA^{-1}B$ もまた正則行列となって

$$E^{-1} = \begin{bmatrix} A^{-1} + A^{-1}B\left(D - CA^{-1}B\right)^{-1}CA^{-1} & -A^{-1}B\left(D - CA^{-1}B\right)^{-1} \\ -\left(D - CA^{-1}B\right)^{-1}CA^{-1} & \left(D - CA^{-1}B\right)^{-1} \end{bmatrix}$$

であり，D が正則行列ならば $A - BD^{-1}C$ もまた正則行列となって

$$E^{-1} = \begin{bmatrix} \left(A - BD^{-1}C\right)^{-1} & -D^{-1}C\left(A - BD^{-1}C\right)^{-1} \\ -\left(A - BD^{-1}C\right)^{-1}BD^{-1} & D^{-1} + D^{-1}C\left(A - BD^{-1}C\right)^{-1}BD^{-1} \end{bmatrix}$$

である。

公式 11. $A \in \mathbb{F}^{n \times n}$, $B \in \mathbb{F}^{n \times m}$, $D \in \mathbb{F}^{m \times m}$ として

$$E = \begin{bmatrix} A & B \\ O & D \end{bmatrix} \in \mathbb{F}^{(n+m) \times (n+m)}$$

とする．このとき，E が正則行列であるためには，A, D がともに正則行列であることが必要十分であり，そのときには

$$E^{-1} = \begin{bmatrix} A^{-1} & -A^{-1}BD^{-1} \\ O & D^{-1} \end{bmatrix}$$

である．

公式 12. $A \in \mathbb{F}^{n \times n}$, $B \in \mathbb{F}^{n \times m}$, $C \in \mathbb{F}^{m \times n}$, $D \in \mathbb{F}^{m \times m}$ として，A および D は正則行列であるとする．このとき，$A - BD^{-1}C$ が正則行列であれば

$$\left(A - BD^{-1}C\right)^{-1} = A^{-1} + A^{-1}B\left(D - CA^{-1}B\right)^{-1}CA^{-1}$$

である．

公式 13. $A \in \mathbb{F}^{n \times n}$, $b \in \mathbb{F}^n$, $c \in \mathbb{F}^{1 \times n}$ として，A は正則行列であるとする．このとき $1 \neq cA^{-1}b$ ならば

$$\left(A - bc\right)^{-1} = A^{-1} + \frac{A^{-1}bcA^{-1}}{1 - cA^{-1}b}$$

である．

公式 14. $A \in \mathbb{F}^{m \times n}$, $B \in \mathbb{F}^{n \times m}$ とする．このとき，つぎの一方の逆行列があれば他方も逆行列がとれて，$(I_m - AB)^{-1}A = A(I_n - BA)^{-1}$ である．

14.1.3 微分

変数 t をもつ行列値をとる関数 $A(t) \in \mathbb{C}^{n \times n}$ があり，その (i,j) 成分 $a_{ij}(t)$ は t に関して微分可能とする．

公式 15.

$$\frac{d}{dt}\det A(t) = \operatorname{tr}\left(\frac{dA(t)}{dt}\operatorname{adj} A(t)\right).$$

公式 16. もし $A(t)$ が正則であれば

$$\frac{d}{dt}A(t)^{-1} = -A(t)^{-1}\left(\frac{d}{dt}A(t)\right)A(t)^{-1}$$

である.

14.1.4 トレース

行列のトレースは，1.1.2項で定義した．

公式 17. 行列 $A \in \mathbb{F}^{n \times m}$, $B \in \mathbb{F}^{m \times n}$ について，$\mathrm{tr}(AB) = \mathrm{tr}(BA)$ である.

14.2 行列指数関数に関する公式

行列指数関数は，6.3節では行列関数としてその定義を与えたが，線形微分方程式との関連も重要である．まず基本となる結果を示す．

【定理 14.1】 行列 $A \in \mathbb{C}^{n \times n}$ を与えるときに，行列の線形微分方程式
$$\frac{d}{dt}X(t) = AX(t), \quad X(0) = I_n \tag{14.1}$$
の唯一解は，$X(t) = \mathrm{e}^{At}$ である．

証明 方程式 (14.1) の解の一意性は，微分方程式の一般的な議論より得られるので省略する．行列 A をジョルダン標準形へ，$A = TJT^{-1}$ と相似変換する．固有値 λ のサイズが σ のジョルダンブロック $J_{\lambda,\sigma}$ を考えると，式 (6.7) より

$$\mathrm{e}^{J_{\lambda,\sigma}t} = \begin{bmatrix} \mathrm{e}^{\lambda t} & \lambda \mathrm{e}^{\lambda t} & \cdots & \frac{\lambda^{\sigma-1}}{(\sigma-1)!}\mathrm{e}^{\lambda t} \\ 0 & \mathrm{e}^{\lambda t} & \lambda \mathrm{e}^{\lambda t} & \ddots \\ \vdots & \ddots & \ddots & \ddots \\ 0 & \cdots & 0 & \mathrm{e}^{\lambda t} \end{bmatrix}$$

なので，直接微分を計算することにより $(d/dt)\mathrm{e}^{J_{\lambda,\sigma}t} = J_{\lambda,\sigma}\mathrm{e}^{J_{\lambda,\sigma}t}$ である．また，$\mathrm{e}^{J_{\lambda,\sigma}0} = I_\sigma$ である．このとき，式 (6.8) より $(d/dt)\mathrm{e}^{At} = T(d/dt)\mathrm{e}^{Jt}T^{-1} = TJT^{-1}T\mathrm{e}^{Jt}T^{-1} = A\mathrm{e}^{At}$, $\mathrm{e}^{A0} = I_n$ である．したがって，解の一意性より $X(t) = \mathrm{e}^{At}$ は所望の解である． △

公式 18.
$$\det \mathrm{e}^{At} = \mathrm{e}^{\mathrm{tr}\,At}.$$

公式 19. ブロック行列
$$A = \begin{bmatrix} A_{11} & A_{12} \\ O & A_{22} \end{bmatrix}$$
を A_{11}, A_{22} が正方行列になるようにとるとき，以下が成り立つ．
$$\mathrm{e}^{At} = \begin{bmatrix} \mathrm{e}^{A_{11}t} & \int_0^t \mathrm{e}^{A_{11}(t-\tau)} A_{12} \mathrm{e}^{A_{22}\tau} d\tau \\ O & \mathrm{e}^{A_{22}t} \end{bmatrix}.$$

公式 20.
$$\mathrm{e}^{(A+B)t} - \mathrm{e}^{At} = \int_0^t \mathrm{e}^{(A+B)(t-\tau)} B \mathrm{e}^{A\tau} d\tau.$$

公式 21. $A, B \in \mathbb{C}^{n \times n}$ が $AB = BA$ を満たせば，$\mathrm{e}^{(A+B)t} = \mathrm{e}^{At}\mathrm{e}^{Bt}$ である．

公式 22. $\mathrm{e}^{At_1}\mathrm{e}^{At_2} = \mathrm{e}^{A(t_1+t_2)}$.

********** 演 習 問 題 **********

【1】 公式 1 ~ 21 を示せ．

引用・参考文献

1) 足立修一：信号とダイナミカルシステム，コロナ社 (1999)
2) 有馬　哲：線型代数入門，東京図書 (1974)
3) 今井秀樹：情報理論，昭晃堂 (1984)
4) 井村順一：システム制御のための安定論，コロナ社 (2000)
5) 彌永昌吉，布川正巳：代数学，岩波書店 (1968)
6) 彌永昌吉，有馬　哲，浅枝　陽：詳解代数入門，東京図書 (1990)
7) 伊理正夫，韓　太舜：線形代数，教育出版 (1977)
8) 岩崎徹也：LMI と制御，昭晃堂 (1997)
9) 梶原宏之：線形システム制御入門，コロナ社 (2000)
10) 草場公邦：すうがくぶっくす 2，線形代数，朝倉書店 (1988)
11) 児玉慎三，須田信英：システム制御のためのマトリクス理論，計測自動制御学会 (1978)
12) 志賀浩二：線形代数 30 講，朝倉書店 (1988)
13) 須田信英：線形システム理論，朝倉書店 (1993)
14) 西村敏充，狩野弘之：制御のためのマトリックス・リカッチ方程式，朝倉書店 (1996)
15) 萩原朋道：ディジタル制御入門，コロナ社 (1999)
16) 山本　裕：システムと制御の数学，朝倉書店 (1998)
17) S. Bittanti, A.J. Laub and J.C. Willems (Eds.)：The Riccati Equation, Springer Verlag (1991)
18) F.R. Gantmacher：Matrix Theory, vol. I, II, Chelsea Publishing Company (1959)
19) G.H. Golub and C.F. Van Loan：Matrix Computations, 3rd edition, The Johns Hopkins University Press (1996)
20) R.E. Kalman, P.A. Falb and M.A. Arbib：Topics in Mathematical System Theory, McGraw-Hill (1969)
21) C.B. Moler and C.F. Van Loan：Ninteen Dubious Ways to Compute the Exponential of a Matrix, SIAM Review, **20**, pp.801–836 (1978)

22) W.J. Rugh : Linear System Theory, Prentice Hall (1993)
23) G.W. Stewart：On the Early History of the Singular Value Decomposition, SIAM Review, **35**, 4, pp.551–566 (1993)
24) L. Vandenberghe and S. Boyd：Semidefinite Programming, SIAM Review, **38**, 1, pp.49–95 (1996)

　本書を執筆するにあたって多くの線形代数学の本を参考にした。教科書という性格上，あまりに多くの参考文献を挙げることはできないが，文献 2) は詳細な記述があり，文献 7) は別の視点を提供してくれることで参考になる。線形代数をわかりやすく読めるように工夫した本づくりも目立つ。代表的なものに文献 10),12) がある。行列に関する数値計算については，文献 19) は多いに参考になる。

　文献 18) は，出版されて 40 年になるが，システム制御の観点からの行列の本として多くの題材を集めており，一読の価値がある。邦書の文献 11) は，システム制御に携わる者にとって，行列に関する手引書として貴重である。また，最近出版された文献 16) は，数理的な概念がどのようにシステム制御に役立つかを理解するのによい。

　線形システム理論に関する本は数多くあるが，ここでは，文献 13),22) を挙げておく。特に，文献 22) の参考文献リストは，線形システム理論関連の文献検索に都合がよい。本書の内容をどのように制御に利用するかは，文献 1), 4), 8), 9), 15) を参考にしていただきたい。

演習問題の解答

1章

【1】 (a) $A+B = (a_{ij}+b_{ij}) = (b_{ij}+a_{ij}) = B+A$, $A+(B+C) = (a_{ij}+(b_{ij}+c_{ij})) = ((a_{ij}+b_{ij})+c_{ij}) = (A+B)+C$ より交換法則，結合法則が成り立つ。

(b) 例えば
$$A = \begin{bmatrix} 1 & 2 \\ 2 & 1 \end{bmatrix}, \quad B = \begin{bmatrix} 2 & 0 \\ 1 & 1 \end{bmatrix}$$
とすれば
$$AB = \begin{bmatrix} 4 & 2 \\ 5 & 1 \end{bmatrix} \neq \begin{bmatrix} 2 & 4 \\ 3 & 3 \end{bmatrix} = BA$$
となるので，交換法則は成り立たない。$A(BC) = (\alpha_{ij})$, $(AB)C = (\beta_{ij})$ とすると $\alpha_{ij} = \sum_k a_{ik}\left(\sum_\ell b_{k\ell}c_{\ell j}\right) = \sum_\ell \sum_k (a_{ik}b_{k\ell})c_{\ell j} = \beta_{ij}$ であるので，結合法則が成り立つ。

(c) 例えば
$$A = \begin{bmatrix} 1 & -1 \\ 2 & -2 \end{bmatrix}, \quad B = \begin{bmatrix} 2 & 1 \\ 2 & 1 \end{bmatrix}$$
とすれば，$A \neq O$ かつ $B \neq O$ ではあるが，$AB = O$ である。

【2】 行列 AB の (i,j) 成分（ただし $1 \leqq i \leqq m$, $1 \leqq j \leqq n$）は $\sum_k a_{ik}b_{kj}$ である。これは，行列 $B^T A^T$ の (j,i) 成分 $\sum_k b_{kj}a_{ik}$ に等しいので，$B^T A^T = (AB)^T$ である。共役転置行列についての証明も同様であるので省略する。

【3】 互換 $q \in \mathcal{P}(n)$ を定理 1.1 の証明のようにとる。$q \circ p \in \mathcal{P}(n)$ は自明である。一方，$q \circ q = (1, 2, \cdots, n)$ に注意すれば，任意の $p \in \mathcal{P}(n)$ について $q \circ (q \circ p) = (q \circ q) \circ p = p$ となるので，$\mathcal{P}(n) = \{q \circ p : p \in \mathcal{P}(n)\}$ である。また，q は互換ゆえ，$\operatorname{sgn} q \circ p = -\operatorname{sgn} p$ に注意すると
$$\det \begin{bmatrix} a_1 & \cdots & a_i & \cdots & a_j & \cdots & a_n \end{bmatrix}$$

$$= \sum_{p \in \mathcal{P}(n)} \operatorname{sgn} p \prod_{i=1}^{n} a_{ip(i)} = \sum_{p \in \mathcal{P}(n)} \operatorname{sgn}(q \circ p) \prod_{i=1}^{n} a_{i(q \circ p)(i)}$$

$$= \sum_{p \in \mathcal{P}(n)} (-\operatorname{sgn} p) \prod_{i=1}^{n} a_{i(q \circ p)(i)}$$

$$= -\det \begin{bmatrix} a_1 & \cdots & a_j & \cdots & a_i & \cdots & a_n \end{bmatrix}$$

である。

【4】 $p \in \mathcal{P}(n)$ とするとき $(p^{-1})^{-1} = p$ であるので, $\mathcal{P}(n) = \{p^{-1} : p \in \mathcal{P}(n)\}$ である。また, $1 = \operatorname{sgn}(p^{-1} \circ p) = \operatorname{sgn} p^{-1} \operatorname{sgn} p$ より $\operatorname{sgn} p^{-1} = \operatorname{sgn} p$ である。ここで, $p(p^{-1}(i)) = i$ を用いると $\prod_{i=1}^{n} a_{ip^{-1}(i)} = \prod_{i=1}^{n} a_{p(i)p(p^{-1}(i))} = \prod_{i=1}^{n} a_{p(i)i}$ となるので

$$\det A = \sum_{p \in \mathcal{P}(n)} \operatorname{sgn} p \prod_{i=1}^{n} a_{ip(i)} = \sum_{p^{-1} \in \mathcal{P}(n)} \operatorname{sgn} p^{-1} \prod_{i=1}^{n} a_{ip^{-1}(i)}$$

$$= \sum_{p \in \mathcal{P}(n)} \operatorname{sgn} p \prod_{i=1}^{n} a_{p(i)i} = \det A^{\mathrm{T}}$$

を得る。

【5】 ヒントのように $\mathcal{P}_1, \mathcal{P}_2$ を定める。もし $p \in \mathcal{P}_1$ ならば, A のブロック構造より, ある $m < i_0 \leqq n$ について $a_{i_0 p(i_0)} = 0$ となる。したがって, $\prod_{i=1}^{n} a_{ip(i)} = 0$ である。一方, $\mathcal{P}_2$ はつぎのようにして $\mathcal{P}(m) \times \mathcal{P}(n-m)$ と同一視される。写像 $\psi : \mathcal{P}(m) \times \mathcal{P}(n-m) \to \mathcal{P}_2$ を $p_1 \in \mathcal{P}(m)$ と $p_2 \in \mathcal{P}(n-m)$ とするとき, $p \in \mathcal{P}_2$ を $1 \leqq i \leqq m$ について $p(i) = p_1(i)$, $m+1 \leqq i \leqq n$ について $p(i) = p_2(i-m) + m$ として, $\psi(p_1, p_2) = p$ とする。ψ は単射 $((p_1, p_2) \neq (q_1, q_2)$ ならば $\psi(p_1, p_2) \neq \psi(q_1, q_2)$) である。集合 $\mathcal{P}(m) \times \mathcal{P}(n-m)$ の要素数は, $m!(n-m)!$ である。もし $p \in \mathcal{P}_2$ とすれば, $1 \leqq i \leqq m$ については $1 \leqq p(i) \leqq m$, $m < i \leqq n$ については $m < p(i) \leqq n$ とならなくてはならないので, そのような置換の総数は, $m!(n-m)!$ である。したがって, ψ は全射 (任意の $p \in \mathcal{P}_2$ について $\psi(p_1, p_2) = p$ となる $(p_1, p_2) \in \mathcal{P}(m) \times \mathcal{P}(n-m)$ がある) である。したがって, 式 (1.1) は

$$\det A$$
$$= \sum_{p \in \mathcal{P}(n)} \operatorname{sgn} p \prod_{i=1}^{n} a_{ip(i)} = \sum_{p \in \mathcal{P}_2} \operatorname{sgn} p \prod_{i=1}^{n} a_{ip(i)}$$

$$= \sum_{(p_1,p_2)\in \mathcal{P}(m)\times \mathcal{P}(n-m)} \operatorname{sgn} p_1 \operatorname{sgn} p_2 \prod_{i=1}^{m} a_{ip_1(i)} \prod_{i=m+1}^{n} a_{ip_2(i-m)+m}$$

$$= \left(\sum_{p_1 \in \mathcal{P}(m)} \operatorname{sgn} p_1 \prod_{i=1}^{m} a_{ip_1(i)} \right)$$

$$\times \left(\sum_{p_2 \in \mathcal{P}(n-m)} \operatorname{sgn} p_2 \prod_{i=m+1}^{n} a_{ip_2(i-m)+m} \right)$$

$$= \det A_{11} \det A_{22}$$

となる.

- 【6】 **定理 1.7** より正則行列 A は $\det A \neq 0$ を満たすが, **定理 1.2** より $\det A^{\mathrm{T}} \neq 0$ となるので, 再び**定理 1.7** を用いると, A^{T} が正則行列であることがわかる. 演習問題【2】より, $A^{\mathrm{T}}(A^{-1})^{\mathrm{T}} = (A^{-1}A)^{\mathrm{T}} = I$ および $(A^{-1})^{\mathrm{T}} A^{\mathrm{T}} = (AA^{-1})^{\mathrm{T}} = I$ となるので, $(A^{\mathrm{T}})^{-1} = (A^{-1})^{\mathrm{T}}$ である. 共役転置行列についての証明も同様であるので省略する.

- 【7】 **定理 1.5** より, $\det A \det B = \det AB = 1 \neq 0$ なので $\det A \neq 0$ である. すると, **定理 1.7** より A は逆行列をもつ. $C = A^{-1} \in \mathbb{F}^{n\times n}$ とおく. このとき $C = C(AB) = (CA)B = B$ である. したがって, $BA = I$ を得る. 後半であるが, 与えられた A, B に関しての計算は省略する.

- 【8】 行列

$$\begin{bmatrix} A_{11}^{-1} & O \\ O & A_{22}^{-1} \end{bmatrix}$$

を考えると, 実際に計算することにより A の逆行列であることがわかる.

2章

- 【1】 **例 2.1** $x+y$ と $y+x$ の第 i 成分は, $\xi_i + \eta_i = \eta_i + \xi_i$ となるので $x+y = y+x$ である. z の第 i 成分を ζ_i として, $x+(y+z)$ および $(x+y)+z$ の第 i 成分を見ると, $x_i + (y_i + z_i) = (x_i + y_i) + z_i$ となるので結合法則が成り立つ. 零元はすべての成分が 0 であるベクトル, 逆元 $-x$ はその第 i 成分が $-\xi_i$ であるベクトルである. $1x$ の第 i 成分は $1 \times \xi_i = \xi_i$ なので $1x = x$, $\alpha(\beta x)$ の第 i 成分は $\alpha(\beta \xi_i) = (\alpha\beta)\xi_i$ なので $\alpha(\beta x) = (\alpha\beta)x$, $\alpha(x+y)$ の第 i 成分は $\alpha(\xi_i + \eta_i) = \alpha\xi_i + \alpha\eta_i$ なので $\alpha(x+y) = \alpha x + \alpha y$, $(\alpha+\beta)x$ の第 i 成分は $(\alpha+\beta)\xi_i = \alpha\xi_i + \beta\xi_i$ なので $(\alpha+\beta)x = \alpha x + \beta x$ がそれぞれ成り立つので, スカラー倍に関する性質も満たされている. 以上より, $\mathbb{R}^n$ は線形空間である.

例 2.2　例 2.1 と同様である。

例 2.3 および例 2.4　和とスカラー倍についての証明は**例 2.1** とほとんど同じなので省略する。零元はすべての係数が 0 である多項式，逆元はすべての係数がスカラーとしての逆元になる多項式である。

例 2.5　和 $f+g$ を本文のように定める。任意の $\epsilon > 0$ について，$\delta > 0$ を $|t-s| < \delta$ ならば $|f(t) - f(s)| < \epsilon/2$, $|g(t) - g(s)| < \epsilon/2$ を満たすように選ぶ。このとき，$|(f+g)(t) - (f+g)(s)| = |f(t) - f(s) + g(t) - g(s)| \leq |f(t) - f(s)| + |g(t) - g(s)| < \epsilon$ となるので，$f+g$ もまた連続関数である。スカラー倍 αf についても同様に連続関数であることを示すことができる。線形空間が満たすべき和とスカラー倍の性質が成り立つことは，**例 2.1** の証明の第 i 成分を $t \in [0,1]$ での値と置き換えることにより示すことができる。零元はすべての $t \in [0,1]$ で $f(t) = 0$ となる連続関数，逆元はすべての t について $(-f)(t) = -f(t)$ を満たす連続関数である。

例 2.6　例 2.5 と同様である。

【2】 必要性　R が一次従属なので，すべてが 0 ではないスカラーを用いて，$\alpha_1 x_1 + \cdots + \alpha_j x_j + \cdots + \alpha_k x_k = 0$ が成り立つ。ここで，$\alpha_j \neq 0$ であるとき，$1 \leq i \leq k$, $i \neq j$ について $\beta_i = -\alpha_i/\alpha_j$ と定めると，$x_j = \beta_1 x_1 + \cdots \beta_{j-1} x_{j-1} + \beta_{j+1} x_{j+1} + \cdots + \beta_k x_k$ である。

十分性　$x_j = \beta_1 x_1 + \cdots \beta_{j-1} x_{j-1} + \beta_{j+1} x_{j+1} + \cdots + \beta_k x_k$ であるとき，$1 \leq i \leq k, i \neq j$ について $\alpha_i = -\beta_i$ とし，$\alpha_j = 1$ と定めると $\alpha_1 x_1 + \cdots + \alpha_k x_k = 0$ であるので，R は一次従属である。

【3】　$\mathbb{R}^2$ のベクトル $x_1 = [\,1\ 0\,]^T$, $x_2 = [\,0\ 1\,]^T$, $x_3 = [\,1\ 1\,]^T$ が例になる。

【4】　$X_\mathbb{R}$ が和に関する 4 性質，スカラー倍（この場合は実数倍）に関する 4 性質を満たすことは，X がそれらの性質を満たすことから結論できる。つまり，$X_\mathbb{R}$ は実線形空間である。$R \subset X$ を X の一次独立な集合とする。$\{x_1, x_2, \cdots, x_k\} \subset R$ とする。$i = 1, \cdots, k$ について，$\alpha_i \in \mathbb{R}$, $\beta_i \in \mathbb{R}$ として

$$\alpha_1 x_1 + \beta_1 j x_1 + \cdots + \alpha_k x_k + \beta_k j x_k$$
$$= (\alpha_1 + j\beta_1) x_1 + \cdots + (\alpha_k + j\beta_k) x_k = 0$$

とおくと，R が一次独立であるので，$i = 1, \cdots, k$ について $\alpha_i + j\beta_i = 0$ である。つまり，$\alpha_i = \beta_i = 0$ となるので，$R_\mathbb{R}$ は $X_\mathbb{R}$ の一次独立な集合である。

【5】 S は極大一次独立な集合なので (**定理 2.3**)，$S \cup \{x\}$ は $x = x_i$ となる i がなければ一次従属である (そのような i があれば $x = x_i$ と書けることに注意せよ)。したがって，$\alpha'_1 x_1 + \cdots + \alpha'_n x_n + \beta x = 0$ となるすべてが 0 ではないスカラー $\alpha'_1, \cdots, \alpha'_n, \beta$ がある。もし，$\beta = 0$ とすれば S が一次独立であることに反するので，$\beta \neq 0$ である。そこで，$\alpha_i = -\alpha'_i/\beta$ とおくと，x は S の要素の一次結合で表されている。係数の一意性については各自考慮されたい。

【6】 (a) $\mathbb{R}^2$ の単位ベクトル e_1, e_2 を用いて $v = e_1 + e_2$ とする。部分空間を $S = \mathrm{span}\{v\}$，$T = \mathrm{span}\{e_1\}$，$U = \mathrm{span}\{e_2\}$ と定める。このとき，$S \cap (T + U) = S$，$(S \cap T) + (S \cap U) = (0)$ なので，分配法則は成り立たない。

(b) (a) と同じ部分空間を考える。$S + (T \cap U) = S$，$(S + T) \cap (S + U) = \mathbb{R}^2$ なので，分配法則は成り立たない。

【7】 一次結合 $\alpha_1 x_1 + \cdots + \alpha_n x_n = 0$ を考える。すると，$\alpha_1 x_1 + \cdots + \alpha_r x_r = -\alpha_{r+1} x_{r+1} - \cdots - \alpha_n x_n$ となるが，左辺は S の要素，右辺は T の要素であり，$S \cap T = (0)$ を考慮すると両者とも 0 である。すると，$\{x_1, \cdots, x_r\}$ は一次独立なので，$\alpha_1 = \cdots = \alpha_r = 0$ である。同様に，$\alpha_{r+1} = \cdots = \alpha_n = 0$ を得る。ゆえに，$\{x_1, \cdots, x_n\}$ は一次独立である。つぎに，$x \in X$ を任意にとる。$S + T = X$ なので，$x = x_S + x_T$ となる $x_S \in S$，$x_T \in T$ がある。x_S は $\{x_1, \cdots, x_r\}$ の一次結合，x_T は $\{x_{r+1}, \cdots, x_n\}$ の一次結合で表されるので，x は $\{x_1, \cdots, x_n\}$ の一次結合で表される。したがって，$\{x_1, \cdots, x_n\}$ は極大一次独立な集合になるので，**定理 2.3** より基底である。

【8】 多項式 $P, Q \in S_1$ とする。すると，$(\alpha P + \beta Q)(1) = \alpha P(1) + \beta Q(1) = 0$ であるから $\alpha P + \beta Q \in S_1$ である。したがって，S_1 は部分空間である。同様に，S_2 も部分空間である。$P_0(s) = (s-1)(s-2)$ とおく。$S_1 \cap S_2$ の元は $s = 1$ および $s = 2$ を代入して 0 になるので，P_0 で割り切れなければならない。その性質をもった 2 次以下の多項式は，α を実数として，αP_0 という形に限られる。つまり，$S_1 \cap S_2 = \{\alpha P_0 : \alpha$ は実数$\}$ である。つぎに，$P_1(s) = (s-1)$，$P_2(s) = (s-2)$ とおく。$P_1 \in S_1$，$P_2 \in S_2$ は明らかである。スカラー α, β, γ を任意に与えるとき

$$\alpha s^2 + \beta s + \gamma 1$$
$$= \alpha P_0(s) + (4\alpha + 2\beta + \gamma) P_1(s) - (\alpha + \beta + \gamma) P_2(s)$$

であるので，$S_1 + S_2 = \mathbb{R}_2[s]$ である．

【9】 任意に $x \in X$ を考えると，$x - x = 0 \in S$ なので $x \sim x$ である．つぎに，$x \sim y$ である $x, y \in X$ を考える．このとき，$x - y \in S$ であるが，すると $y - x = -(x - y) \in S$ なので $y \sim x$ である．最後に，$x \sim y$，$y \sim z$ である $x, y, z \in X$ を考える．すると，$x - y \in S$，$y - z \in S$ なので $x - z = (x - y) + (y - z) \in S$ である．つまり，$x \sim z$ を得る．したがって，この関係は同値関係である．

3章

【1】 線形性については，いずれも容易なので各自確かめられたい．残りは，それぞれが写像として定義可能であることを述べる必要がある．これも，**例 3.1 ～例 3.3** については容易であろう．**例 3.4** については，以下のようにすればよい．正数 $\epsilon > 0$ を任意に与える．$\eta > 0$ を $\eta^2 + \eta(|f(t)| + |g(t)|) < \epsilon$ を満たすように選ぶ（左辺は η の 2 次式で，$\eta = 0$ のとき 0 になるので，正数 η をこの不等式を満たすように選ぶことができる）．$\delta > 0$ を，$|t - s| < \delta$ ならば $|f(t) - f(s)| < \eta$，$|g(t) - g(s)| < \eta$ を満たすように選ぶ．すると

$$|f(t)g(t) - f(s)g(s)|$$
$$= |f(t)(g(t) - g(s)) + (f(t) - f(s))(g(t) + g(s) - g(t))|$$
$$\leq |f(t)|\eta + \eta(|g(t)| + \eta) < \epsilon$$

であるので，$M_g f$ もまた連続関数である．**例 3.5** は各自考えられたい．

【2】 $g_1, g_2, g \in C([0,1])$ とする．$f \in C([0,1])$ に対して，$((M_{g_1} + M_{g_2})f)(t) = g_1(t)f(t) + g_2(t)f(t) = g_2(t)f(t) + g_1(t)f(t) = ((M_{g_2} + M_{g_1})f)(t)$ より $M_{g_1} + M_{g_2} = M_{g_2} + M_{g_1}$ となるので，加法の交換法則が成り立つ．加法の結合法則も同様に証明できるので省略する．恒等的に 0 である関数 $0 \in C([0,1])$ を考えると，$((M_0 + M_g)f)(t) = g(t)f(t) = (M_g f)(t)$ より $M_0 + M_g = M_g$ である．同様に，$M_g + M_0 = M_g$ となるので M_0 は加法の単位元である．$((M_g + M_{-g})f)(t) = g(t)f(t) + (-g(t)f(t)) = 0 = (M_0 f)(t)$ より，$M_g + M_{-g} = M_0$ である．同様に，$M_{-g} + M_g = M_0$ となるので，M_{-g} は M_g の加法の逆元である．$(((M_{g_1} + M_{g_2})M_g)f)(t) = g_1(t)g(t)f(t) + g_2(t)g(t)f(t) = ((M_{g_1}M_g)f)(t) + ((M_{g_2}M_g)f)(t)$ より $(M_{g_1} + M_{g_2})M_g = M_{g_1}M_g + M_{g_2}M_g$ となるので，分配法則が成り立つ．$((M_{g_1}M_{g_2})f)(t) = g_1(t)g_2(t)f(t) = g_2(t)g_1(t)f(t) = ((M_{g_2}M_{g_1})f)(t)$ より $M_{g_1}M_{g_2} = M_{g_2}M_{g_1}$ となり，交換法則が成り立つ．以上より，

$C([0,1])$ は可換な環になっている。乗法の単位元は，恒等的に 1 をとる関数 $1 \in C([0,1])$ である。

【3】 線形変換 $N = I + M + \cdots + M^{k-1}$ を考える。$N(I - M) = I$ より $(I - M)$ は単射であり，$(I - M)N = I$ より $(I - M)$ は全射であるので，$(I - M)$ は正則な写像である。

【4】 $z \in Z$ とすると，M, N が全射であるので，$z = Ny$, $y = Mx$ となる $y \in Y$, $x \in X$ がある。すると，$z = NMx$ なので NM も全射である。また，$x_1 \neq x_2$ とすれば，M が単射であるので $Mx_1 \neq Mx_2$ であり，N が単射であるので $NMx_1 \neq NMx_2$ である。これは，NM が単射であることを述べている。したがって，NM は正則である。つぎに，任意の $z \in Z$ について $NM(M^{-1}N^{-1}z) = N(N^{-1}z) = z$ であるから，$(NM)^{-1} = M^{-1}N^{-1}$ である。

【5】 行列を $A_1 = (a_{1,ij})$, $A_2 = (a_{2,ij})$ とする。このとき，$(M_1 + M_2)x_j = M_1 x_j + M_2 x_j = \sum_{i=1}^m a_{1,ij} y_i + \sum_{i=1}^m a_{2,ij} y_i = \sum (a_{1,ij} + a_{2,ij}) y_i$ より，$M_1 + M_2$ の行列表示は $A_1 + A_2$ である。同様に，αM の行列表示は αM である。つぎに，$Mx_k = \sum_{j=1}^m a_{jk} y_j$, $Ny_j = \sum_{i=1}^\ell b_{ij} z_i$ より，$NMx_k = \sum_{j=1}^m a_{jk} Ny_j = \sum_{j=1}^m \sum_{i=1}^\ell a_{jk} b_{ij} z_i = \sum_{i=1}^\ell \left(\sum_{j=1}^m b_{ij} a_{jk} \right) z_i$ である。これより，NM の行列表示は BA である。最後に，M^{-1} の行列表示を $B = (b_{ij})$ とする。$Mx_j = \sum_{i=1}^n a_{ij} y_i$ および $M^{-1} y_k = \sum_{j=1}^n b_{jk} x_j$ より，$MM^{-1} y_k = \sum_{j=1}^n b_{jk} Mx_j = \sum_{j=1}^n b_{jk} \sum_{i=1}^n a_{ij} y_i = \sum_{i=1}^n \left(\sum_{j=1}^n a_{ij} b_{jk} \right) y_i$ である。ここで，$\{y_1, \cdots, y_n\}$ は一次独立だから，$\sum_{j=1}^n a_{ij} b_{ji} = 1$ および $i \neq k$ ならば，$\sum_{j=1}^n a_{ij} b_{jk} = 0$ を得る。つまり，$AB = I$ である。すると，1 章の演習問題 **【7】** より $B = A^{-1}$ となる。

【6】 行列 T は $\mathbb{F}^n$ から $\mathbb{F}^n$ への正則な線形写像 $\phi \tilde{\phi}^{-1}$ の行列表示であるので，正則行列である。

【7】 $s \cdot 1 = \sigma + j\omega$ および $s \cdot j = -\omega + j\sigma$ から，M の行列表示は
$$\begin{bmatrix} \sigma & -\omega \\ \omega & \sigma \end{bmatrix}$$
である。

【8】 ヒントのように，作用素 $M : \mathbb{C}_{k-1}[s] \to \mathbb{C}^k$ を定める。多項式 $P(s)$, $Q(s)$ と複素数 α, β について $(\alpha P + \beta Q)(\lambda_i) = \alpha P(\lambda_i) + \beta Q(\lambda_i)$ な

ので，M は線形作用素である．ここで，$s = \lambda_i$ で 1 を，$j \neq i$ として $s = \lambda_j$ で 0 をとる $k-1$ 次の多項式を $P_i(s)$ とする．具体的には
$$P_i(s) = \frac{(s-\lambda_1)\cdots(s-\lambda_{i-1})(s-\lambda_{i+1})\cdots(s-\lambda_k)}{(\lambda_i-\lambda_1)\cdots(\lambda_i-\lambda_{i-1})(\lambda_i-\lambda_{i+1})\cdots(\lambda_i-\lambda_k)}$$
とすればよい（この多項式を**ラグランジュの補間多項式**（Lagrange's interpolation polynomial）という）．複素数ベクトル $x \in \mathbb{C}^k$ を任意に与え，その第 i 成分を ξ_i とする．$P(s) = \xi_1 P_1(s) + \cdots + \xi_k P_k(s)$ とおくと $P \in \mathbb{C}_{k-1}[s]$ であり，$i = 1, \cdots, k$ について $P(\lambda_i) = \xi_i$ である．つまり，$M(P) = x$ となるので M は全射である．ここで，**定理 4.2** を適用すれば $\dim \ker M = 0$ なので，M は正則な写像である．つぎに，$\mathbb{C}_{k-1}[s]$ に基底 $\{1, s, \cdots, s^{k-1}\}$ を選ぶ．$Q_i(s) = s^{i-1}$ として $M(Q_i) = [\lambda_1^{i-1} \cdots \lambda_k^{i-1}]^T$ に注意すれば，M の行列表示が V であることがわかる．したがって，V は正則行列である．最後に，$\lambda_i = \lambda_j$ となる $i \neq j$ があれば，**定理 1.1** (b) より $\det V = 0$ となるが，すると**定理 1.7** より V は正則でない．

4 章

【1】 X と Y の基底が問題のように選べることは，**定理 4.2** の証明で示した．ここで，$i = 1, \cdots, r$ について $y_i = Mx_i$ であるので，**定理 3.5** の構成に従うと，行列表示の最初の r 本の列は式 (4.3) で与えられる．つぎに，$i = r+1, \cdots, n$ について $0 = Mx_i$ より，行列表示のうしろの $(n-r)$ 本の列は 0 ベクトルになる．

【2】 まず，$i = 1, 2$ について $\operatorname{rank} A_{ii} = r_i$ とする．必要ならば列の入れ換えをして（これによって階数が変化しないことに注意．**定理 4.6**），A_{ii} の最初の r_i 本の列が一次独立であるとする．これらを A_{11} について $b_1, \cdots, b_{r_1} \in \mathbb{F}^{m_1}$，$A_{22}$ について $c_1, \cdots, c_{r_2} \in \mathbb{F}^{m_2}$ とおく．さらに，A の列ベクトルを，$i = 1, \cdots, n$ について $a_i \in \mathbb{F}^m$ とおく．ここで，$\{a_1, \cdots, a_{r_1}, a_{n_1+1}, \cdots, a_{n_1+r_2}\}$ が一次独立であることを示すと，$\operatorname{rank} A \geq \operatorname{rank} A_{11} + \operatorname{rank} A_{22}$ であることがわかる．そのために，$\alpha_1 a_1 + \cdots + \alpha_{r_1} a_{r_1} + \beta_1 a_{n_1+1} + \cdots + \beta_{r_2} a_{n_1+r_2} = 0$ とおく．行列 A の左下ブロックが零行列であることから，このとき $\beta_1 c_1 + \cdots + \beta_{r_2} c_{r_2} = 0$ となるが，これより $\beta_1 = \cdots = \beta_{r_2} = 0$ である．すると，$\alpha_1 a_1 + \cdots + \alpha_{r_1} a_{r_1} = 0$ であるが，これより $\alpha_1 b_1 + \cdots + \alpha_{r_1} b_{r_1} = 0$ を得るので，$\alpha_1 = \cdots = \alpha_{r_1} = 0$ である．

つぎに，例えば

$$A_{11} = \begin{bmatrix} 1 & 2 \\ 2 & 4 \end{bmatrix}, \quad A_{12} = \begin{bmatrix} 2 & 0 \\ 1 & 1 \end{bmatrix}, \quad A_{22} = \begin{bmatrix} 3 & 1 \\ -3 & -1 \end{bmatrix}$$

とすれば,$3 = \operatorname{rank} A > \operatorname{rank} A_{11} + \operatorname{rank} A_{22} = 2$ である.

最後に,$A_{12} = O$ である場合を考える.$\operatorname{rank} A = r$ として,A の r 本の一次独立な列ベクトルを,必要ならば A の列の入れ換えをして,$1 \sim r_1$ 列目と $n_1 + 1 \sim n_1 + r_2$ 列目にあるとする($r = r_1 + r_2$).行列 A の右上ブロックが零行列であることから,$\alpha_1 a_1 + \cdots + \alpha_{r_1} a_{r_1} + \beta_1 a_{n_1+1} + \cdots + \beta_{r_2} a_{n_1+r_2} = 0$ より $\alpha_1 a_1 + \cdots + \alpha_{r_1} a_{r_1} = 0$ を得るが,これは A の左下ブロックが零行列であることを用いると,A_{11} の最初の r_1 本の列ベクトルが一次独立である.つまり,$\operatorname{rank} A_{11} \geqq r_1$ である.同様にして,$\operatorname{rank} A_{22} \geqq r_2$ なので $\operatorname{rank} A = r = r_1 + r_2 \leqq \operatorname{rank} A_{11} + \operatorname{rank} A_{22}$ である.

【3】$\ker A$ の基底を $b_1, \cdots, b_k \in \mathbb{F}^\ell$ とする.ただし,$k = \dim \ker A = \ell - \operatorname{rank} A$(**定理 4.2**)である.ここで,$n = k$ として,$B_1 \in \mathbb{F}^{\ell \times n}$ を $b_1, \cdots, b_k$ を並べた行列とする.このとき,$AB_1 = O$ なので $\operatorname{rank} AB_1 = 0$ であり,$\operatorname{rank} A + \operatorname{rank} B_1 - \ell = \operatorname{rank} A + k - \ell = 0$ となり等式が成り立つ.一方,$n = \ell$ として B_2 を正則行列にとるならば,$\operatorname{rank} AB_2 = \operatorname{rank} A$ となり等式が成り立つ.

【4】(a) $x \in \operatorname{ran} AB$ とすれば $x = ABz$ となる $z \in \mathbb{F}^n$ があるが,このとき $y = Bz \in \mathbb{F}^\ell$ として $x = Ay$ なので,$x \in \operatorname{ran} A$ である.

(b) $x \in \operatorname{ran} A$ とすれば $x = Ay$ となる $y \in \mathbb{F}^\ell$ がある.ここで,**定理 4.4** より $\operatorname{ran} B = \mathbb{F}^\ell$ であるから,$y = Bz$ となる $z \in \mathbb{F}^n$ がある.すると,$x = ABz$ となるが,これより $x \in \operatorname{ran} AB$ である.これで $\operatorname{ran} AB \supset \operatorname{ran} A$ が示された.一方,(a) より $\operatorname{ran} AB \subset \operatorname{ran} A$ なので,(b) が成り立つ.

(c) $z \in \ker B$ とする.$ABz = A0 = 0$ より $z \in \ker AB$ である.

(d) $z \in \ker AB$ とする.**定理 4.4** より $\ker A = (0)$ なので $ABz = 0$ より $Bz = 0$ である.つまり $z \in \ker B$ である.一方 (c) より $\ker AB \supset \ker B$ なので,(d) が成り立つ.

【5】行列 B が行最大階数であれば,演習問題【4】より $\operatorname{ran} AB = \operatorname{ran} A$ なので,$\operatorname{rank} AB = \dim \operatorname{ran} AB = \dim \operatorname{ran} A = \operatorname{rank} A$ である.つぎに,例えば

$$A = \begin{bmatrix} 1 & 2 \\ 3 & 4 \end{bmatrix}, \quad B = \begin{bmatrix} 2 \\ 1 \end{bmatrix}$$

とすれば，B は列最大階数ではあるが $\operatorname{rank} A = 2 > 1 = \operatorname{rank} AB$ である。

【6】(a) $x \in \operatorname{ran}(A+B)$ とすれば $x = (A+B)y = Ay + By$ なので，$x \in \operatorname{ran} A + \operatorname{ran} B$ である。

(b) $y \in \ker A \cap \ker B$ とすれば $(A+B)y = Ay + By = 0 + 0 = 0$ なので，$y \in \ker(A+B)$ である。

【7】$x \in \mathbb{F}^n$ が $Ax = b$ を満たせば $DAx = Db$ であるので，$Ax = b$ の解の集合は，$DAx = Db$ の解の集合の部分集合である。D が列最大階数であれば，**定理 4.4** より $\ker D = (0)$ であるので，$D(Ax - b) = 0$ ならば $Ax = b$ である。したがって，両者の解の集合は一致する。D が行最大階数の場合には，新たに結論できることはない。

【8】まず，ヒントより $A^n b \in \operatorname{span}\{b, Ab, \cdots, A^{n-1}b\}$ であることに注意する。そこで，もし $x \in \operatorname{span}\{b, Ab, \cdots, A^{n-1}b\}$ ならば
$$Ax \in \operatorname{span}\{Ab, A^2b, \cdots, A^n b\}$$
$$= \operatorname{span}\{Ab, A^2b, \cdots, A^{n-1}b\} + \operatorname{span}\{A^n b\}$$
であるが，右辺の二つの部分空間とも $\operatorname{span}\{b, Ab, \cdots, A^{n-1}b\}$ に含まれるので，$Ax \in \operatorname{span}\{b, Ab, \cdots, A^{n-1}b\}$ である。つぎに，$x \in \cap_{k=0}^{n-1} \ker(cA^k)$ とする。$k = 0, \cdots, n-2$ について，$cA^k Ax = cA^{k+1}x = 0$ は明らかである。ヒントより，$A^n = \alpha_{n-1}A^{n-1} + \cdots + \alpha_0 I$ となるスカラーがあるが，すると $cA^{n-1}Ax = \alpha_{n-1}cA^{n-1}x + \cdots + \alpha_0 cx = 0$ である。したがって，$Ax \in \cap_{k=0}^{n-1} \ker(cA^k)$ である。

5章

【1】行列 AB の固有値 $\lambda \neq 0$ の固有ベクトル $x \in \mathbb{C}^m$ $(x \neq 0)$ を考える。$ABx = \lambda x$ の両辺に B を掛けると，$BABx = \lambda Bx$ である。ここで，もし $Bx = 0$ とすれば $0 = ABx = \lambda x$ であり，これは $\lambda \neq 0$ かつ $x \neq 0$ に反する。したがって，$Bx \neq 0$ であるが，これは Bx が BA の固有値 λ に関する固有ベクトルであることを意味している。行列 A, B の立場を入れ換えて同様の議論をすれば，AB と BA の非零固有値は一致していることがわかる。

【2】行列 $A \in \mathbb{R}^{n \times n}$ が複素数の固有値 λ をもつとする。固有ベクトル $x \in \mathbb{C}^n$ は $Ax = \lambda x$ を満たすが，両辺の共役複素数をとるとき，行列 A の成分が実数であることを用いて，$A\overline{x} = \overline{Ax} = \overline{\lambda x} = \overline{\lambda}\overline{x}$ である。ここで，$\overline{x} \neq 0$ なの

で $\bar{\lambda}$ は A の固有値であり，$\bar{x}$ はそれに対する固有ベクトルである．固有値，固有ベクトルを $\lambda = \sigma + j\omega$，$x = y + jz$ のようにそれぞれ実部と虚部に分けると，$Ay + jAz = A(y + jz) = (\sigma + j\omega)(y + jz) = (\sigma y - \omega z) + j(\sigma z + \omega y)$ なので，$Ay = \sigma y - \omega z$，$Az = \omega y + \sigma z$ である．

【3】 $A_{11}x = \lambda x$ より

$$\begin{bmatrix} A_{11} & A_{12} \\ O & A_{22} \end{bmatrix} \begin{bmatrix} x \\ 0 \end{bmatrix} = \lambda \begin{bmatrix} x \\ 0 \end{bmatrix}$$

である．つぎに，$A_{22}x = \lambda x$ とする．ここで，λ が A_{11} の固有値でなければ，$\lambda I - A_{11}$ は正則行列である．与えられたベクトルは，$x \neq 0$ なので非零ベクトルであり

$$\begin{bmatrix} \lambda I - A_{11} & -A_{12} \\ O & \lambda I - A_{22} \end{bmatrix} \begin{bmatrix} (\lambda I - A_{11})^{-1} A_{12} x \\ x \end{bmatrix} = 0$$

を満たす．したがって，それは固有値 λ に対する固有ベクトルである．

【4】 特性方程式は $\det(sI - A) = s^3 - 2s^2 - s + 2 = 0$ であり，これから，固有値は $-1, 1, 2$ であることがわかる．固有ベクトルを計算すると，それぞれ

$$x_1 = \begin{bmatrix} -1 \\ -1 \\ 1 \end{bmatrix}, \quad x_2 = \begin{bmatrix} 1 \\ -1 \\ 1 \end{bmatrix}, \quad x_3 = \begin{bmatrix} 1 \\ 1 \\ 1 \end{bmatrix}$$

である．そこで，$T = \begin{bmatrix} x_1 & x_2 & x_3 \end{bmatrix}$ とすれば，$T^{-1}AT = D = \mathrm{diag}\{-1, 1, 2\}$ となる．最後に $A^k = (TDT^{-1})^k = TD^kT^{-1}$，$D^k = \mathrm{diag}\{(-1)^k, 1, 2^k\}$ なので

$$A^k = \frac{1}{2} \begin{bmatrix} (-1)^k + 1 & -1 + 2^k & -(-1)^k + 2^k \\ (-1)^k - 1 & 1 + 2^k & -(-1)^k + 2^k \\ -(-1)^k + 1 & -1 + 2^k & (-1)^k + 2^k \end{bmatrix}$$

を得る．

【5】 $S = \mathrm{ran}\, B + \cdots + \mathrm{ran}\, A^{n-1}B$ が行列 A の不変部分空間であることは，4章の演習問題【8】で示した（そのときは $m = 1$ の場合であったが，基本的に同様の議論である）．$S \neq \mathbb{C}^n$ のときには，**定理 4.8** によって相似変換 $T^{-1}AT$ を行い，A_{22}^{T} の固有値と固有ベクトルの一つを $A_{22}^{\mathrm{T}} z = \lambda z$，$z \neq 0$ とする．$S \supset \mathrm{ran}\, B$ であり，行列 T は S の基底を 1 列目から $(\dim S)$ 列目まで並べてつくられているので，$T^{-1}B$

の $(\dim S + 1)$ 行目から n 行目はすべての成分が 0 である．すると，$[\ 0\ \ z^T\ ][\ \lambda I - T^{-1}AT\ \ T^{-1}B\ ] = 0$ なので，rank$[\ \lambda I - A\ \ B\ ] = $ rank$[\ \lambda I - T^{-1}AT\ \ T^{-1}B\ ] < n$ である．つぎに，rank$[\ \lambda I - A\ \ B\ ] < n$ となる $\lambda \in \mathbb{C}$ があるとする．このとき，$x^T A = \lambda x^T$, $x^T B = 0$ となる $x \neq 0$ がある．すると，$x^T[\ B\ \ AB\ \ \cdots\ \ A^{n-1}B\ ] = 0$ であるので $\dim S = $ rank$[\ B\ \ AB\ \ \cdots\ \ A^{n-1}B\ ] < n$ となる．つまり，$S \neq \mathbb{C}^n$ である．

今度は $S = \bigcap_{k=0}^{n-1} \ker CA^k$ について考える．これも，4章の演習問題【8】で示したように，A 不変部分空間である（そのときは $\ell = 1$ の場合であったが，基本的に同様の議論である）．$S \neq (0)$ とする．すると，式 (4.2) での A_{11} の固有値と固有ベクトルの一つを $A_{11}y = \lambda y$, $y \neq 0$ として $x = T_1 y$ とおくと，$Ax = \lambda x$, $x \neq 0$ であることがわかる．さらに，$x \in S$ であるので $Cx = 0$ である．つまり

$$\begin{bmatrix} \lambda I - A \\ C \end{bmatrix} x = 0 \tag{1}$$

となるので，rank$[\ \lambda I - A^T\ \ C^T\ ]^T < n$ である．逆に階数の落ちる $\lambda \in \mathbb{C}$ があるとすれば，式 (1) を満たす $x \neq 0$ がある．これは，$Cx = 0$, $CAx = \lambda Cx = 0$, $\cdots$, $CA^{n-1}x = \lambda^{n-1}Cx = 0$ を満たすので，$x \in S$ である．つまり $S \neq (0)$ となる．

6章

【1】 まず，$P(s), Q(s)$ を零化多項式とする．このとき，$P(A) \pm Q(A) = O \pm O = O$ だから，$P(s) \pm Q(s)$ も零化多項式である．つぎに，$P(s)$ を零化多項式，$R(s)$ を多項式とする．$P(A)R(A) = OR(A) = O$ だから，$P(s)R(s)$ も零化多項式である．

【2】 最小多項式 $P_m(s)$ によって割り切れない零化多項式 $P(s)$ があるとする．このとき，商と余りを用いて $P(s) = Q(s)P_m(s) + R(s)$ と表す．ただし，$\deg R(s) < \deg P_m(s)$ である．仮定より $R(s) \neq 0$ である．しかし，$R(A) = P(A) - Q(A)P_m(A) = O$ なので，$R(s)$ もまた零化多項式になる．これは $P_m(s)$ が最小次数であることに反する．

【3】 まず，多項式 $P(s)$ が A の零化多項式であれば，$P(TAT^{-1}) = TP(A)T^{-1} = O$ なのでそれは TAT^{-1} の零化多項式でもある．したがって，A の最小多項式は TAT^{-1} の零化多項式である．しかし，これより次数の小さい TAT^{-1} の零化多項式があると，同様の理由によりそれは A の零化多

項式でもある．次数の最小性より，A の最小多項式よりも次数の小さな TAT^{-1} の零化多項式はない．つぎに，多項式 $P(s)$ が A の零化多項式であれば，$P(A^{\mathrm{T}}) = (P(A))^{\mathrm{T}} = O$ なのでそれは A^{T} の零化多項式でもある．次数の最小性の議論は前半とまったく同様である．

【4】 **必要性** 相似変換によって $T^{-1}AT = D$ のように対角行列になったとする．D は，A の固有値が対角に並んでいるので，その最小多項式は $P_D(s) = (s - \lambda_1) \cdots (s - \lambda_r)$ である．一方，**定理 6.4** より，D の最小多項式は A の最小多項式と一致するので，$P_m(s) = P_D(s)$ となる．

十分性 最小多項式が $P_m(s)$ で与えられるときには，**定理 6.6** より，$\mathbb{C}^n = \ker(\lambda_1 I - A) \oplus \cdots \oplus \ker(\lambda_r I - A)$ である．つまり，$\mathbb{C}^n$ の基底となる一次独立な固有ベクトル $\{x_1, x_2, \cdots, x_n\}$ がある．ここで，$T = \begin{bmatrix} x_1 & x_2 & \cdots & x_n \end{bmatrix}$ とおけば，$T^{-1}AT = D$ と対角行列に相似変換できる．

【5】 (a) $P(A)x = 0$ を満たす多項式の集合は，最小多項式で示したのと同じ方法によりイデアルであることがわかる．また，$P_m(A)x = Ox = 0$ なので，A の最小多項式はそのイデアルに属している．すると，最小多項式がすべての零化多項式を割り切ることを示したのと同じ方法を用いると，$P_x(s)$ は $P_m(s)$ を割り切ることがわかる．

(b) まず，$P(s)$ を $P_u(s)$ と $P_v(s)$ の最小公倍多項式とする．$P_u(s)$ は $P(s)$ を割り切るので，$P(A)u = 0$ であること (v に関しても同様の式) に注意すると，$P(A)w = P(A)u + P(A)v = 0 + 0 = 0$ である．したがって，$P_w(s)$ は $P(s)$ を割り切る．ここで，もし $P_u(s)$ が $P_w(s)$ を割り切らなければ，$P_w(s) = Q(s)P_u(s) + R(s)$，$\deg R(s) < \deg P_u(s)$ となる多項式 $Q(s)$ と $R(s) \neq 0$ がある．すると，$0 = P_w(A)w = P_w(A)u + P_w(A)v$ であるが，$P_w(A)u \in S$，$P_w(A)v \in T$，$S \cap T = (0)$ より，$P_w(A)u = 0$ である．これより $R(A)u = P_w(A)u - Q(A)P_u(A)u = 0$ となるが，これは P_u が次数最小の多項式であることに反する．ゆえに，$P_u(s)$ は $P_w(s)$ を割り切る．同じ理由により，$P_v(s)$ は $P_w(s)$ を割り切る．すると $P_w(s)$ は公倍多項式なので，$P(s)$ は $P_w(s)$ に一致する．

【6】 **必要性** 最小多項式と特性多項式が一致しないとする．すると，最小多項式 $P_m(s) = s^m + p_1 s^{m-1} + \cdots + p_{m-1} s + p_m$ の次数は，$\deg P_m(s) := m < n$ である．このとき，$A^m = -p_1 A^{m-1} - \cdots - p_{m-1} A - p_m I$ なので，$\{b, Ab, \cdots, A^m b\}$ は任意の $b \in \mathbb{C}^n$ に対して一次従属である．ここで，**定理 2.1** を適用すれば，$\{b, Ab, \cdots, A^{n-1}b\}$ は任意の $b \in \mathbb{C}^n$ に対

して一次従属である。

十分性 最小多項式と特性多項式が一致するならば，**定理 6.9** のジョルダン標準形（式 (6.6)）において，固有値 λ_i に対応したブロック A_{ii} は，一つのジョルダンブロック J_{i1} によって構成されている。そこで，r 個の相異なる固有値 λ_i $(i=1,\cdots,r)$ に対して，対応するジョルダンブロックの最終行に相当する成分のみ 1 で，ほかは 0 をもつベクトルを $v_i \in \mathbb{C}^n$ とする。すると，$Tv_i \in \ker(\lambda_i - A)^{\sigma_i}$（$\sigma_i$ は λ_i の最小多項式での重複度），$\{Tv_i, ATv_i, \cdots, A^{\sigma_i - 1}Tv_i\}$ は一次独立である。すると，$P_i(s) = P_{Tv_i}(s)$（これは演習問題【5】の記法を用いている）とすれば，$P_i(s) = (s - \lambda_i)^{\sigma_i}$ である。ここで，$b = Tv_1 + \cdots + Tv_r$ とすると，6 章の演習問題【5】(b) の結果から，$P_b(A)b = 0$ を満たす最小次数の多項式は $P_w(s) = \prod_i P_i(s)$ である。一方，最小多項式と特性多項式が一致するので，この左辺は特性多項式になる。つまり，$P_b(s) = \det(sI - A)$ となるので，$\{b, Ab, \cdots, A^{n-1}b\}$ は一次独立である。

【7】 ジョルダン標準形 J は，**例題 6.3** で与えた。このとき
$$e^{Jt} = \begin{bmatrix} e^{-2t} & te^{-2t} & 0 & 0 \\ 0 & e^{-2t} & 0 & 0 \\ 0 & 0 & e^{-2t} & 0 \\ 0 & 0 & 0 & e^t \end{bmatrix}$$
であるから，**例題 6.3** の正則行列 T を用いて，$e^{At} = Te^{Jt}T^{-1}$ である。

【8】 **定理 6.10** を適用すれば，$f(A) = Q(A)$ となる多項式 $Q(s)$ があるので，$Af(A) = AQ(A) = Q(A)A = f(A)A$ である。

【9】 $h(s) = f(s)g(s)$ とおくと，h は A の固有値で正則である。$h(s)$ を A の固有値において，**定理 6.10** (b) の意味で補間する多項式の一つは，$Q(s) = 1$ である。すると，$h(A) = Q(A) = I$ である。**定理 6.10** (e) を用いると $f(A)g(A) = I$ を得るので，$f(A), g(A)$ は正則行列であり，$f(A)^{-1} = g(A)$ である。後半であるが，A が正則行列であれば 0 は固有値ではないので，$f(s) = 1/s$, $g(s) = s$ は A の固有値で正則な関数である。上記の議論に当てはめて $g(A) = A$ に注意すれば，$f(A) = A^{-1}$ である。

7 章

【1】 例 7.1 (a) $\langle \alpha x + \beta y, z \rangle = z^{\mathrm{T}}(\alpha x + \beta y) = \alpha z^{\mathrm{T}} x + \beta z^{\mathrm{T}} y = \alpha \langle x, z \rangle + \beta \langle y, z \rangle$。(b) これは (a) と同様である。(c) $\langle x, x \rangle = x^{\mathrm{T}} x = \sum \xi_i^2 \geq 0$

である。等号はすべての成分が $\xi_i = 0$ であるとき，つまり $x = 0$ であるときに限られる。(d) $\langle x, y \rangle = y^{\mathrm{T}} x = x^{\mathrm{T}} y = \langle y, x \rangle$.

例 7.2　例 7.1 の複素共役をとるところを変更すればよいので，詳細は省略する。

例 7.3　(a), (b), (d), および (c) の前半は容易であるので省略する。(c) で，$\langle x, x \rangle = 0$ ならば $x = 0$ であることを証明する。そこで $x \neq 0$ とする。すると，$x(t_0) \neq 0$ となる $t_0 \in [0, 1]$ があるが，そのときには $|t - t_0| < \delta$ である t について，$|x(t)| > |x(t_0)|/2$ となる $\delta > 0$ がある。すると，$\int_0^1 |x(t)|^2 \, dt \geqq \int_{t_0 - \delta}^{t_0 + \delta} |x(t)|^2 \, dt \geqq \delta |x(t_0)|^2 / 2 > 0$ である。つまり，$\langle x, x \rangle = 0$ ならば $x = 0$ である。

【2】 等式 $\langle y, z_j \rangle = \left\langle y, \sum_{i=1}^m \overline{h_{ji}} x_i \right\rangle = \sum_{i=1}^m h_{ji} \langle y, x_i \rangle = \xi_j$ より，$y = \sum \langle y, z_j \rangle x_j$ である。

【3】 $x_1, x_2 \in S^\perp$ とする。$\alpha, \beta \in \mathbb{C}$ （または $\alpha, \beta \in \mathbb{R}$）をスカラー，$y \in S$ を任意にとるとき，$\langle \alpha x_1 + \beta x_2, y \rangle = \alpha \langle x_1, y \rangle + \beta \langle x_2, y \rangle = 0$ である。したがって，$\alpha x_1 + \beta x_2 \in S^\perp$ である。

【4】 例題 7.2 で求めた x_1, x_2, x_3 を用いて $S^\perp = \mathrm{span}\{x_2, x_3\}$，$S^{\perp\perp} = \mathrm{span}\{x_1\}$ となるが，$\mathrm{span}\{y_1\} = \mathrm{span}\{x_1\}$ なので，$S^{\perp\perp} = S$ になっている。$S + T = \mathrm{span}\{y_1, y_2\}$ であるので，$(S+T)^\perp = \mathrm{span}\{x_3\}$ である。一方，$y_4 = [\,0\ 1\ 0\,]^{\mathrm{T}}$，$y_5 = [\,1\ 0\ -1\,]^{\mathrm{T}}$ として，$T^\perp = \mathrm{span}\{y_4, y_5\}$ である。$S^\perp \cap T^\perp = \mathrm{span}\{x_3\}$ であるので，$(S + T)^\perp = S^\perp \cap T^\perp$ になっている。$S \cap T = (0)$ であるから $(S \cap T)^\perp = \mathbb{R}^3$ である。一方，$S^\perp + T^\perp = \mathrm{span}\{x_2, x_3, y_4, y_5\} = \mathbb{R}^3$ であるから，$(S \cap T)^\perp = S^\perp + T^\perp$ になっている。

8 章

【1】 λ を A の固有値，$x \in \mathbb{C}^n$ $(x \neq 0)$ をそれに対する固有ベクトルとする。このとき，**定理 8.1** を適用して $A^{\mathrm{T}} \overline{x} = \overline{\lambda} \overline{x}$ であるが，$A^{\mathrm{T}} \overline{x} = -A \overline{x} = -\lambda \overline{x}$ でもあるので，$x \neq 0$ より $\lambda + \overline{\lambda} = 2\,\mathrm{Re}\,\lambda = 0$ を得る。もし，n が奇数であれば，$A \in \mathbb{R}^{n \times n}$ は少なくとも一つ実固有値をもつが，その実部が 0 であることから，0 を固有値としてもつ。したがって，A は正則でない。

【2】 $\left(U^{\mathrm{H}} A U\right)^{\mathrm{H}} \left(U^{\mathrm{H}} A U\right) = U^{\mathrm{H}} A^{\mathrm{H}} A U = U^{\mathrm{H}} A A^{\mathrm{H}} U = \left(U^{\mathrm{H}} A U\right) \left(U^{\mathrm{H}} A U\right)^{\mathrm{H}}$ であるが，この対角成分を比較すると，左辺の (i, i) 成分は $\sum_{j=1}^i |d_{ji}|^2$ に，右辺の (i, i) 成分は $\sum_{j=i}^n |d_{ij}|^2$ に等しい。ゆえに，$i = 1$ から順に考えることにより，$1 \leqq j < i$ について $d_{ji} = 0$ を得るので，$U^{\mathrm{H}} A U$ は

対角行列である.

【3】 ハウスホールダ行列 U_1 を用いて, $U_1^{\mathrm{T}} A U_1 = H$ のようにヘッセンベルグ形になる. ただし, U_1, H は

$$U_1 = \begin{bmatrix} 1 & 0 & 0 \\ 0 & -\dfrac{1}{\sqrt{10}} & -\dfrac{3}{\sqrt{10}} \\ 0 & -\dfrac{3}{\sqrt{10}} & \dfrac{1}{\sqrt{10}} \end{bmatrix}, \quad H = \begin{bmatrix} -1 & -\dfrac{1}{\sqrt{10}} & -\dfrac{13}{\sqrt{10}} \\ -\sqrt{10} & \dfrac{41}{10} & -\dfrac{37}{10} \\ 0 & \dfrac{33}{10} & \dfrac{19}{10} \end{bmatrix}$$

である. つぎに, 直交行列 U_2 を用いて, $U_2^{\mathrm{T}} A U_2 = F_r$ のように実シューア形になる. ただし, U_2, F_r は数値計算により

$$U_2 = \begin{bmatrix} 0.3176 & -0.7419 & -0.5905 \\ 0.9327 & 0.3566 & 0.0537 \\ -0.1707 & 0.5678 & -0.8052 \end{bmatrix},$$

$$F_r = \begin{bmatrix} 2.9692 & 2.7749 & -2.0635 \\ -3.5597 & -0.9692 & -5.4420 \\ 0 & 0 & 3.0000 \end{bmatrix}$$

である. 最後に, ユニタリ行列 U_3 を用いて, $U_3^{\mathrm{H}} A U_3 = F$ のようにシューア分解が求まる. ただし, U_3, F は数値計算により

$$U_3 = \begin{bmatrix} 0.6879 + 0.1638j & -0.0696 + 0.3827j & -0.5905 \\ 0.1195 + 0.4811j & 0.8471 - 0.1839j & 0.0537 \\ -0.4965 - 0.0881j & 0.1075 - 0.2929j & -0.8052 \end{bmatrix},$$

$$F = \begin{bmatrix} 1.0000 + 2.4495j & 2.9635 - 2.7101j & 3.2238 + 1.0644j \\ 0 & 1.0000 - 2.4495j & -3.8036 - 2.8072j \\ 0 & 0 & 3.0000 \end{bmatrix}$$

である. 数値計算は小数点以下第 5 位を四捨五入した.

【4】 エルミート行列の固有値は実数である (**定理 8.7**) ので, 行列 U は定義可能である. $A = A^{\mathrm{H}}$ であるので

$$U^{\mathrm{H}} U = (-jA + I)^{-1} (-jA - I)(jA - I)(jA + I)^{-1}$$
$$= (-jA - I)(-jA + I)^{-1}(jA - I)(jA + I)^{-1} = I$$

である. 同様に, $UU^{\mathrm{H}} = I$ を得るので U はユニタリ行列である. つぎに, A を問題のように与える. $U^{\mathrm{H}} = U^{-1}$, $\overline{\gamma} = \gamma^{-1}$ に注意して

$$A^{\mathrm{H}} = -j\left(\overline{\gamma} I - U^{\mathrm{H}}\right)^{-1} \left(\overline{\gamma} I + U^{\mathrm{H}}\right)$$

$$= -j(U - \gamma I)^{-1} \gamma U \gamma^{-1} U^{-1} (U + \gamma I) = A$$

を得るので，A はエルミート行列である。

【5】 直交行列 U を用いて，$A = U^{\mathrm{H}} \operatorname{diag}\{\lambda_1, \cdots, \lambda_n\} U$ のように対角化する（**定理 8.2** および**定理 8.7** の証明の下のコメントを参照）。ここで，$i = 1, \cdots, n$ についてベクトル $x_i = U^{\mathrm{T}} e_i$ を考えると，$0 = x_i^{\mathrm{T}} A x_i = e_i^{\mathrm{T}} \operatorname{diag}\{\lambda_1, \cdots, \lambda_n\} e_i = \lambda_i$ であるので，$A = O$ である。A がエルミート行列ではないとき，例えば

$$A = \begin{bmatrix} 0 & -1 \\ 1 & 0 \end{bmatrix} \in \mathbb{R}^{2 \times 2}$$

とすれば，任意の $x \in \mathbb{R}^2$ について $x^{\mathrm{T}} A x = 0$ である。

【6】 ヒントのように多項式を定義すると，$n \geq k \geq 2$ として $P_k(s) = (s - a_{kk}) P_{k-1}(s) - a_{k-1,k}^2 P_{k-2}(s)$ である。もし，$P_n(s) = 0$ と $P_{n-1}(s) = 0$ が共通根をもつならば，$a_{n-1,n} \neq 0$ なので，それは $P_{n-2}(s) = 0$ の根でもある。以下同様にして，その共通根は $P_{n-3}(s) = 0, \cdots, P_0(s) = 0$ の根でもある。これは $P_0(s) = 1$ に矛盾するので，$P_n(s) = 0$ と $P_{n-1}(s) = 0$ は共通根をもたない。つまり，分離定理の不等号が厳密に成り立つ。

【7】 行列 A の固有値は，$\lambda_1 = 6$, $\lambda_2 = 3$, $\lambda_3 = -1$ であり，それらに対する正規化された固有ベクトルは，順に

$$x_1 = \begin{bmatrix} \frac{1}{\sqrt{3}} \\ \frac{1}{\sqrt{3}} \\ \frac{1}{\sqrt{3}} \end{bmatrix}, \quad x_2 = \begin{bmatrix} \frac{2}{\sqrt{6}} \\ -\frac{1}{\sqrt{6}} \\ -\frac{1}{\sqrt{6}} \end{bmatrix}, \quad x_3 = \begin{bmatrix} 0 \\ \frac{1}{\sqrt{2}} \\ -\frac{1}{\sqrt{2}} \end{bmatrix}$$

である。$k = 1$ のとき $S = (0)$, $x = x_1$, $k = 2$ のとき $S = \operatorname{span}\{x_1\}$, $x = x_2$, $k = 3$ のとき $S = \operatorname{span}\{x_1, x_2\}$, $x = x_3$ によって，式 (8.4) の最小化を達成する部分空間と，そのときに最大化を達成するベクトルが与えられる。

9 章

【1】 ユニタリ行列 $U \in \mathbb{C}^{n \times n}$ を用いて，$U^{\mathrm{H}} A U = \operatorname{diag}\{\lambda_1, \cdots, \lambda_n\}$ のように対角化する（**定理 8.2**）。すると

$$\begin{bmatrix} \frac{U}{\sqrt{2}} & \frac{U}{\sqrt{2}} \\ -\frac{U}{\sqrt{2}} & \frac{U}{\sqrt{2}} \end{bmatrix}^{\mathrm{H}} B \begin{bmatrix} \frac{U}{\sqrt{2}} & \frac{U}{\sqrt{2}} \\ -\frac{U}{\sqrt{2}} & \frac{U}{\sqrt{2}} \end{bmatrix}$$
$$= \operatorname{diag}\{-\lambda_1, \cdots, -\lambda_n, \lambda_1, \cdots, \lambda_n\}$$

である。つまり，$r = \text{rank}\, A$ として，B の符号は $(n-r, n-r)$ である。

【2】 正定行列 A の固有値は $\lambda > 0$ を満たす。したがって，0 は固有値ではないので，A は正則である。逆行列 A^{-1} の固有値は $\lambda^{-1} > 0$ である。また，$A = A^{\mathrm{H}}$ より $A^{-1} = A^{-\mathrm{H}}$ となるので，A^{-1} もエルミート行列である。ゆえに，**定理 9.2** より A^{-1} は正定行列である。

【3】 例えば
$$A = \begin{bmatrix} 0 & 0 \\ 0 & -1 \end{bmatrix}$$
とすれば A は準正定行列ではないが，その主座小行列式はすべて非負。

【4】 **定理 8.2** より，ユニタリ行列を用いて $U^{\mathrm{H}} A U = \text{diag}\{\lambda_1, \cdots, \lambda_n\}$ と対角化できる。そこで，$x^{\mathrm{H}} A x = 0$ であるとき，$y = U^{\mathrm{H}} x$ として y の第 i 成分を η_i とすれば，$x^{\mathrm{H}} A x = y^{\mathrm{H}} \text{diag}\{\lambda_1, \cdots, \lambda_n\} y = \sum_{i=1}^{n} \lambda_i |\eta_i|^2$ である。**定理 9.2** より $\lambda_i \geqq 0$ なので，$i = 1, \cdots, n$ について $\lambda_i |\eta_i|^2 = 0$ である。これより，$\lambda_i \neq 0$ ならば $\eta_i = 0$ となるので，$\text{diag}\{\lambda_1, \cdots, \lambda_n\} y = 0$，つまり $Ax = 0$ を得る。

【5】 行列 A は，直交行列 $U \in \mathbb{R}^{3 \times 3}$ を
$$U = \begin{bmatrix} \dfrac{3}{\sqrt{14}} & \dfrac{1+\sqrt{2}}{2\sqrt{3+\sqrt{2}}} & \dfrac{2+\sqrt{2}}{2\sqrt{54+38\sqrt{2}}} \\ \dfrac{2}{\sqrt{14}} & \dfrac{-2-2\sqrt{2}}{2\sqrt{3+\sqrt{2}}} & \dfrac{2+2\sqrt{2}}{2\sqrt{54+38\sqrt{2}}} \\ \dfrac{-1}{\sqrt{14}} & \dfrac{-1+\sqrt{2}}{2\sqrt{3+\sqrt{2}}} & \dfrac{10+7\sqrt{2}}{2\sqrt{54+38\sqrt{2}}} \end{bmatrix}$$
として，$U^{\mathrm{T}} A U = \text{diag}\{5, 7-4\sqrt{2}, 7+4\sqrt{2}\}$ のように対角化できる。したがって，$A^{1/2} = U \text{diag}\{\sqrt{5}, \sqrt{7-4\sqrt{2}}, \sqrt{7+4\sqrt{2}}\} U^{\mathrm{T}}$ である。数値計算をすると
$$A^{1/2} = \begin{bmatrix} 1.9163 & 0.5534 & 0.1473 \\ 0.5534 & 1.5965 & 0.3809 \\ 0.1473 & 0.3809 & 3.4399 \end{bmatrix}$$
である（小数点以下第 5 位を四捨五入した）。

【6】 $A = U \text{diag}\{\lambda_1, \cdots, \lambda_n\} U^{\mathrm{H}}$ とする。このとき
$$(A^{1/2})^2 = U \text{diag}\{\sqrt{\lambda_1}, \cdots, \sqrt{\lambda_n}\} U^{\mathrm{H}} U \text{diag}\{\sqrt{\lambda_1}, \cdots, \sqrt{\lambda_n}\} U^{\mathrm{H}}$$
$$= U \text{diag}\{\lambda_1, \cdots, \lambda_n\} U^{\mathrm{H}} = A$$

である。また，$(A^{1/2})^{\mathrm{H}} = \left(U \operatorname{diag}\left\{\sqrt{\lambda_1}, \cdots, \sqrt{\lambda_n}\right\} U^{\mathrm{H}}\right)^{\mathrm{H}} = A^{1/2}$ である。つぎに，$A > O$ ならば $\sqrt{\lambda_k} > 0$ なので，**定理 9.2** より $A^{1/2} > O$ となる。$A \geqq O$ の場合も同様である。最後に

$$(A^{-1})^{1/2} = U \operatorname{diag}\left\{\sqrt{\lambda_1^{-1}}, \cdots, \sqrt{\lambda_n^{-1}}\right\} U^{\mathrm{H}}$$
$$= U \operatorname{diag}\left\{\sqrt{\lambda_1}^{-1}, \cdots, \sqrt{\lambda_n}^{-1}\right\} U^{\mathrm{H}} = (A^{1/2})^{-1}$$

である。

【7】 **定理 8.9** より $\lambda_{\min}(P) x^{\mathrm{H}} x \leqq x^{\mathrm{H}} P x \leqq \lambda_{\max}(P) x^{\mathrm{H}} x$ であるので，平方根をとって $\sqrt{\lambda_{\min}(P)} \|x\| \leqq \|x\|_P \leqq \sqrt{\lambda_{\max}(P)} \|x\|$ が成り立つ。

10 章

【1】 まず，$(P+Q)^{\mathrm{H}} = P^{\mathrm{H}} + Q^{\mathrm{H}} = P + Q$ であることに注意する。したがって，$P+Q$ が直交射影であるためには，$P+Q$ が冪等であることが必要十分である（**定理 10.4**）。そこで，$PQ = O$ とする。このとき，$QP = (PQ)^{\mathrm{H}} = O$ に注意して，$(P+Q)^2 = P^2 + PQ + QP + Q^2 = P+Q$ である。逆に，$(P+Q)^2 = P+Q$ とすれば $PQ + QP = O$ である。もし $\operatorname{ran} P \cap \operatorname{ran} Q \neq (0)$ であれば，$Px = x$，$Qx = x$ となる $x \neq 0$ があるが，すると $(PQ + QP)x = x$ より $PQ + QP = O$ に反する。つまり，$\operatorname{ran} P \cap \operatorname{ran} Q = (0)$ である。任意の x に対して，$PQ + QP = O$ より $QPx = -PQx$ である。ところで，$QPx \in \operatorname{ran} Q$，$-PQx \in \operatorname{ran} P$ より $QPx = -PQx = 0$ である。つまり，$PQ = O$ を得る。このとき，$QP = O$ であることにも注意する。後半を示す。一般に，$\operatorname{ran}(P+Q) \subset \operatorname{ran} P + \operatorname{ran} Q$ である（4 章の演習問題【6】）。そこで，$x \in \operatorname{ran} P + \operatorname{ran} Q$ とする。すると，$x = Py + Qz$ となる y および z があるが，そのときには $(P+Q)x = (P+Q)Py + (P+Q)Qz = Py + Qz = x$ なので $x \in \operatorname{ran}(P+Q)$ である。つぎに，**定理 7.8** を用いると，$\ker(P+Q) = \left(\operatorname{ran}(P+Q)^{\mathrm{H}}\right)^{\perp} = (\operatorname{ran}(P+Q))^{\perp} = (\operatorname{ran} P + \operatorname{ran} Q)^{\perp} = (\operatorname{ran} P)^{\perp} \cap (\operatorname{ran} Q)^{\perp} = \left(\operatorname{ran} P^{\mathrm{H}}\right)^{\perp} \cap \left(\operatorname{ran} Q^{\mathrm{H}}\right)^{\perp} = \ker P \cap \ker Q$ であることがわかる。

【2】 **A が最大列階数のとき** 直接計算により，$P^{\mathrm{H}} = P$ および

$$P^2 = A\left(A^{\mathrm{H}} A\right)^{-1} A^{\mathrm{H}} A \left(A^{\mathrm{H}} A\right)^{-1} A^{\mathrm{H}} = A\left(A^{\mathrm{H}} A\right)^{-1} A^{\mathrm{H}}$$

である。$\operatorname{ran} P \subset \operatorname{ran} A$ は明らかである。逆に，$x \in \operatorname{ran} A$ とすれば，$x = Ay$ となる y がある。すると，$PAy = Ay = x$ なので $x \in \operatorname{ran} P$ である。

A が最大行階数のとき　同様にして $Q^{\mathrm{H}} = Q$, $Q^2 = Q$ および $\operatorname{ran} Q = \operatorname{ran} A^{\mathrm{H}}$ である．定理 7.8 と定理 10.4 を用いると，$\operatorname{ran}(I - Q) = \left(\operatorname{ran} A^{\mathrm{H}}\right)^{\perp} = \ker A$ を得る．

【3】 基底 $\{v'_1, \cdots, v'_n\}$, $\{w'_1, \cdots, w'_m\}$ を選び，それらを並べて行列 V' と W' をつくる．V の列ベクトルを $\ker A$ とその補空間の基底に分けて，$V = [\, V_1 \ V_2 \,]$, $V_1 \in \mathbb{C}^{n \times r}$, $V_2 \in \mathbb{C}^{n \times (n-r)}$ と書く．V' についても同様にする．W の列ベクトルを $\operatorname{ran} A$ とその補空間の基底に分けて，$W = [\, W_1 \ W_2 \,]$, $W_1 \in \mathbb{C}^{m \times r}$, $W_2 \in \mathbb{C}^{m \times (m-r)}$ と書く．W' についても同様にする．このとき，基底の変換を表す正則な行列はブロック対角行列に選ぶことができて，$V' = V \operatorname{diag}\{P_1, P_2\}$, $W' = W \operatorname{diag}\{Q_1, Q_2\}$ となる．ここで，線形写像 $M : T \to \operatorname{ran} A$ を A の T への制限とする．その $\{v_1, \cdots, v_r\}$ と $\{w_1, \cdots, w_r\}$ による行列表示が A_1 なので，新しい基底に関する行列表示 A'_1 は，$V'_1 = V_1 P_1$, $W'_1 = W_1 Q_1$ であることに気を付けると，$A'_1 = Q_1^{-1} A_1 P_1$ で与えられる (定理 3.6)．すると

$$V' \operatorname{diag}\left\{A'^{-1}_1, O\right\} W'^{-1}$$
$$= V \operatorname{diag}\{P_1, P_2\} \operatorname{diag}\left\{P_1^{-1} A_1^{-1} Q_1, O\right\} \operatorname{diag}\left\{Q_1^{-1}, Q_2^{-1}\right\} W^{-1}$$
$$= V \operatorname{diag}\left\{A_1^{-1}, O\right\} W^{-1}$$

が成り立つが，これは式 (10.1) の行列が基底のとり方に依存しないことを示している．

【4】 行列 A を A^{H} と置き換えたときに，$(A^+)^{\mathrm{H}}$ が定理 10.9 の 4 条件を満たすことをいえばよい．条件 (a), (b) は，両辺の複素共役行列をとればよい．条件 (c) であるが

$$\left(A^{\mathrm{H}} \left(A^+\right)^{\mathrm{H}}\right)^{\mathrm{H}} = A^+ A = \left(A^+ A\right)^{\mathrm{H}} = A^{\mathrm{H}} \left(A^+\right)^{\mathrm{H}}$$

より成り立っている．条件 (d) についても同様に確認できる．

【5】 まず，A が行最大階数をもつときには A^{H} は列最大階数をもつので，定理 9.3 を用いると，$A^{\mathrm{HH}} A^{\mathrm{H}} = A A^{\mathrm{H}}$ が正定行列であることがわかる．すると，9 章の演習問題【2】によって，$A A^{\mathrm{H}}$ は正則行列である．ゆえに，$A^+ = A^{\mathrm{H}} \left(A A^{\mathrm{H}}\right)^{-1}$ は定義可能である．ここで，$A A^+ = A A^{\mathrm{H}} \left(A A^{\mathrm{H}}\right)^{-1} = I_m$ を満たす．定理 10.9 の 4 条件を確認すると，$A A^+ A = \left(A A^+\right) A = A$, $A^+ A A^+ = A^+ \left(A A^+\right) = A^+$, $\left(A A^+\right)^{\mathrm{H}} = I = A A^+$, $(A^+ A)^{\mathrm{H}} = (A^{\mathrm{H}} (A A^{\mathrm{H}})^{-1} A)^{\mathrm{H}} = A^{\mathrm{H}} (A A^{\mathrm{H}})^{-\mathrm{H}} A = A^{\mathrm{H}} (A A^{\mathrm{H}})^{-1} A = A^+ A$ よりすべて成立するので，A^+ は擬似逆行列である．A が列最大階数のときの証

明も同様であるので，省略する．

11章

【1】 行列 A の特異値分解が $A = U\Sigma V^{\mathrm{H}}$ で与えられているとすると，行列 A^{H} の特異値分解は $A^{\mathrm{H}} = V\Sigma^{\mathrm{T}} U^{\mathrm{H}}$ である．これに**定理 11.3** を適用すれば，求める式を得る．

【2】 直交射影 P を考え，$\mathrm{rank}\, P = r$ とする．$\mathrm{ran}\, P$ の正規直交基底を $\{x_1, \cdots, x_r\}$ とし，これを含むように $\mathbb{C}^n$ の正規直交基底を $\{x_1, \cdots, x_n\}$ とする．ここで，$U = [\, x_1\ \cdots\ x_n\,] \in \mathbb{C}^{n \times n}$ とすると，$U^{\mathrm{H}} U = I$，$PU = U\Sigma$ （ただし $\Sigma = \mathrm{diag}\,\{1, \cdots, 1, 0, \cdots, 0\}$ （r 個の 1））である．つまり，P の特異値分解は $P = U\Sigma U^{\mathrm{T}}$ となるので，特異値は 1 （全部で r 個）である．

直交射影とは限らない射影 P を考え，$\mathrm{rank}\, P = r$ とする．$k \leqq r$ として，$S \subset \mathbb{C}^n$ を $k-1$ 次元部分空間とする．$\dim S^\perp = n-k+1$ であるので，**定理 2.7** を適用して，$\dim S^\perp \cap \mathrm{ran}\, P = \dim S^\perp + \dim \mathrm{ran}\, P - \dim(S^\perp + \mathrm{ran}\, P) \geqq n-k+1+r-n \geqq 1$ となる．これより，$S^\perp \cap \mathrm{ran}\, P \neq (0)$ である．したがって，$x \in S^\perp \cap \mathrm{ran}\, P$ を $\|x\| = 1$ となるように選ぶことができる．すると，**定理 11.4** を適用して $\sigma_k(P) \geqq \|Px\| = \|x\| = 1$ である．一方，$k > r$ ならば $\sigma_k(P) = 0$ であるので，P は r 個の 1 以上となる特異値をもつことがわかる．

【3】 行列 A の特異値分解を $A = U\Sigma V^{\mathrm{H}}$ とすると

$$\mathrm{tr}(A^{\mathrm{H}} A) = \mathrm{tr}(V\Sigma^{\mathrm{T}} U^{\mathrm{H}} U\Sigma V^{\mathrm{H}})$$
$$= \mathrm{tr}(V^{\mathrm{H}} V\Sigma^{\mathrm{T}}\Sigma) = \mathrm{tr}(\Sigma^{\mathrm{T}}\Sigma) = \sum_{k=1}^{r} \sigma_k^2(A)$$

である．ここで，14章の公式17を用いた．

【4】 **定理 11.11** のように，A^+ を定めて $A^+ = V\Sigma' U^{\mathrm{H}}$ と書く．ただし，$\Sigma' \in \mathbb{R}^{n \times m}$ は**定理 11.11** のとおりである．ここで，$\Sigma'\Sigma \in \mathbb{R}^{n \times n}$ および $\Sigma\Sigma' \in \mathbb{R}^{m \times m}$ は，ともに左上に r 次の単位行列をもち，それ以外の成分は 0 であることに注意すると

$$AA^+ A = U\Sigma V^{\mathrm{H}} V\Sigma' U^{\mathrm{H}} U\Sigma V^{\mathrm{H}} = U\Sigma\Sigma'\Sigma V^{\mathrm{H}} = U\Sigma V^{\mathrm{H}} = A$$

である．$A^+ AA^+ = A$ も同様に示すことができる．また
$$\left(AA^+\right)^{\mathrm{H}} = \left(U\Sigma V^{\mathrm{H}} V\Sigma' U^{\mathrm{H}}\right)^{\mathrm{H}} = \left(U\Sigma\Sigma' U^{\mathrm{H}}\right)^{\mathrm{H}} = U\Sigma\Sigma' U^{\mathrm{H}} = AA^+$$
である．$\left(A^+ A\right)^{\mathrm{H}} = A^+ A$ も同様に示すことができる．

【5】 $A - BW$ のフロベニウスノルムは,$\mathbb{R}^{m \times n}$ の内積 $\langle A, B \rangle = \text{tr}(B^{\mathrm{T}}A)$ を用いて,$\|A - BW\|_F^2 = \langle A - BW, A - BW \rangle = \langle A, A \rangle + \langle BW, BW \rangle - 2\langle A, BW \rangle$ と書くことができる.ところで,14 章の公式 17 を用いて

$$\langle BW, BW \rangle = \text{tr}(W^{\mathrm{T}}B^{\mathrm{T}}BW) = \text{tr}(B^{\mathrm{T}}BWW^{\mathrm{T}}) = \text{tr}(B^{\mathrm{T}}B)$$

なので,与えられたフロベニウスノルムを最小化する問題は,$\langle A, BW \rangle$ を最大化する問題と等価である.ここで,$B^{\mathrm{T}}A = U\Sigma V^{\mathrm{T}}$ と特異値分解をすれば,$\langle A, BW \rangle = \text{tr}(W^{\mathrm{T}}U\Sigma V^{\mathrm{T}}) = \text{tr}(V^{\mathrm{T}}W^{\mathrm{T}}U\Sigma) = \text{tr}(X^{\mathrm{T}}\Sigma) = \sum \sigma_i x_{ii}$ である.ただし,$X = U^{\mathrm{T}}WV = (x_{ij})$ とおいた.$X^{\mathrm{T}}X = I$ なので,$x_{ii} \leq 1$ を用いると,上記右辺は $\sum \sigma_i$ を超えない.また,$X = I$ のときその上界値をとるので最大化される.つまり,$W = UV^{\mathrm{T}}$ のとき与えられたフロベニウスノルムは最小である.ちなみに,最小値は $\sum \sigma_i^2(A) + \sum \sigma_i^2(B) - 2\sum \sigma_i^2(B^{\mathrm{T}}A)$ である.

【6】 任意の $\|u\| = 1$ である $u \in S$ は,$u = Ax$,$\|x\| = 1$,$x \in \mathbb{R}^m$ と書くことができることに注意する.同様に,$v = By$,$\|y\| = 1$,$y \in \mathbb{R}^\ell$ によって,$\|v\| = 1$,$v \in T$ を記述することができる.まず,$k = 1$ の場合を考える.$u \in S$,$v \in T$,$\|u\| = \|v\| = 1$ とすれば

$$u^{\mathrm{T}}v = x^{\mathrm{T}}A^{\mathrm{T}}By \leq \|A^{\mathrm{T}}By\| \leq \sigma_1(A^{\mathrm{T}}B) \quad (2)$$

なので,$\sigma_1 \leq \sigma_1(A^{\mathrm{T}}B)$ である.一方,y_1 を V の第 1 列,x_1 を U の第 1 列とすれば,$u_1 = Ax_1$,$v_1 = By_1$ によって式 (2) の等号が成り立つ.つぎに,$\sigma_1, \cdots, \sigma_{k-1}$ まで問題に記載のことが正しいとして,σ_k の場合を考える.$j = 1, \cdots, k-1$ について $u_j = Ax_j$,$v_j = By_j$ とおき,$T_k = \text{span}\{y_1, \cdots, y_{k-1}\}$ とする.ここで,$\|u\| \leq 1$,$\|v\| \leq 1$ かつ $j = 1, \cdots, k-1$ について,$v_j^{\mathrm{T}}v = 0$ であれば $u = Ax$,$v = By$ と書くとき,$\|x\| \leq 1$,$\|y\| \leq 1$,$y \in T_k^\perp$ となるので,**定理 11.4** を用いると

$$u^{\mathrm{T}}v = x^{\mathrm{T}}A^{\mathrm{T}}By \leq \|A^{\mathrm{T}}By\| \leq \sigma_k(A^{\mathrm{T}}B) \quad (3)$$

となり,$\sigma_k \leq \sigma_k(A^{\mathrm{T}}B)$ である.ところで,**定理 11.4** の証明の後に述べたことから,$u_k = Ax_k$,$v_k = By_k$ とするとき式 (3) の等号が成り立つ.

12 章

【1】 $p = 1$ の場合 $\|x + y\|_1 = \sum_{i=1}^n |\xi_i + \eta_i| \leq \sum_{i=1}^n (|\xi_i| + |\eta_i|) = \|x\|_1 + \|y\|_1$ である.

$p = \infty$ の場合 $\|x + y\|_\infty = \max_{1 \leq i \leq n} |\xi_i + \eta_i| \leq \max_{1 \leq i \leq n} (|\xi_i| + |\eta_i|) \leq \max_{1 \leq i \leq n} |\xi_i| + \max_{1 \leq i \leq n} |\eta_i| = \|x\|_\infty + \|y\|_\infty$ である.

【2】 **1 ノルムと 2 ノルム** $(1/\sqrt{n})\|x\|_1 \leq \|x\|_2 \leq \|x\|_1$. まず, $\left(\sum_i |\xi_i|\right)^2 = \sum_i |\xi_i|^2 + 2\sum_{i<j}|\xi_i||\xi_j| \geq \sum_i |\xi_i|^2$ であるので, 右側の不等号が成り立つ。また, 単位ベクトルのとき等号が成り立つ。つぎに, $Q = nI_n$, $R = (r_{ij})$ $(r_{ij} = 1)$ として, $P = Q - R$ とする。P はエルミート行列 (実対称行列) であり, **定理 12.9** よりその固有値は非負である。**定理 9.2** より $P \geq O$ である。すると, $n\sum_{i=1}^n |\xi_i|^2 - \left(\sum_{i=1}^n |\xi_i|\right)^2 \geq 0$ となるが, これは左側の不等号が成り立つことを示す。また, $x = [\,1\ 1\ \cdots\ 1\,]^T$ のとき等号が成り立つ。

1 ノルムと ∞ ノルム $(1/n)\|x\|_1 \leq \|x\|_\infty \leq \|x\|_1$. 各自確認されたい。

2 ノルムと ∞ ノルム $(1/\sqrt{n})\|x\|_2 \leq \|x\|_\infty \leq \|x\|_2$. 各自確認されたい。

【3】 **フロベニウスノルムの場合** $\mathbb{C}^{m \times n}$ で $\langle A, B \rangle = \sum_{i,j} a_{ij}\overline{b_{ij}}$ と定めると, これは $\mathbb{C}^{m \times n}$ の内積である ($\mathbb{C}^{mn}$ の内積と思えばよい)。ところで, $\|A\|_F^2 = \mathrm{tr}(A^H A) = \sum_{i,j}|a_{ij}|^2 = \langle A, A \rangle$ である。したがって, フロベニウスノルムは内積によって定義されるノルムとなるので, **定理 7.1** より中線定理を満たす。また, 不等式

$$\|AB\|_F^2 = \sum_{k=1}^n \sigma_k^2(AB) \leq \sigma_1^2(A)\sum_{k=1}^n \sigma_k^2(B)$$
$$\leq \sum_{k=1}^n \sigma_k^2(A)\sum_{k=1}^n \sigma_k^2(B) = \|A\|_F^2 \|B\|_F^2$$

より, 不等式 (12.8) を満たす。ここで**定理 11.6** を用いた。

$\|A\| = \max_{i,j}|a_{ij}|$ の場合 これは $\mathbb{C}^{mn}$ の無限大ノルムであるから, ノルムである。無限大ノルムについて中線定理が成り立たないことは, すでに**例題 12.4** で示した。不等式 (12.8) も満たさない。例えば, $A, B \in \mathbb{C}^{2 \times 2}$, $C = AB$ を以下のようにとるとき

$$A = \begin{bmatrix} 1 & 1 \\ 0 & 0 \end{bmatrix},\quad B = \begin{bmatrix} 1 & 0 \\ 1 & 0 \end{bmatrix},\quad C = \begin{bmatrix} 2 & 0 \\ 0 & 0 \end{bmatrix}$$

$\|C\| = 2 > 1 = \|A\|\|B\|$ である。

【4】 **十分性** **定理 12.5** より $\|AB\| \leq \|A\|\|B\| < 1$ を得るが, すると**定理 12.8** より $I - AB$ は正則である。

必要性 $\sigma_{\max}(A) \geq 1$ とする。**定理 11.1** のように, $A = U\Sigma V^H$ と特異値分解をするとき, U の第 1 列を $u_1 \in \mathbb{R}^m$, V の第 1 列を $v_1 \in \mathbb{R}^n$

として，$B = v_1 u_1^\mathrm{T}/\sigma_{\max}(A)$ と定める（このままで**定理 11.2** の形になっていることに注意せよ）．このとき，$\sigma_{\max}(B) = 1/\sigma_{\max}(A) \leqq 1$ であり，$\det(I - AB) = 1 - u_1^\mathrm{T} A v_1/\sigma_{\max}(A) = 0$（14 章の公式 6）となるので，$I - AB$ は正則ではない．

13 章

【1】 作用素 $M : \mathbb{C}^{m \times n} \to \mathbb{C}^{m \times n}$ を $M(X) = X - AXB$ と定める．M が線形変換であることは容易にわかる．まず，M の固有値が $1 - \lambda_i \mu_j$ であることを示す．行列 A および B がともに重複固有値をもたない場合を考える．A の固有値 λ_i の固有ベクトルを $x_i \in \mathbb{C}^m$，B^T の固有値 μ_j の固有ベクトルを $y_j \in \mathbb{C}^n$ とする．$X_{ij} = x_i y_j^\mathrm{T} \neq O$ とおくと，$M(X_{ij}) = x_i y_j^\mathrm{T} - A x_i y_j^\mathrm{T} B = x_i y_j^\mathrm{T} - \lambda_i \mu_j x_i y_j^\mathrm{T} = (1 - \lambda_i \mu_j) X_{ij}$ であるので，X_{ij} は M の固有値 $1 - \lambda_i \mu_j$ に対する固有ベクトルである．以下，**定理 13.1** の証明と同じようにすると，M は $1 - \lambda_i \mu_j$ 以外の固有値をもたないことがわかる．証明の残りは，**定理 13.1** の証明と同じである．A または B の固有値が重複する場合は省略する．

【2】 まず，定理の仮定が成り立つとき，H は単位円上に固有値をもたないことを示す．固有値 λ に対する固有ベクトルを $x = [\, y^\mathrm{T} \; z^\mathrm{T} \,]^\mathrm{T} \in \mathbb{C}^{2n}$ とする．$H_Q x = \lambda H_R x$ であるので

$$Ay + \lambda B R^{-1} B^\mathrm{H} z, \quad -Qy + z = \lambda A^\mathrm{H} z$$

である．左の式に左から $\bar{\lambda} z^\mathrm{H}$ を乗じ，右の式の共役転置をとった後，右から y を乗じてそれぞれの辺々を加えると，$\left(1 - |\lambda|^2\right) z^\mathrm{H} y = y^\mathrm{H} Q y + |\lambda|^2 z^\mathrm{H} B R^{-1} B^\mathrm{H} z$ である．ここで，$|\lambda| = 1$ であるとすれば $Q \geqq O$，$R > O$ であるので，$y^\mathrm{H} Q y = 0$ かつ $z^\mathrm{H} B R^{-1} B^\mathrm{H} z = 0$ である．すると，以下，**定理 13.9** の証明と同様に可安定性，可検出性に矛盾するので，H は単位円上に固有値をもたないことがわかる．シンプレクティック行列の固有値は単位円に関して対称であるので，不変部分空間 $\chi_-(H)$ について $\dim \chi_-(H) = n$ であり，式 (13.17) のように行列 Y, Z を定めることができる．ここで，$[\, Y^\mathrm{T} \; Z^\mathrm{T} \,]^\mathrm{T} = T \in \mathbb{C}^{2n \times n}$ とおくと，$HT = T\Lambda$ となる $\Lambda \in \mathbb{C}^{n \times n}$ がある．ここで，**定理 5.8** を適用すると，Λ の固有値の絶対値はすべて 1 未満である．まず，$Y^\mathrm{H} Z = Z^\mathrm{H} Y$ を示す．$H^{-1} = J H^\mathrm{H} J^{-1}$ を $H^{-1} T = T \Lambda^{-1}$ に代入して $J^{-1} = -J$ を用いると，$H^\mathrm{H} JT = JT \Lambda^{-1}$ を得る．すると，$(JT)^\mathrm{H} T \Lambda = (JT)^\mathrm{H} HT = \Lambda^{-\mathrm{H}}(JT)^\mathrm{H} T$ である．ここで Λ と $\Lambda^{-\mathrm{H}}$ の固有値は共通なものがないので，**定理 13.1** を用いるこ

とにより,$(JT)^{\mathrm{H}}T = O$ である.すなわち,$Y^{\mathrm{H}}Z = Z^{\mathrm{H}}Y$ である.つぎに,$Z^{\mathrm{H}}Y \geqq O$ を示す.Λ の固有値の絶対値は 1 未満であるから

$$\begin{aligned}&Z^{\mathrm{H}}Y\\ &= \sum_{k=1}^{\infty}\left\{(\Lambda^{\mathrm{H}})^{k-1}T^{\mathrm{H}}\begin{bmatrix} O & O \\ I & O \end{bmatrix}T\Lambda^{k-1}\right.\\ &\qquad \left. -(\Lambda^{\mathrm{H}})^{k}T^{\mathrm{H}}\begin{bmatrix} O & O \\ I & O \end{bmatrix}T\Lambda^{k}\right\}\end{aligned}$$

である.右辺は

$$\begin{aligned}W &:= \begin{bmatrix} O & O \\ I & O \end{bmatrix} - H^{\mathrm{H}}\begin{bmatrix} O & O \\ I & O \end{bmatrix}H \\ &= \begin{bmatrix} Q + QA^{-1}BR^{-1}B^{\mathrm{H}}A^{-\mathrm{H}}Q & -QA^{-1}BR^{-1}B^{\mathrm{H}}A^{-\mathrm{H}} \\ -A^{-1}BR^{-1}B^{\mathrm{H}}A^{-\mathrm{H}}Q & A^{-1}BR^{-1}B^{\mathrm{H}}A^{-\mathrm{H}} \end{bmatrix} \\ &= \begin{bmatrix} Q & O \\ O & O \end{bmatrix} \\ &\quad + \begin{bmatrix} Q \\ -I \end{bmatrix}A^{-1}BR^{-1}B^{\mathrm{H}}A^{-\mathrm{H}}\begin{bmatrix} Q & -I \end{bmatrix} \geqq O\end{aligned}$$

であることに注意すると,$HT = T\Lambda$ を用いて

$$Z^{\mathrm{H}}Y = \sum_{k=1}^{\infty}T^{\mathrm{H}}(H^{\mathrm{H}})^{k-1}WH^{k-1}T \geqq O$$

である.ここで,Y は正則行列であることを示す.$HT = T\Lambda$,すなわち $H_Q T = H_R T\Lambda$ は

$$AY = Y\Lambda + BR^{-1}B^{\mathrm{H}}Z\Lambda, \quad -QY + Z = A^{\mathrm{H}}Z\Lambda \qquad (4)$$

と等価であるが,左の式に左から Z^{H},右から Λ^{-1} を乗じ,右の式の共役転置をとった後,左から $\Lambda^{-\mathrm{H}}$ を乗じて $Z^{\mathrm{H}}A$ を求めて代入すれば

$$Z^{\mathrm{H}}Y = \Lambda^{-\mathrm{H}}Z^{\mathrm{H}}Y\Lambda^{-1} - \Lambda^{-\mathrm{H}}Y^{\mathrm{H}}QY\Lambda^{-1} - Z^{\mathrm{H}}BR^{-1}B^{\mathrm{H}}Z$$

を得る.$y \in \ker Y$ とすれば,上式の右より Λy を,左よりその共役転置を乗じて

$$0 \leqq (\Lambda y)^{\mathrm{H}}Z^{\mathrm{H}}Y(\Lambda y) = -(\Lambda y)^{\mathrm{H}}Z^{\mathrm{H}}BR^{-1}B^{\mathrm{H}}Z(\Lambda y) \leqq 0$$

である．したがって，$B^{\mathrm{H}}Z\Lambda y = 0$ である．式 (4) の左の式に y を乗じると，$Y\Lambda y = 0$ である．つまり，$\ker Y$ は Λ 不変部分空間になっている．もし $\ker Y \neq (0)$ であれば，**定理 5.8** より，$\Lambda y = \lambda y$ となる $y \in \ker Y$ $(y \neq 0)$ がある．λ は Λ の固有値だから，$0 < |\lambda| < 1$ である．このとき，式 (4) の右の式に y を乗じて $\lambda^{-1}Zy = A^{\mathrm{H}}Zy$ を得る．すでに示したように，$B^{\mathrm{H}}Zy = 0$ であるから，(A, B) が可安定であることを用いると $Zy = 0$ である．すると $Ty = 0$ となるが，これは $\dim \chi_{-}(H) = n$ に矛盾する．したがって，$\ker Y = (0)$ であるので，Y は正則行列である．ここで $X = ZY^{-1}$ とおく．$Y^{\mathrm{H}}Z = Z^{\mathrm{H}}Y$ より $X = X^{\mathrm{H}}$ である．式 (4) より，$Y\Lambda Y^{-1} = \Lambda_1$ と書くと

$$A = \left(I + BR^{-1}B^{\mathrm{H}}X\right)\Lambda_1, \quad -Q + X = A^{\mathrm{H}}X\Lambda_1$$

であるが，これより $\left(I + BR^{-1}B^{\mathrm{H}}X\right)^{-1}A = \Lambda_1$ は安定行列であること，X は式 (13.15) の解であることがわかる．

【3】 まず，$x \in \ker B^{\mathrm{T}}$ とすれば $(SB)^{\mathrm{T}}S^{-\mathrm{T}}x = B^{\mathrm{T}}x = 0$ なので，$S^{-\mathrm{T}}x \in \ker(SB)^{\mathrm{T}}$ である．逆に，$y \in \ker(SB)^{\mathrm{T}}$ とするならば $0 = (SB)^{\mathrm{T}}y = B^{\mathrm{T}}S^{\mathrm{T}}y$ であるから，$S^{\mathrm{T}}y \in \ker B^{\mathrm{T}}$ である．

【4】 **定理 13.11** より，$(1/\epsilon^2)BB^{\mathrm{T}} - \left(AX + XA^{\mathrm{T}}\right) > O$ となる $\epsilon > 0$ がある．そこで，$K = -(1/\epsilon^2)B^{\mathrm{T}}X^{-1}$ とおくと

$$\begin{aligned}
O &= \left(\frac{1}{\epsilon}B + \epsilon XK^{\mathrm{T}}\right)\left(\frac{1}{\epsilon}B + \epsilon XK^{\mathrm{T}}\right)^{\mathrm{T}} \\
&= \frac{1}{\epsilon^2}BB^{\mathrm{T}} + BKX + XK^{\mathrm{T}}B^{\mathrm{T}} + \epsilon^2 XK^{\mathrm{T}}KX \\
&< \frac{1}{\epsilon^2}BB^{\mathrm{T}} - \left(AX + XA^{\mathrm{T}}\right)
\end{aligned}$$

である．つまり，$(A + BK)X + X(A + BK)^{\mathrm{T}} < O$ が成り立つ．

14 章

【1】 **公式 1**　**定理 1.2** で示した．

公式 2　行列式の定義 (1.1) と共役複素数の性質 ($\overline{a+b} = \bar{a} + \bar{b}$, $\overline{ab} = \bar{a}\bar{b}$) より，$\det \overline{A} = \overline{\det A}$ である．これと公式 1（つまり**定理 1.2**）より，$\det A^{\mathrm{H}} = \det \overline{A} = \overline{\det A}$ である．

公式 3　**定理 1.5** で示した．

公式 4　行列 A が正則であるときには

$$\begin{bmatrix} I_n & O_{n \times m} \\ -CA^{-1} & I_m \end{bmatrix} E = \begin{bmatrix} A & B \\ O_{m \times n} & D - CA^{-1}B \end{bmatrix} \quad (5)$$

演 習 問 題 の 解 答　　243

が成り立つことに注意する。この両辺の行列式を考えて公式 3（つまり**定理 1.5**）と定理 **1.3** を適用すれば，$\det E = \det A \det(D - CA^{-1}B)$ を得る。行列 D が正則であるときの式も，同様な変形で証明できる。

公式 5　　行列 A が正則な場合は，公式 4 より $\det E = \det A \left(d - cA^{-1}b\right)$
$= d \det A - c \, \mathrm{adj}\, Ab$ を得る。行列 A が正則でないときには，A の部分を $A + \epsilon I_n$ とおいた行列 E_ϵ を考える。$\epsilon \neq 0$ であり $|\epsilon|$ が十分小さければ，$A + \epsilon I_n$ は正則行列だから，$\det E_\epsilon = d \det(A + \epsilon I_n) + c \, \mathrm{adj}(A + \epsilon I_n)b$ である。行列式は行列の成分に関して連続であるので，$\epsilon \to 0$ の極限を考えると，$\det E = d \det A + c \, \mathrm{adj}\, Ab = c \, \mathrm{adj}\, Ab$ が成立している。

公式 6　　行列

$$E = \begin{bmatrix} I_m & A \\ B & I_n \end{bmatrix}$$

に公式 4 を当てはめると，$\det E = \det(I - AB) = \det(I - BA)$ を得る。

公式 7　　直接計算すれば，$AB\left(B^{-1}A^{-1}\right) = A\left(BB^{-1}\right)A^{-1} = AA^{-1} = I$ である。$\left(B^{-1}A^{-1}\right)AB = I$ も同様に示すことができる。

公式 8　　1 章の演習問題【2】を用いて，$A^{\mathrm{T}}\left(A^{-1}\right)^{\mathrm{T}} = \left(A^{-1}A\right)^{\mathrm{T}} = I$ である。同様に $\left(A^{-1}\right)^{\mathrm{T}}A^{\mathrm{T}} = I$ も成り立つ。

公式 9　　公式 8 と同様である。

公式 10　　式 (5) に，さらに右より行列を乗じて

$$\begin{bmatrix} I_n & O_{n \times m} \\ -CA^{-1} & I_m \end{bmatrix} E \begin{bmatrix} I_n & -A^{-1}B \\ O_{m \times n} & I_m \end{bmatrix}$$
$$= \begin{bmatrix} A & O_{n \times m} \\ O_{m \times n} & D - CA^{-1}B \end{bmatrix}$$

である。ここで両辺の逆行列をとって，公式 7 および 1 章の演習問題【8】を用いると

$$E^{-1} = \begin{bmatrix} I_n & -A^{-1}B \\ O_{m \times n} & I_m \end{bmatrix}$$
$$\times \begin{bmatrix} A^{-1} & O_{n \times m} \\ O_{m \times n} & (D - CA^{-1}B)^{-1} \end{bmatrix} \begin{bmatrix} I_n & O_{n \times m} \\ -CA^{-1} & I_m \end{bmatrix}$$

より与式を得る。行列 D が正則なときの公式も同等に示すことができる。

公式 11　　定理 **1.3** より，$\det E = \det A \det D \neq 0$ であるためには，A, D がともに正則行列であることが必要十分である。そのとき，$C = O$

として公式 10 に代入してみよ．

公式 12 公式 10 で考えた行列 E は，D と $A - BD^{-1}C$ がともに正則行列であれば，それ自身も正則行列になる．すると，A が正則行列であることから公式 10 の双方が有効である．このとき，それぞれの $(1,1)$ ブロックを比較すればよい．

公式 13 公式 10 で考えた行列 E は，A と $D - CA^{-1}B$ が正則行列であれば，それ自身も正則行列になる．ここで，後者の条件は $D = 1$ なので，$1 \neq cA^{-1}b$ である．すると，A が正則行列であることから，公式 10 の双方が有効である．このときそれぞれの $(1,1)$ ブロックを比較すればよい．

公式 14 公式 6 より，左辺の逆行列があれば右辺の逆行列もある．$(I_m - AB)A = A - ABA = A(I_n - BA)$ であるから，この両辺に左から $(I_m - AB)^{-1}$，右から $(I_n - BA)^{-1}$ を掛けると与式を得る．

公式 15 行列式の定義式 (1.1) より

$$\frac{d\det A(t)}{dt} = \sum_{p \in \mathcal{P}(n)} \mathrm{sgn}\, p \frac{d}{dt}\left(\prod_{i=1}^n a_{ip(i)}(t)\right)$$
$$= \sum_{k=1}^n \sum_{p \in \mathcal{P}(n)} \mathrm{sgn}\, p \frac{d}{dt} a_{kp(k)}(t) \prod_{i \neq k} a_{ip(i)}(t)$$

であるが，同様に式 (1.1) より $\sum_{p \in \mathcal{P}(n)} \mathrm{sgn}\, p (d/dt) a_{kp(k)}(t) \prod_{i \neq k} a_{ip(i)}(t)$ は $A(t)$ の第 k 行のみを $(d/dt)a_{kj}(t)$ で置き換えた行列（これを $A_k(t)$ と書くことにする）の行列式である．ここで，**定理 1.4** より，$\det A_k = (d/dt)a_{k1}\Delta_{k1} + \cdots + (d/dt)a_{kn}\Delta_{kn}$ である．A_k の k 列以外は，A と同じ成分をもつために，余因子 Δ_{kj} は A の余因子であることに注意する．ゆえに，$(d/dt)\det A(t) = \sum_k \det A_k(t) = \sum_k \sum_j (da_{kj}(t)/dt)\Delta_{kj} = \mathrm{tr}((dA(t)/dt)\,\mathrm{adj}\,A(t))$ である．

公式 16 $A(t)A^{-1}(t) = I$ の両辺を微分すれば

$$\frac{dA(t)}{dt}A^{-1}(t) + A(t)\frac{dA^{-1}(t)}{dt} = O$$

である．これより $(dA^{-1}(t)/dt) = -A^{-1}(t)(dA(t)/dt)A^{-1}(t)$ を得る．

公式 17 $\mathrm{tr}(AB) = \sum_i \sum_j a_{ij}b_{ji} = \sum_j \sum_i a_{ij}b_{ji} = \mathrm{tr}(BA)$ である．

公式 18 公式 15 を $f(t) = \det \mathrm{e}^{At}$ に当てはめると

$$\frac{df(t)}{dt} = \mathrm{tr}\left(A\mathrm{e}^{At}\operatorname{adj}\mathrm{e}^{At}\right) = \mathrm{tr}\left(A\det\mathrm{e}^{At}I\right) = \mathrm{tr}\, Af(t)$$

である．ここで，$f(0) = 1$ なので $f(t) = \mathrm{e}^{\mathrm{tr}\, At}$ である．

公式 19　与式の右辺を $X(t)$ とおく．

$$\begin{aligned}\frac{d}{dt}X(t) &= \begin{bmatrix} A_{11}\mathrm{e}^{A_{11}t} & A_{11}\int_0^t \mathrm{e}^{A_{11}(t-\tau)}A_{12}\mathrm{e}^{A_{22}\tau}d\tau + A_{12}\mathrm{e}^{A_{22}t} \\ O & A_{22}\mathrm{e}^{A_{22}t} \end{bmatrix} \\ &= AX(t)\end{aligned}$$

である．また，$X(0) = I_n$ であるので，**定理 14.1** を用いて，解の一意性より $X(t) = \mathrm{e}^{At}$ である．

公式 20　等式

$$\begin{bmatrix} I_n & I_n \\ O & -I_n \end{bmatrix}\begin{bmatrix} A+B & O \\ O & A \end{bmatrix}\begin{bmatrix} I_n & I_n \\ O & -I_n \end{bmatrix} = \begin{bmatrix} A+B & B \\ O & A \end{bmatrix}$$

の行列指数関数をとって，公式 19 を当てはめて，両辺の $(1,2)$ ブロックを比較すると与式を得る．

公式 21　$X(t) = \mathrm{e}^{At}\mathrm{e}^{Bt}$ とおく．

$$\begin{aligned}\frac{d}{dt}X(t) &= \left(\frac{d}{dt}\mathrm{e}^{At}\right)\mathrm{e}^{Bt} + \mathrm{e}^{At}\left(\frac{d}{dt}\mathrm{e}^{Bt}\right) \\ &= A\mathrm{e}^{At}\mathrm{e}^{Bt} + \mathrm{e}^{At}B\mathrm{e}^{Bt} \\ &= A\mathrm{e}^{At}\mathrm{e}^{Bt} + B\mathrm{e}^{At}\mathrm{e}^{Bt} = (A+B)X(t)\end{aligned}$$

であり，$X(0) = I_n$ なので，**定理 14.1** を用いて，解の一意性より $X(t) = \mathrm{e}^{(A+B)t}$ である．

公式 22　公式 21 の特別な場合である．

索引

【あ】

余り　77
安定化解　200

【い】

一次結合　17
一次従属　18
一次独立　17
一対一対応　37
一般化逆行列　152
一般化固有空間　85
イデアル　82

【え】

LMI　205
エルミート行列　113
エルミート形式　129

【か】

可安定　200
階数　50
ガウスの掃き出し法　4
可換環　77
可観測　196
可検出　201
環　36

【き】

幾何学的重複度　92
擬似逆行列　156
奇置換　4
基底　22
逆行列　9
逆写像　37

行ベクトル　2
共役双一次形式　130
共役転置行列　2
行列　1
行列関数　94
行列式　4
行列表示　41
行列平方根　142
極大一次独立　51
極大一次独立な集合　20

【く】

偶置換　4
グラム行列　103
グラム・シュミット
　の直交化　106
クーラン・フィッシャーの
　ミニマックス定理　123

【け】

結合法則　13
ケーリー・ハミルトン
　の定理　81
ゲルシゴーリンの定理　189

【こ】

交換法則　13
合同変換　130
公約多項式　77
互換　4
コーシー・ブニャコフスキ・
　シュワルツの不等式　102
固有空間　65
固有値　64
固有ベクトル　64

コレスキ分解　141

【さ】

最小多項式　81
最大階数　53
最大階数分解　60
最大行階数　53
最大公約多項式　77
最大特異値　161
最大列階数　53
作用素としてのノルム　184
三角不等式　176
三重対角行列　122

【し】

次元　20
次数　77
実シューア形　120
実線形空間　14
実対称行列　113
射影　28, 146
シューア分解　119
シューア補元　137
収束　101, 176
主行列式　140
主座小行列式　140
シュミット対　161
シュワルツの不等式　102
準正定行列　135
準負定行列　135
商　77
小行列　8
小行列式　9
商空間　29
商集合　29

索　引

ジョルダン標準形 89	対角行列 70	【の】
ジョルダンブロック 89	対称法則 29	ノルム 101, 175
シルベスターの慣性法則 131	代数的重複度 92	【は】
シルベスターの行列 81	代　表 29	ハウスホールダ行列 120
シルベスターの終結式 81	たがいに素 79	バナッハ環 189
シルベスターの不等式 54	単位球 179	ハミルトン行列 198
シルベスター方程式 192	単位行列 3	バランス 180
シンプレクティック行列 203	単位ベクトル 2	張る部分空間 27
	単因子 83	反射法則 29
【す】	単　射 37	半正定値計画法 205
推移法則 29	【ち】	バンデルモンドの行列 47
スカラー 1	置　換 4	【ひ】
スカラー倍 13	中線定理 102	ピタゴラスの定理 105
スペクトル写像定理 69	直　和 27, 84	ビネー・コーシーの公式 9
スペクトル半径 187	直　交 105	【ふ】
【せ】	直交行列 113	複素線形空間 14
正規行列 112	直交射影 149	符　号 4, 132
正規直交基底 105	直交補空間 108	負定行列 135
正規分解 171	【て】	部分空間 25
制　限 73	定義域 33	部分空間の和 25
正　則 9	テイラー級数 93	不　変 56
正則行列 9	転置行列 2	不変空間 56
正定行列 134	【と】	フロベニウスの定理 69
成　分 2	同　型 23	フロベニウスノルム 168
積方程式 173	同値関係 29	分配法則 13
線形行列不等式 205	同値類 29	分離定理 125
線形行列方程式 192	特異値 159	【へ】
線形空間 13	特異値分解 159	冪　等 147
線形写像 33	特異ベクトル 161	ベズー式 80
線形変換 34	特性多項式 65	ヘッセンベルグ形 120
全　射 37	凸集合 179	ヘルダーの不等式 177
全単射 37	トレース 3	【ほ】
【そ】	【な】	補空間 27
像 48	内　積 99	ポポフ・ベレビッチ・
双一次形式 130	内　点 180	ハウタス条件 75
相似変換 44	【に】	ポーラー分解 171
相反系 111	二次曲面 132	
【た】	二次形式 129	
体 1		

【み】

ミンコフスキの汎関数　181

【む】

ムーア・ペンローズ条件　157
ムーア・ペンローズの逆行列　156
無限次元　20

【も】

モニック多項式　66

【ゆ】

有界な集合　180

ユークリッドの互除法　78
ユークリッドノルム　178
ユニタリ行列　113

【よ】

余因子　6
余因子行列　6
余次元　30

【ら】

ラプラス展開　7

【り】

離散形リアプノフ方程式　197
離散形リッカチ方程式　203

両立　184

【れ】

零化多項式　81
零空間　48
零部分空間　25
列ベクトル　2
連続形リアプノフ方程式　195
連続形リッカチ方程式　198
連立一次方程式　55

【わ】

和　13
歪対称行列　113
割り切る　77

―― 著者略歴 ――

1980 年	大阪大学工学部電子工学科卒業
1982 年	大阪大学大学院博士前期課程修了（電子工学専攻）
1983 年	大阪大学大学院博士後期課程中退
1983 年	大阪大学助手
1986 年	工学博士（大阪大学）
1991 年	大阪大学講師
1994 年	大阪大学助教授
1999 年	大阪大学教授
2006 年	京都大学教授
2023 年	京都大学名誉教授

システム制御のための数学(1)
― 線形代数編 ―
Mathematics and Its Role in Systems and Control Theory, Part 1
― Linear Algebra ―

© Yoshito Ohta 2000

2000 年 11 月 6 日 初版第 1 刷発行
2023 年 12 月 10 日 初版第 3 刷発行

検印省略

著　者　太　田　快　人
発行者　株式会社　コロナ社
　　　　代表者　牛来真也
印刷所　壮光舎印刷株式会社
製本所　有限会社　愛千製本所

112-0011　東京都文京区千石 4-46-10
発　行　所　株式会社　コロナ社
CORONA PUBLISHING CO., LTD.
Tokyo Japan
振替 00140-8-14844・電話 (03)3941-3131(代)
ホームページ　https://www.coronasha.co.jp

ISBN 978-4-339-03307-6　C3355　Printed in Japan　（平河工業社）（金）

<出版者著作権管理機構 委託出版物>
本書の無断複製は著作権法上での例外を除き禁じられています。複製される場合は，そのつど事前に，出版者著作権管理機構（電話 03-5244-5088，FAX 03-5244-5089，e-mail: info@jcopy.or.jp）の許諾を得てください。

本書のコピー，スキャン，デジタル化等の無断複製・転載は著作権法上での例外を除き禁じられています。
購入者以外の第三者による本書の電子データ化及び電子書籍化は，いかなる場合も認めていません。
落丁・乱丁はお取替えいたします。

計測・制御テクノロジーシリーズ

(各巻A5判,欠番は品切または未発行です)

■計測自動制御学会 編

配本順		書名	著者	頁	本体
1.	(18回)	計測技術の基礎(改訂版) ―新SI対応―	山崎弘郎・田中充 共著	250	3600円
2.	(8回)	センシングのための情報と数理	出口光一郎・本多敏 共著	172	2400円
3.	(11回)	センサの基本と実用回路	中沢信明・松井利一・山田功 共著	192	2800円
4.	(17回)	計測のための統計	寺本顕武・椿広計 共著	288	3900円
5.	(5回)	産業応用計測技術	黒森健一他著	216	2900円
6.	(16回)	量子力学的手法によるシステムと制御	伊丹・松井・乾・全 共著	256	3400円
7.	(13回)	フィードバック制御	荒木光彦・細江繁幸 共著	200	2800円
9.	(15回)	システム同定	和田田中・奥大松 共著	264	3600円
11.	(4回)	プロセス制御	高津春雄編著	232	3200円
13.	(6回)	ビークル	金井喜美雄他著	230	3200円
15.	(7回)	信号処理入門	小畑秀文・浜田望・田村安孝 共著	250	3400円
16.	(12回)	知識基盤社会のための人工知能入門	國中進久・藤田豊・羽山徹彩 共著	238	3000円
17.	(2回)	システム工学	中森義輝著	238	3200円
19.	(3回)	システム制御のための数学	田村捷利・武藤康彦・笹川徹史 共著	220	3000円
21.	(14回)	生体システム工学の基礎	福岡豊・内山孝憲・野村泰伸 共著	252	3200円

定価は本体価格+税です。
定価は変更されることがありますのでご了承下さい。

図書目録進呈◆

計測・制御セレクションシリーズ

(各巻A5判)

■計測自動制御学会 編

計測自動制御学会（SICE）が扱う，計測，制御，システム・情報，システムインテグレーション，ライフエンジニアリングといった分野は，もともと分野横断的な性格を備えていることから，SICEが社会において果たすべき役割がより一層重要なものとなってきている。めまぐるしく技術動向が変化する時代に活躍する技術者・研究者・学生の助けとなる書籍を，SICEならではの視点からタイムリーに提供することをシリーズの方針とした。
SICEが執筆者の公募を行い，会誌出版委員会での選考を経て収録テーマを決定することとした。また，公募と並行して，会誌出版委員会によるテーマ選定や，学会誌「計測と制御」での特集から本シリーズの方針に合うテーマを選定するなどして，収録テーマを決定している。テーマの選定に当たっては，SICEが今の時代に出版する書籍としてふさわしいものかどうかを念頭に置きながら進めている。このようなシリーズの企画・編集プロセスを鑑みて，本シリーズの名称を「計測・制御セレクションシリーズ」とした。

配本順			頁	本体
1.（1回）	次世代医療AI ―生体信号を介した人とAIの融合―	藤原幸一 編著	272	3800円
2.（2回）	外乱オブザーバ	島田 明 著	284	4000円
3.（3回）	量の理論とアナロジー	久保和良 著	284	4000円
4.（4回）	電力系統のシステム制御工学 ―システム数理とMATLABシミュレーション―	石崎孝幸 編著 川口貴弘 共著 河辺賢一	284	4200円
5.（5回）	機械学習の可能性	浮田浩行 編著 濱上知樹	240	3600円
6.（6回）	センサ技術の基礎と応用	次世代センサ協議会 編	288	4400円
	データ駆動制御入門	金子修 著	近刊	

定価は本体価格+税です。
定価は変更されることがありますのでご了承下さい。

図書目録進呈◆

産業制御シリーズ

(各巻A5判，欠番は品切です)

- ■企画・編集委員長　木村英紀
- ■企画・編集幹事　新　誠一
- ■企画・編集委員　江木紀彦・黒崎泰充・高橋亮一・美多　勉

			頁	本体
1.	制御系設計理論とCADツール	木村・美多 新・葛谷 共著	172	2300円
2.	ロボットの制御	小島利夫著	168	2300円
3.	紙パルプ産業における制御	神長・森 大倉・川村 佐々木・山下 共著	256	3300円
4.	航空・宇宙における制御	畑　　　剛 泉　達司 共著 川口淳一郎	208	2700円
5.	情報システムにおける制御	大平　前井　洋　力 涌井伸二 編著	246	3200円
6.	住宅機器・生活環境の制御	鷲田　野中翔一 博 編著	248	3300円
7.	農業におけるシステム制御	橋本・村瀬 大下・森本 共著 鳥居	200	2600円
9.	化学産業における制御	伊藤利昭編著	224	2800円
10.	エネルギー産業における制御	松村　司郎 平山開一郎 共著	244	3500円
11.	構造物の振動制御	背戸一登著	262	3700円

現代制御シリーズ

(各巻A5判，欠番は品切です)

- ■編集委員　中溝高好・原島文雄・古田勝久・吉川恒夫

配本順				頁	本体
4.(5回)	モーションコントロール	土手康彦 原島文雄 共著		242	3200円
7.(9回)	アダプティブコントロール	鈴木　隆著		270	3500円
8.(6回)	ロバスト制御	木村英紀 藤井隆雄 共著 森　武宏		210	2600円
10.(8回)	H^∞ 制御	木村英紀著		270	3400円

定価は本体価格+税です。
定価は変更されることがありますのでご了承下さい。

図書目録進呈◆

メカトロニクス教科書シリーズ

(各巻A5判，欠番は品切です)

■編集委員長　安田仁彦
■編集委員　末松良一・妹尾允史・高木章二
　　　　　　藤本英雄・武藤高義

配本順			頁	本体
1.(18回)	新版 メカトロニクスのための 電子回路基礎	西堀賢司著	220	3000円
2.(3回)	メカトロニクスのための 制御工学	高木章二著	252	3000円
3.(13回)	アクチュエータの駆動と制御（増補）	武藤高義著	200	2400円
4.(2回)	センシング工学	新美智秀著	180	2200円
6.(5回)	コンピュータ統合生産システム	藤本英雄著	228	2800円
7.(16回)	材料デバイス工学	妹尾允史・伊藤智徳共著	196	2800円
8.(6回)	ロボット工学	遠山茂樹著	168	2400円
9.(17回)	画像処理工学（改訂版）	末松良一・山田宏尚共著	238	3000円
10.(9回)	超精密加工学	丸井悦男著	230	3000円
11.(8回)	計測と信号処理	鳥居孝夫著	186	2300円
13.(14回)	光工学	羽根一博著	218	2900円
14.(10回)	動的システム論	鈴木正之他著	208	2700円
15.(15回)	メカトロニクスのための トライボロジー入門	田中勝之・川久保洋二共著	240	3000円

定価は本体価格+税です。
定価は変更されることがありますのでご了承下さい。

図書目録進呈◆

ロボティクスシリーズ

(各巻A5判，欠番は品切です)

- ■編集委員長　有本　卓
- ■幹　　　事　川村貞夫
- ■編集委員　石井　明・手嶋教之・渡部　透

配本順			著者	頁	本体
1.	(5回)	ロボティクス概論	有本　卓 編著	176	2300円
2.	(13回)	電気電子回路 ―アナログ・ディジタル回路―	杉田　進・山中克彦・小西　聡 共著	192	2400円
3.	(17回)	メカトロニクス計測の基礎 (改訂版) ―新SI対応―	石井　明・木股雅章・金子　透 共著	160	2200円
4.	(6回)	信号処理論	牧川方昭 著	142	1900円
5.	(11回)	応用センサ工学	川村貞夫 編著	150	2000円
6.	(4回)	知能科学 ―ロボットの"知"と"巧みさ"―	有本　卓 著	200	2500円
7.	(18回)	モデリングと制御	平井慎一・坪内孝司・秋下貞夫 共著	214	2900円
8.	(19回)	ロボット機構学 (改訂版)	永井　清・土橋宏規 共著	158	2100円
9.		ロボット制御システム	野田哲男 編著		
10.	(15回)	ロボットと解析力学	有本　卓・田原健二 共著	204	2700円
11.	(1回)	オートメーション工学	渡部　透 著	184	2300円
12.	(9回)	基礎　福祉工学	手嶋教之・米本清・相川孝訓・相良佐朗・糟谷紀 共著	176	2300円
13.	(3回)	制御用アクチュエータの基礎	川村貞夫・野方誠・田所諭・早川恭弘・松浦裕 共著	144	1900円
15.	(7回)	マシンビジョン	石井　明・斉藤文彦 共著	160	2000円
16.	(10回)	感覚生理工学	飯田健夫 著	158	2400円
18.	(16回)	身体運動とロボティクス	川村貞夫 編著	144	2200円

定価は本体価格+税です。
定価は変更されることがありますのでご了承下さい。

図書目録進呈◆

機械系教科書シリーズ

(各巻A5判，欠番は品切です)

■編集委員長　木本恭司
■幹　　　事　平井三友
■編集委員　青木　繁・阪部俊也・丸茂榮佑

	配本順			頁	本体
1.	(12回)	機械工学概論	木本恭司 編著	236	2800円
2.	(1回)	機械系の電気工学	深野あづさ 著	188	2400円
3.	(20回)	機械工作法（増補）	平井三友・和田任弘・塚本晃久 共著	208	2500円
4.	(3回)	機械設計法	三朝比奈一春二・黒田口奎孝誠斎己・山川井村健正 共著	264	3400円
5.	(4回)	システム工学	古荒吉浜克洋 共著	216	2700円
6.	(34回)	材料学（改訂版）	久保井徳恵蔵 共著	216	2700円
7.	(6回)	問題解決のための Cプログラミング	佐中藤村次理男一郎 共著	218	2600円
8.	(32回)	計測工学（改訂版）―新SI対応―	前木押田村田良一至昭郎啓 共著	220	2700円
9.	(8回)	機械系の工業英語	牧生野水州雅秀之 共著	210	2500円
10.	(10回)	機械系の電子回路	高阪橋本晴俊雄也 共著	184	2300円
11.	(9回)	工業熱力学	丸木茂本榮恭佑司 共著	254	3000円
12.	(11回)	数値計算法	薮伊藤田忠司悼男紀男 共著	170	2200円
13.	(13回)	熱エネルギー・環境保全の工学	井本崎民恭友光雅紀彦 共著	240	2900円
15.	(15回)	流体の力学	坂坂本田 共著	208	2500円
16.	(16回)	精密加工	田明口石村靖紘剛二夫誠 共著	200	2400円
17.	(30回)	工業力学（改訂版）	吉米内山 共著	240	2800円
18.	(31回)	機械力学（増補）	青木　繁 著	204	2400円
19.	(29回)	材料力学（改訂版）	中島正貴 著	216	2700円
20.	(21回)	熱機関工学	越老智固敏潔明固本部隆一光也二 共著	206	2600円
21.	(22回)	自動制御	阪飯部田川俊賢弘也二 共著	176	2300円
22.	(23回)	ロボット工学	早櫟矢野松弘洋順彦男 共著	208	2600円
23.	(24回)	機構学	重大高敏 共著	202	2600円
24.	(25回)	流体機械工学	小池勝 著	172	2300円
25.	(26回)	伝熱工学	丸矢牧茂尾野榮匡佑州秀 共著	232	3000円
26.	(27回)	材料強度学	境田彰芳 編著	200	2600円
27.	(28回)	生産工学 ―ものづくりマネジメント工学―	本位皆田川光健重多郎 共著	176	2300円
28.	(33回)	CAD／CAM	望月達也 著	224	2900円

定価は本体価格＋税です。
定価は変更されることがありますのでご了承下さい。

◆図書目録進呈◆

システム制御工学シリーズ

(各巻A5判，欠番は品切です)

■編集委員長　池田雅夫
■編集委員　足立修一・梶原宏之・杉江俊治・藤田政之

配本順		書名	著者	頁	本体
2.	(1回)	信号とダイナミカルシステム	足立修一著	216	2800円
3.	(3回)	フィードバック制御入門	杉江俊治・藤田政之共著	236	3000円
4.	(6回)	線形システム制御入門	梶原宏之著	200	2500円
6.	(17回)	システム制御工学演習	杉江俊治・梶原宏之共著	272	3400円
7.	(7回)	システム制御のための数学(1) ―線形代数編―	太田快人著	266	3800円
8.	(23回)	システム制御のための数学(2) ―関数解析編―	太田快人著	288	3900円
9.	(12回)	多変数システム制御	池田雅夫・藤崎泰正共著	188	2400円
10.	(22回)	適応制御	宮里義彦著	248	3400円
11.	(21回)	実践ロバスト制御	平田光男著	228	3100円
12.	(8回)	システム制御のための安定論	井村順一著	250	3200円
13.	(5回)	スペースクラフトの制御	木田隆著	192	2400円
14.	(9回)	プロセス制御システム	大嶋正裕著	206	2600円
15.	(10回)	状態推定の理論	内田健康・山中一雄共著	176	2200円
16.	(11回)	むだ時間・分布定数系の制御	阿部直人・児島晃共著	204	2600円
17.	(13回)	システム動力学と振動制御	野波健蔵著	208	2800円
18.	(14回)	非線形最適制御入門	大塚敏之著	232	3000円
19.	(15回)	線形システム解析	汐月哲夫著	240	3000円
20.	(16回)	ハイブリッドシステムの制御	井村順一・東俊一・増淵泉共著	238	3000円
21.	(18回)	システム制御のための最適化理論	延山英沢瀬部昇共著	272	3400円
22.	(19回)	マルチエージェントシステムの制御	東俊一・永原正章編著	232	3000円
23.	(20回)	行列不等式アプローチによる制御系設計	小原敦美著	264	3500円

定価は本体価格+税です。
定価は変更されることがありますのでご了承下さい。

◆図書目録進呈◆